當野生動物「違法」時

人類與大自然的衝突科學

FUZZ

When Nature Breaks the Law

MARY ROACH

瑪莉·羅曲 —— 著

譯 —— 黃于薇

U0014261

earth 25
當野生動物「違法」時：人類與大自然的衝突科學

原著書名／ Fuzz: When Nature Breaks the Law
作者／瑪莉．羅曲（ Mary Roach ） 譯者／黃于薇
責任編輯／辜雅穗 封面設計／李東記 內頁排版／葉若蒂 印刷／卡樂彩色製版印刷有限公司

發行人／何飛鵬 總經理／黃淑貞 總編輯／辜雅穗
出版／紅樹林出版 臺北市中山區民生東路二段 141 號 7 樓 電話 02-25007008
發行／英屬蓋曼群島商家庭傳媒股份有限公司 城邦分公司 客服專線 02-25007718
香港發行所／城邦（香港）出版集團 電話 852-25086231 Email hkcite@biznetvigator.com
馬新發行所／城邦（馬新）出版集團 Cité(M)Sdn. Bhd. 電話 603-90578822 Email cite@cite.com.my
經銷／聯合發行股份有限公司 電話 02-291780225

2023 年 10 月初版 定價 630 元 ISBN 978-626-97418-3-0
著作權所有，翻印必究 Printed in Taiwan

Fuzz: When Nature Breaks the Law by Mary Roach
Complex Chinese translation copyright © 2023 by Mangrove Publications, a division of Cité Publishing Ltd.
This edition is published by arrangement with William Morris Endeavor Entertainment, LLC through Andrew Nurnberg Associates International Limited.
All rights reserved.

國家圖書館出版品預行編目 (CIP) 資料
當野生動物「違法」時 : 人類與大自然的衝突科學 / 瑪莉 . 羅曲 (Mary Roach) 著 ; 黃于薇譯 . -- 初版 .
臺北市 : 紅樹林出版 : 英屬蓋曼群島商家庭傳媒股份有限公司城邦分公司發行 , 2023.10 344 面 ;
14.8*21 公分 . -- (earth ; 25) 譯自 : Fuzz: When Nature Breaks the Law ISBN 978-626-97418-3-0(平裝)
1.CST: 衝突 2.CST: 動物行為 3.CST: 人類發展
383.7 112013658

For Gus, Bean, and Winnie. To the farthest star.

目錄

引言　當罪犯是生物　搖滾世代中的觀點碰撞　吳幸如　6

前言　11

1　犯罪現場鑑識　兇手不是人　15

2　不速之客　餓熊當前怎麼辦？　39

3　房間裡的大象　不可承受之重　69

4　紛擾之地　花豹為何成為食人獸？　91

5　「猴」你在一起　獼猴作亂與生育控制　111

6　美洲獅數學題　看不到的怎麼數？　137

7　樹倒之時　當心「危險樹木」　158

8　恐怖「豆」子　成為謀殺幫兇的豆科植物　172

9　殺鳥焉用槍砲　徒勞無功的驅鳥軍事行動　193

10 **狹路又相逢** 無視交通規則的動物 211
11 **防偷神器** 嚇跑鳥類的奇招 233
12 **聖彼得廣場的海鷗** 梵蒂岡的雷射驅鳥裝置 247
13 **耶穌會與老鼠** 宗座生命學院提供的野生動物管理要點 264
14 **仁慈的殺戮** 誰會替害獸著想？ 275
15 **消失的小鼠** 基因技術的驚人魔法 302

致謝 323

附錄
台灣黑熊滋擾事件再思考 與獸同行，走出人與自然心關係 郭彥仁（郭熊） 327
毛茸茸的入侵者 美國居家野生動物問題參考資源 333
參考資料 336

引言

當罪犯是生物

搖滾世代中的觀點碰撞

吳幸如

二〇二二年七月的一個陰雨天，位於法國巴黎有著「全球最美書店」之稱的莎士比亞書店（Shakespeare and Company）門口依然大排長龍。我跟著眾多慕名而來的旅人依序排隊進入，原本只打算裝文青觀光拍照打卡完便走人。不意，一本放在樓梯下方不起眼角落的小書吸引了我的目光。"Animal Vegetable Criminal"編註作者是Mary Roach？研究人獸衝突超過二十年的我毫無懸念，馬上打包帶回家。九月開學後，本書便成為我在屏科大森林系碩士班新開設的森林保育人文學（Human dimension on forest conservation）重要教材之一。

二〇二三年的台灣原鄉山林並不平靜，黑熊救傷通報訊息明顯多於以往，受困地點也極不尋常地靠近部落。究竟是因為黑熊族群變多、行為模式改變，或是陷阱數量增加了？引發了社會廣泛的關注與討論。但因當代台灣山區野生動物狩獵行為仍受到高度限制，常涉及敏感之合法性爭議，長期以來山區居民與政府之間普遍不信任，真實資訊極難取得。相關野生動物的研究經費本就不多，且過去多投注在明星物種的數量與生態調查上，社會相關狩獵論述內容除了充滿對在地居民（尤其是原住民）的誤解甚至歧視外，更多憑藉的只是與山林疏離的臆測與想像。

把時間往前推二十年，當時絕大多數台灣的野生動物研究學者只關注單一物種的基礎生物學，倡議的多偏向保護與復育行動。而我同樣是以單一物種為研究對象的博士生，但因物種——台灣野豬（Formosan wild boar, *Sus scrofa taivanus*）——的特殊性，研究主題已經從行為與棲地選擇研究轉向人獸衝突議題。其實不論我從歷年文獻整理或針對狩獵者的深度訪問調查，結果一致發現向來未名列保育類野生動物名錄中的台灣野豬，當年在台灣中部與東部山區的相對數量已遠低於保育類山羌與台灣獼猴*。即便有高達九成的受訪獵人表示野豬危害頻度與規模其實已明顯減少，但是亦有九成農民慣常以獵殺法來防治野豬危害。遭獵殺的野豬肉最後被分而食之：「你吃我的（作物），所以我吃你」，向來似乎理所應當，少有爭議。但微妙的是，當田間鬧事的主角變成數量比野豬更多的獼猴、山羌或

* 編註　英國版書名。
* 直到二〇一九年山羌與台灣獼猴才被移出保育類野生動物名錄。

方式防治危害。

鹿時，仍祭出獵殺令則讓多數人們再也不淡定，各種想方設法倡議以驅趕或是圍籬隔絕的方式防治危害。

可能因曾幾度受人為因素銳減，即便時代更迭社會變遷，民眾仍普遍認為台灣野生哺乳動物「已經很少了」。帶著這樣的想像，關注停留在野生動物需要保護與復育，自然忽略了當弱者是加害者、受害者卻是人類時該如何處理的衝突。對於自帶「保育類」光環的物種，容忍度極高，就算獼猴早已爬進果園將果實摘到片顆不留，也幾乎絕口不提那個「殺」字。缺乏外界同理與支持，收集到台灣山區常使用的危害防治方法，多是土法煉鋼、自力救濟。農友以聲音（鞭炮、喇叭、收音機）、氣味（燒橡膠、穿過未洗的衣物）、影像（假人、衣架上掛雨衣），或是雇工（人、護衛犬）驅趕前來侵擾的野生動物。不像鄰國日本有成立百年以上的農業研究單位（NARO）*長期與農業部共同研發並協助農民處理野生動物危害（含滋擾衝突）問題，我寒傖的研究在當時無異是「前衛的」。

為什麼產生同樣衝突，有些動物「受保護」，有些物種卻得「非死不可」？而最沒道理的是，經常被判死刑的物種造成人類的損害其實並不嚴重到足以「致命」。

過去以來對人與野生物衝突的看見以及諸多疑問，在我閱讀本書時，一一化為深有即視感的喟嘆。首次碰觸相關議題的學生被我帶到舞台前端搖滾區，面對書中傳來震耳欲聾的巨量資訊，大開眼界，也感受到不小心靈衝擊。

人文面向或人類觀感（Human Dimension）不論是過去或當代，常左右著人們看待野生物*與人衝突的態度與作法。本書作者運用巧妙且幽默的文筆，將此複雜的衝突與火花，以旁觀者的角度觀察與記錄，並將其攤開敘事。書中援引諸多案例，從能傷人性命的（如大象與花豹、危險樹木與豆子）、滋擾住家或危害森林農地的（如黑熊、獼猴與鼠類）到影響交通安全或景觀的（如鹿、飛鳥與遊蕩犬）物種，人類或因信仰或因慣習或因個性，面對與人之間的衝突策略與態度非常多樣。包含執行死刑、移置後原地或異地野放、使用避孕藥劑、開槍驅趕、改植作物、基因改造等等，也有高容忍度的無視。儘管涉及的議題廣泛，但作者最讓我欣賞的地方，正是單純羅列出各種案例的看見與聽見，並不急著引導讀者回答ＹＥＳ或ＮＯ的呆板答案。從環境教育的目的來看，刺激閱聽大眾獨立思考能力，進而關心環境議題，本書無疑也是極佳的環境倫理教材。

當得知中文譯本即將出版時，我十分興奮。誠如書中引述的學者所言，即便在基礎研究較為完整的美國，人獸衝突何解，對於只會老套地以動物為主角發展出野生動物經營管理方法的學者來說，是個既新穎且陌生的知識領域，何況是才剛意識到人與野生動物衝突

* NARO, National Ariculture and Food Research Organization，日本國家農研機構，成立迄二〇二三年已有一百三十年歷史。其中有鳥獸害（今改為動物行為管理）部門，專責處理衝突解決技術之研發。

* 在此指的包含野生動物與植物。

事件將愈演愈烈的台灣。

兼具人文素養、社會科學與生態平衡概念等跨領域多元的管理技術，是當代全球人類亟需學習的功課。我持續相信追求生物多樣性永續以及認同生態系統服務功能是普世價值，唯有認同此價值，不同群體才能互助合作，不同觀點才有機會異中求同，朝向和諧。如本書第二章「不速之客」文末美妙的小故事，原本互相敵對、立場各異的群體透過兩天的聚會溝通後，敵意消失。這結果令人振奮，台灣確實也需要更多打破厚實同溫層的有效社會溝通。

進行溝通前，請先來書中搖滾一下吧！

（作者為國立屏東科技大學森林系助理教授）

前言

一六五九年六月二十六日，一位由義大利北部某省五個城鎮派出的代表，對毛毛蟲提出了告訴。起訴狀中指控當地毛毛蟲侵入民眾的庭院和果園，偷竊人們種植的心血。法院開出傳票，製作了五份複本，釘在這五個城鎮附近森林的樹上，命令毛毛蟲在六月二十八日的指定時間出庭，並明言將為被告指派辯護律師。

想當然，到了指定時間，沒有任何毛毛蟲出現，但訴訟案仍照常開庭審理。根據一份留存至今的文件，法院認可毛毛蟲有自由快樂生活的權利，但不得「損害人類的福祉」。法官裁定另為毛毛蟲指派一塊土地，讓牠們在那裡安居樂業。等到執行細節都決定好時，被告已經化蛹，肯定不會再帶來任何破壞，而訴訟各方都對審理結果感到相當滿意。

此案詳細記載在《動物的刑事起訴與死刑判決案件》（*The Criminal Prosecution and*

Capital Punishment of Animals）這本出版於一九〇六年的罕見書籍中。第一次翻閱時，我還懷疑這本書會不會是個大騙局，一下子寫到被正式逐出教會的熊，一下子又寫到被三度警告不得騷擾農民、否則會遭到「重擊」之刑的蛞蝓。然而，作者是頗有盛名的歷史學家和語言學家，他用從第一手史料中找到的大量細節讓我看得眼花撩亂，還收錄了其中十九份文件的原文。其中，有一四〇三年法國法警在一樁豬隻謀殺審判之後呈交的費用明細報告（「關押在監的費用：六蘇爾巴黎幣」），還有向老鼠發出並塞進牠們洞裡的逐出不動產之令。在一五四五年葡萄酒商對某種綠色象鼻蟲提告的起訴狀中，不但可以看到各方律師的名字，還能看到歷史悠久的法律策略「拖延大法」在那個年代的例子。根據我的推算，整個訴訟過程大概拖了八、九個月，無論確切花了多久，都比象鼻蟲的壽命長得多。

提出上述種種，並不是為了顯示從前的法律體系有多愚蠢，而是要證明人類與野生動物之間的衝突是多麼棘手——如今處理這類衝突的專責人員也深深明白這一點。當大自然違反為人類制定的律法時，到底該怎麼處理？幾個世紀以來，這個問題始終沒有令人滿意的答案。

當然，那些地方法官和高級教士所做的事毫無合理性可言，因為老鼠和象鼻蟲根本不懂財產法，我們也無法指望牠們遵從人類文明的道德法則。這些行為的目的在於威嚇民眾並留下深刻印象：**看哪，就連自然都得服從我們的律法！**確實，在某方面來說，這的確很令人印象深刻。十六世紀某位法官對育有年幼後代的鼴鼠減免罪責，不僅彰顯他的權威，還展現出他的溫厚與同情之心。

神遊於中世紀和其後的幾百年間，我開始想知道現代社會如何處理這方面的問題。粗略了解法律和宗教上稀奇古怪的解決方法之後，我著手探查科學對於解決這些問題帶來了哪些助益，以及日後可望提出什麼樣的答案。於是，我展開更漫長的探尋之旅。我的嚮導們擁有各種我從未聽聞的陌生頭銜，像是人象衝突專家、人熊衝突管理專家，還有危險樹木砍伐爆破專家。我跟掠食動物攻擊行為專家和攻擊事件鑑識調查員共度了一段時光，拜訪了雷射驅鳥器的製作者以及溫和毒藥的測試員。我親身走訪某些「事件熱點」：科羅拉多州亞斯本的暗巷、印度喜馬拉雅山區籠罩花豹威脅陰影的小村落，還有教宗復活節彌撒前夜的聖彼得廣場。我回顧了鳥類經濟學家和鼠類研究人員過去的付出，也展望了保育遺傳學家在未來可能的貢獻。我試吃了老鼠餌，還遭獼猴突襲搶劫。

這本書的內容遠遠稱不上詳盡全面，世界上兩百個國家當中，有多達兩千個物種經常做出可能與人類產生衝突的行為。每一種衝突，都需要根據環境、物種、利害關係及利害相關者，找出專屬的解決方法。在為期兩年的探索過程中，我深入了自己從不知曉的世界，記錄了其中最精彩重要的亮點。

本書前半部探討了重大犯罪：謀殺和過失殺人、連續殺人、重傷害罪、搶劫與侵入住家、盜屍，以及大量竊取葵花籽。犯案者除了常常成為嫌犯的熊和大型貓科動物，還有比較少見的猴子、黑鸝和花旗松。後半部則是關於罪責比較輕微但更普遍的行為，我們會談到無視交通規則穿越馬路的有蹄類動物、無故破壞他人財產的禿鷹和海鷗、胡亂製造垃圾的鵝和侵門踏戶的齧齒動物。

當然，這些行為都不是字面上所說的犯罪。動物不會遵守法律，只會遵從本能。本書中提到的野生動物，幾乎毫無例外，都只是在做動物本來就會做的事情：進食、排泄、築巢造窩、保護自己或守護後代。只不過，牠們做這些事情的對象剛好是某個人類，或是人類的住家或作物。無論如何，這些衝突為人類帶來了難題，讓野生動物陷入困境，也成為某個人的寫作題材，因而有了這本非比尋常的書。

1

犯罪現場鑑識
兇手不是人

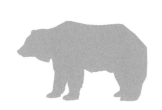

過去一百年，人類死於美洲獅爪牙下的機率，大概跟被文件櫃砸死的機率差不多；在加拿大，因掃雪機致死的人數幾乎是被灰熊殺死的兩倍。在北美洲，若是發生人類遭到北美野生哺乳動物殺害這種極端罕見的情況，會由該州或該省漁獵部的保育官員進行調查（有些漁獵活動較不盛行的地區，已經將這個單位改名為魚類與野生動物部，我所住的州就是如此）。但由於這類事件太少見，負責人員大多沒什麼相關經驗，他們比較習慣處理人類盜獵野生動物的案件。當情況逆轉，動物成了嫌疑犯，就需要截然不同的鑑識方法和犯罪現場知識。

否則判斷結果會大錯特錯。一九九五年，有人發現一名年輕人死在荒野小徑上，脖子上有穿刺傷；當時大家都以為兇手是一隻美洲獅，身為人類的真兇卻逍遙法外。二〇一五

年還有一頭狼遭到錯誤指控，調查人員錯認是牠將一名男子從睡袋裡拖出來殺死。這類案例多不勝數，也因此催生了野生動物傷人行為應變訓練（Wildlife-Human Attack Response Training），簡稱WHART（一不小心會看成WRATH〔憤怒〕，就連創辦人都承認「這簡稱糟透了」）。WHART的課程分為五天，一部分是講習，一部分實地訓練，由加拿大卑詩省保育署（British Columbia Conservation Officer Service）*的保育官授課。

請他們來授課，是因為他們經驗豐富。卑詩省的美洲獅攻擊事件比北美任何州省都要來得多，當地有十五萬頭黑熊（阿拉斯加州的黑熊數量是十萬頭）、一萬七千頭灰熊，還有六十位掠食動物攻擊行為專家，其中十四個（我是說專家，不是說熊）從加拿大開車南下，前來擔任這週WHART課程的講師。二〇一八年WHART課程的主辦單位是內華達州野生動物部（Nevada Department of Wildlife）；可能是因為該部門在雷諾（Reno）設有辦事處，才會將這場給需要荒野專業知識者參加的訓練課程辦在賭城。住在這裡的野生動物，大概只有「貝蒂野地」（Betti the Yetti）吃角子老虎機裡的多毛原始人，還有導致游泳池關閉一天的不明「有害生物」。WHART似乎是布姆頓賭場（Boomtown Casino）宴會及會議中心該週唯一預訂場地的活動，管理階層正在鄰廳玩賓果遊戲。

WHART學員一共約有八十人，分成幾個小組，每組各有一位掠食動物攻擊行為專家帶領。這些專家就跟許多加拿大人一樣，輕易就能聽出不是美國白人，因為他們講話有一種極北地帶的習慣，語尾會出現地方特有的疑問詞。這習慣很可愛，只是常會讓人感到不搭調。「有不少吃吃喝喝的東西，對唄？」「這邊有兩、三條肌腱，對，你知道唄？」

我們在龐德羅莎廳開會，就是個有講台和播放螢幕的尋常會議廳。只是前面的長桌上有五個大型動物頭骨，一字排開，彷彿是來參加座談。螢幕上的畫面，是卑詩省克蘭布魯（Cranbrook）居民威爾夫・洛伊德（Wilf Lloyd）遭到灰熊攻擊時的影像。這段影片是簡報的內容，主題是「殺死意圖傷人的掠食動物之策略」。講師歸納出洛伊德的女婿在試圖射殺熊但不要傷到人時面臨的難題：「他的視線完全被熊的身體擋住，偶爾才能瞥到洛伊德的手或腳。」女婿最終救了洛伊德一命，不過還是射傷他的腿。

另一個難題在於，腎上腺素激增會導致槍法的準度下降，因為精細動作的控制技能完全失靈。講師告訴我們，當下應該「直接跑向攻擊人的動物，將槍口抵著牠並且偏向上方開槍」，以免擊中被害者。不過這麼一來，就會有「攻擊轉向」（attack redirection）的風險。這個輕描淡寫、聽起來很專業的術語，其實就是指動物現在不管原本攻擊的對象了，轉過來追著你跑。

第二段影片則呈現出在動物攻擊的混亂情況中，秩序和原則有多重要。影片中，有

＊ 即加拿大版的「漁獵部」。

一頭公獅衝向狩獵隊的一名獵人，其他狩獵隊成員掉頭四散逃跑。講師在不同時間點暫停影片，可以看到有人拿著來福槍瞄準獅子，但也直接對準了獅子後方的那名獵人。在這種情況下，建議要「保持團體陣形、隨時回報資訊」。之後我們會到賭場附近特拉基河（Truckee River）河谷一帶的灌木叢，在野外環境中實地練習這種技巧。

滑鼠游標再次移到播放鍵上，畫面中的獅子繼續採取攻勢。我曾經在動物園工作過，每到餵食時間，獅子區都是吼聲震天，讓人聽得心膽俱裂，但那還只是牠們用餐時間的閒聊呢。這部影片中的獅吼則是充滿威嚇，完全是殺戮的前奏。在隔壁玩賓果遊戲的那群人，此刻想必很納悶龐德羅莎廳裡到底發生了什麼事。

另一份簡報結束後是午餐休息時間。主辦單位已經預訂好三明治，可以到賭場裡的一家熟食小店領取。我們排成一列，吸引不少好奇的目光。我猜，在賭場裡看到這麼多穿著制服的執法人員想必很不尋常。我拿著午餐袋，跟著一小群保育官走向外面的草坪；他們腳下的登山靴發出嘎吱聲響。「所以她看了後照鏡，」其中一位說，「發現有隻熊正在後座吃爆米花。」野生動物保育官在研討會齊聚一堂時，聊天的話題真是不得了。像我昨晚踏進電梯時，就聽到裡面有個男人正在問另一個人：「你對馬鹿用過泰瑟槍嗎？」

在我們午休時，講師們將椅子疊起來放到牆邊，在桌面擺上觸感柔軟的男女假人訓練模型，每組各一具。幾個比較有美術天分的講師已經根據動物攻擊的實際傷口照片，用顏料和鋼鋸（看得出來）在假人身上做出逼真的傷口。以尖牙利爪能造成的結果來說，「傷口」這個詞實在是太含蓄了。

我這一組的假人是女性，只是從她臉上殘餘的部分已經很難辨識出性別，也很難從桌上寫著「Bud」的牌子看出這點。我在走去洗手間的途中，還經過皮開肉綻的「Labatt」和沒了頭的「Molson」；這些假人沒有編號，而是用啤酒品牌當名字，我覺得這應該是為了讓氣氛輕鬆一點，很有加拿大人的風格。

我們的第一個任務，是運用剛學到的鑑識知識，分析出是什麼動物造成這樣的傷害。我們要尋找的是攻擊鑑識科學中所謂的「被害者證據」（victim evidence），也就是傷口和衣物。這具假人身上最明顯而嚴重的外傷，是在肩膀（只剩下一邊）。她的頸部有部分皮膚被扯下，有一片頭皮像牆面剝落的灰泥般藕斷絲連地垂著，眼皮、鼻子和嘴唇也都不見了。大家都同意這看起來不像是出自智人（*Homo sapiens*）之手。人類吃掉被害者的例子很罕見；如果兇手要去除被害者的某些身體部位，通常會是手或是頭，目的是為了讓人難以用指紋或齒模辨識被害者的身分。少數兇手會將被害者的某些身體部位當成戰利品帶走，但鮮少會選擇肩膀或嘴唇下手。

我們一致認為她是被熊殺死的。熊的主要攻擊武器是牙齒，而牠們的弱點就是毛髮較少的臉部。當熊攻擊人時，會採取與其他同類打鬥時相同的戰略思維。「熊是用牙齒互咬，對吧？所以牠們會出於本能直接攻擊你的臉。」年輕率直的講師喬爾．克萊恩（Joel Kline）擔任過十起熊隻攻擊案件的調查員，他說：「熊會正面攻擊，所以像這樣的嚴重傷口全都會在你臉上。」我們聽著這段話，目光集中在克萊恩本人的臉上，他有一雙碧藍的眼睛，臉龐紅潤乾淨。我很努力不要去想像他的臉處在那種情況下的樣子。

熊並非優雅的殺手，部分原因在於牠們是雜食動物。熊不常為了取得食物而獵殺，演化過程讓牠們的身體具備了相應的生理條件。牠們會吃堅果、莓果、水果和草類，也會找垃圾和腐肉來吃。相較之下，美洲獅是徹底的肉食動物，必須吃獵物的肉維生，因此牠們的獵殺方式很有效率。美洲獅會巧妙隱藏行蹤，神不知鬼不覺地尾隨獵物，最後猛撲上去，在獵物的脖頸處給予「致命一咬」。牠們的臼齒咬合就像剪刀那樣俐落，能乾淨爽利地切斷肉。熊的嘴部構造是針對壓碎和磨細的需求演化出來，臼齒的表面很平坦，雙顎不僅能上下咬合，也能左右移動，所以熊造成的傷口會更血肉模糊。

此外，傷口數量也比較多。「熊會一直咬、一直咬、一直咬，」克萊恩表示，熊造成的傷口通常就像假人身上那樣。「牠們會搞得一團亂。」

我環顧場內的幾具假人，不但有咬傷和抓傷，還可以看到頭皮和皮膚被大塊扯下。克萊恩說明：對熊和美洲獅來說，人類的頭骨太大、太圓，很難用雙顎穩穩咬住，若要咬住就得用牙齒壓碎骨頭或緊咬施力。當這些動物試圖咬緊時，獸牙可能會從頭骨上滑掉，連帶把皮膚撕扯下來，就像是你一口咬下熟透的李子時果皮脫落的樣子。

鹿是美洲獅很喜歡的主食，因為牠們脖子較長，頸部肌肉也比較結實。當美洲獅要對人類施展招牌的致命之咬時，牙齒可能會落在骨頭上，而不像其他獵物是咬在肌肉上。「牠們會試著讓犬齒陷進肉裡，用上下牙齒咬住肉之後再將肉扯下來。」WHART 共同創辦人凱文・范達姆（Kevin Van Damme）在「美洲獅攻擊行為」演講中如此描述。范達姆有著太空人般的體格，講話時即使不用麥克風，聲音也能傳到龐德羅莎廳的最後面。我曾經打開手機上的分貝計應用程式，發現他的音量有七十九分貝，大概和廚餘處理機差不多，讓我印象深刻。

根據這具模擬被害者身上的爪痕，可以排除美洲獅的嫌疑。不同於犬科動物的腳爪，貓科動物的爪子陷入獵物皮肉時，會造成好幾個三角形的穿刺傷。若攻擊者是熊，比較可能會看到熊掌揮擊留下的平行爪痕。

克萊恩朝假人的頭部靠近一步。「好，你們還看到什麼？鼻子、嘴唇都不見了，對吧？如果要找出這些部位，我們要去找……？」

「熊的胃。」幾位組員大聲地說。

「胃含物＊，答對了。」克萊恩很常說「答對了」，在寫這一章的時候，我的腦海中還會響起「賓果」，不過這個印象應該是來自隔壁房間傳來的聲音。

場內的假人模型當中，沒有任何一具是開膛剖肚的，看不出有范達姆所謂「食用內臟」的情況。剛開始我有點驚訝。根據先前為了撰寫另一本作品而研究的資料，掠食性肉食動物常會直接扯開獵物的肚腹，吃掉內臟，也就是營養價值最高的部位。這種情形在人類被害者身上並不多見，講師表示可能是因為人類有穿衣物。熊和美洲獅在吃人肉或屍體時，都會避開有衣服覆蓋的地方，或許是因為牠們不喜歡衣物的觸感或味道，或是牠們不知道衣物下面還有肉。

克萊恩指了指頸部和肩膀的一系列傷口。「大家認為這些是死時創傷，還是死後創傷？」意思是，造成傷口時，被害者是活著還是死了？掌握這點非常重要，若是弄錯，可能就會讓某隻只是來吃腐肉的熊背上殺人黑鍋。根據穿刺傷口周圍的瘀痕，我們判斷是死時創傷。因為死人不會流血，也不會瘀青，瘀青其實就是表皮底下出血的現象，如果心臟沒有脈動，血液就不會流動。

克萊恩告訴我們，曾有人在森林裡發現一名男性陳屍在自己的汽車附近，屍體有遭到啃咬的痕跡，而且大半埋在落葉底下。屍體上的咬痕看起來是熊造成的，附近的陷阱也逮到一頭熊，但是死者身上和周圍都沒有什麼血跡。後來調查人員在死者的腳趾間發現針頭注射的痕跡，也在車內地面找到使用過的注射器。解剖結果證實，這名男子是死於用藥過量。而那頭熊，就如克萊恩所說，「只是發現有機會攝取高脂肪、高熱量的優質食物。」牠將屍體從車內拖出來咬了幾口，並將沒吃完的部分藏好，以便之後再回來吃。那頭熊最後無罪獲釋。

克萊恩將假人翻過來，背部還有一、兩條死時留下的長形傷口。我指出脊椎旁有兩個小孔，看起來沒有瘀青或流血。我們昨天看過關於齧齒動物造成死後創傷的投影片，我根據當時教的內容大膽推測，應該有一隻棲息在森林的小型動物咬過這具遺體。克萊恩與某位組員互看一眼，那名組員是來自科羅拉多州的野生生物學家。

「瑪莉，那是射出成型的痕跡。」他的意思是，那些小孔是在假人製造過程中留下的。這件事本來還沒那麼令人尷尬，但是我在先前的活動單元幫全組寫筆記時，把傷口咬痕測量結果的單位縮寫從公釐誤植為公分，導致證據中犬齒尖端的間距變成侏羅紀之後就

---

* 很久以前，經濟鳥類處（Division of Economic Ornithology）的科學家就曾使用胃含物作為證據，洗清了許多鳥類被控造成農場損失、獵捕家畜以及影響商業捕魚的罪名。美國農業部（U.S. Department of Agriculture）一九三六年的報告提供了幾個例子：歐絨鴨（*Somateria mollissima*）被控嚴重毀壞扇貝棲息的海床，以淡水螯蝦為食的黃頂夜鷺（*Nyctanassa violacea*）遭到愛蛙人士射殺，還有獵人以為灰澤鵟（*Circus cyaneus*）會吃鵪鶉而殺死牠們。在這些案例當中，遭到指控的鳥兒們都是因胃含物而洗刷冤屈，算是皆大歡喜——當然，被抓去檢驗的個體獻出自己的胃讓其他同類得以活下去，恐怕不會覺得開心就是了。馬里蘭州的帕塔克森特野生動物研究中心（Patuxent Wildlife Research Center）曾保存數以千計裝有鳥類胃含物的玻璃罐，最後因存放空間嚴重不足，導致大量的鳥類嘔吐物全進了帕塔克森特的垃圾車。

沒出現過的巨無霸尺寸；這下子，我覺得更糗了。

接著，我們從被害者證據轉向動物證據（animal evidence），也就是在攻擊現場附近被射殺或捕捉到的「嫌疑犯」身上或體內的證據。克萊恩舉例說，調查人員可能會需要檢查（麻醉後的）動物口中的牙周囊袋，看看是否有被害者的皮肉卡在上面。雖然人類卡在上下排熊齒間的畫面光想就不太對勁，但遇到了，還是得上。

克萊恩補充，如果嫌犯是美洲獅，有可能會在爪子內側的縫隙間找到被害者的血跡或皮肉。「那些能伸縮的爪子裡可能有證據，所以我們得把爪子推出來，對吧？」

用爪痕去推論攻擊者的腳掌大小可能會產生誤解。當動物往前踏，將身體重量轉移到腳上時，腳趾會向外張開，讓腳看起來更大。對於衣服上被爪子或牙齒刺穿的孔洞，調查人員測量大小時也得格外謹慎，因為衣服被刺到時可能是皺起來或折到的狀態。

「好了，我們還有什麼要找呢？」

「沾到毛皮上的被害者血液？」有人提出。

「沒錯，答對了。」克萊恩提醒，如果熊是在攻擊現場遭到射殺（而不是事後才被捉到），被害者的血可能會沾染到熊的血液，影響DNA檢驗結果。「我們要如何避免這種問題？」

「堵住傷口！」這就是卑詩省保育署的男性保育官會在卡車上放一盒棉條的原因。

在種種調查之後，最終我們需要找出的關鍵，就是關聯性：能將加害者與被害者連結起來的案發現場證據。克萊恩走向會議室前面的桌子，拿起其中一個動物頭骨，接著將上排牙齒放到假人肩部的一列咬傷齒痕上。這一刻，就像灰姑娘將腳放入玻璃鞋的那瞬間，究竟上排犬齒和門齒是不是與假人肩上的咬痕吻合？如果吻合，下排牙齒又是否與假人肩膀另一側的咬痕相符？

結果是吻合的。「壓力和……」克萊恩拿著下顎骨，放上假人背面的咬傷處比對。「反壓力，鐵證如山。」

我在本章開頭曾提到有個年輕人被人發現死在荒野小徑上，脖子上有穿刺傷，當時調查人員認為是遭到美洲獅攻擊，但是死者身上並沒有上下排牙齒相對的咬痕。最後才發現，傷痕並不是任何動物的牙齒造成的，而是碎冰錐。真兇逍遙法外，直到十二年後他因為其他罪行入獄，在牢中向獄友吹噓這件事，才真相大白。

有時候真相則是相反：野生動物殺了人，卻是另一個人被誤判有罪。最有名的案例，就是一位名叫琳蒂·張伯倫（Lindy Chamberlain）的澳洲女性。一九八〇年，張伯倫全家去艾爾斯岩（Ayers Rock）附近露營時，她的小女嬰離奇失蹤，張伯倫激動地堅稱自己看到一隻澳洲野犬叼著孩子跑走。擔任講師的掠食動物攻擊行為專家（兼倖存者——容後詳述）班·比托斯頓（Ben Beetlestone）在簡報中提到這個案子。由於澳洲調查人員找不到屍體，也沒抓到半隻澳洲野犬，無法進行像我們現在做的這種鑑識。他們沒辦法將被害者證據與動物證據連結起來。由於找不到證明關聯性的證據，各種假設推論（像是澳洲野犬應該沒能力或沒興趣叼走將近五公斤的嬰兒）、人為錯誤和帶動輿論風向的媒體瘋狂報導，影響了法庭審判。在張伯倫被判刑的三年後，有支尋找攀岩者遺體的搜索隊在澳洲野犬的巢穴裡發現了女嬰的殘餘衣物。張伯倫被宣判無罪釋放，澳洲野犬確實吃了她的孩子。

現在的鑑識通常是以ＤＮＡ鑑定來證明關聯性。落網（或遭到射殺）的嫌疑犯，是否與被害者指甲中的毛髮或皮膚ＤＮＡ相符？涉嫌動物的ＤＮＡ是否和被害者身上的唾液ＤＮＡ相符？在動物攻擊案例中，食腐動物往往會讓調查工作更加困難。比方說，外套齒痕周圍的動物唾液可能來自攻擊被害者的動物，但是從被害者皮膚上採集到的唾液，卻有可能是之後來吃遺體的動物所留下的。

在加拿大荒野，同一個區域往往有很多熊，所以找到明確的關聯性非常重要。范達姆分享卑詩省的利洛威特（Lillooet）曾經有個女人在自家後院遭到熊攻擊死亡，他率領的調查團隊設下陷阱，比對過兩隻「嫌疑熊」的ＤＮＡ，終於在捉到第三隻時確認了兇手，另外兩隻無辜的熊獲得釋放。

到了啤酒鐘點（beer o'clock，這是加拿大人對下午五點的講法），講師們收合長桌，將假人搬到會議室後方，堆放在點心桌附近的地上。如果想趁點心桌撤掉之前再裝杯咖啡，得先跨過一具屍體。我攔下同組的亞倫．科斯楊（Aaron Koss-Young），他服務於育空保育署（Yukon Conservation Officer Services），我問他能不能簡單說明一些WHART沒有提到的事情：在遭遇野生動物攻擊或意外遇到野生動物時，到底該如何是好？科斯楊大方應允。他外表俊朗、舉止得體，給人的感覺和克萊恩有點像。

有句順口溜是這樣說的：「遇到黑熊就打回去，遇到棕熊就躺下去」（If it's black, fight back. If it's brown, lie down），意思就是棕熊（灰熊是棕熊的亞種之一）對於看起來已經死掉的人可能不太會有興趣。不過，有些棕熊的毛色偏黑，有些黑熊的毛色偏棕。想區分這兩種熊，比較準確的方式是看爪子的長度和彎曲度，但是等到你能憑這點搞清楚是哪種熊時，答案似乎沒什麼意義了。科斯楊表示，最重要的不是搞清楚面前是哪種熊，而是了解自己面臨的是哪種攻擊。是掠食性攻擊，還是防衛性攻擊？熊採取攻勢大多是為了自衛，通常是在虛張聲勢，並非真正的攻擊。可能是你驚動到熊或靠得太近，所以熊想要迫使你退縮。「牠們會讓自己看起來巨大又可怕，雙耳會直立起來，而不是往後。」科斯楊擤擤鼻子，他得了嚴重的熱感冒。這時候熊可能會用力拍打地面、急促喘氣，還會不斷開闔雙顎，發出牙齒撞擊的聲音（但是不會發出咆哮或低吼，雖然電影上都那樣演）。

科斯楊將衛生紙塞進絨毛衫口袋。「牠只是想把你嚇得屁滾尿流。」相較於黑熊，灰熊在演化過程中適應的地形比較開闊、林木較少。一般黑熊在受到驚擾時會逃進樹林裡，但是灰熊沒辦法，所以牠們會想辦法把你嚇跑。

面對虛張聲勢想嚇退敵人的熊，最好儘量讓自己看起來不具威脅性。你可以慢慢後退，用平靜的聲音對熊說話，即使對方是帶著幼熊的母熊，這樣做也很有機會全身而退。儘管卑詩省熊隻眾多，不乏與熊接觸的案例，大家可能也聽聞過護崽的母熊有多危險，但在卑詩省其實只發生過一起護崽母熊攻擊致死的案例（那是一隻灰熊，卑詩省從來沒有帶著幼熊的母黑熊殺人的例子）。

如果是遇到掠食性攻擊，求生策略就完全相反。熊很少為了想吃人而攻擊人類，如果牠們真要吃人，發動攻擊前會悄無聲息，意圖非常明確。和一般人認知不同的是，會這樣攻擊人的往往是黑熊，而不是灰熊（但無論是哪一種熊，都很少對人採取掠食性攻擊）。熊會保持一段距離悄悄尾隨目標，在四周潛伏徘徊，時隱時現。如果熊壓低雙耳、準備攻擊，就換成是你要虛張聲勢、嚇退對方。你可以打開外套，讓自己看起來更大隻，如果身邊還有其他人，可以靠在一起大吼大叫，讓熊以為你們是一隻體型龐大又吼聲震天的動物。「盡量傳達出『我會跟你拚個死活』這樣的訊息，」科斯楊說道，「你可以用力跺腳，或是丟石頭過去。」

這些方法也適用於意圖襲擊人的美洲獅，堪薩斯拓荒者N．C．芬奇（N. C. Fancher）

的例子可以給我們一點靈感。在一八七一年春天的某日，芬奇在檢查一具野牛的骸骨時，注意到有隻美洲獅緊盯著他。根據《堪薩斯拓荒史》（*Pioneer History of Kansas*）記載，芬奇站到死野牛的雙角之間，一邊將牠的大腿骨高舉在頭上猛敲，一邊猛往上跳，還「拚了命地咆哮大吼」。那頭美洲獅一溜煙地跑了。說真的，看到這景象誰不會被嚇跑？

萬一動物不為所動，還是朝你衝過來？「盡你所能，全力反擊。」科斯楊說。如果對方是熊，就朝臉部攻擊。科斯楊指向自己發紅脫皮的鼻子。「千萬別裝死，如果你這時候裝死，應該很快就不是裝的了。」

無論如何，若掠食動物打定主意要攻擊你，最糟糕的反應就是轉身逃跑，尤其在遇到美洲獅這類肉食動物時更是萬萬不可。因為逃跑會勾起掠食動物的追獵本能（騎登山車逃走也一樣）。那就像個開關，一旦打開就會維持非常長的時間，直到獵殺成功為止。

WHART 講師比托斯頓曾親身體驗過美洲獅在攻擊狀態下的決心和毅力有多強烈。比托斯頓是卑詩省西庫特尼（West Kootenay）的保育官，那裡地形多山，他處理過不少掠食動物攻擊的通報案例，其中大多數是遇到熊，人員多為輕傷。幾年前，他遇到一個罕見的通報案例，有一隻骨瘦如柴的美洲獅在一對夫婦的房屋外繞來繞去。比托斯頓在昨天的簡報中分享了那次經驗，他告訴我們，當時他沒帶任何武器就從卡車下來，走到大門口敲門，他不知道美洲獅正隔著窗戶追蹤那對夫婦。「他們從這間房間走去另一間，那隻美洲獅就會跟到另一間房間的窗前。」比托斯頓說。窗戶上都有美洲獅的腳印。

那位先生開了門，突然又猛力關上。比托斯頓轉身一看，美洲獅就在距離一公尺半的地方，雙耳壓平，甩著尾巴。「我對牠又喊又叫又踢，做了所有我們宣導大眾要做的反應，但全都沒有用。」美洲獅飛撲到他身上，他想掐住對方，但牠閃開了，一個旋身後張口咬住他的工作靴。他抓起一把靠在牆邊的掃帚，朝美洲獅猛打，但牠始終不肯鬆口。他想盡辦法將掃帚柄往美洲獅的喉頭推，過程中，屋裡那對夫婦就只是站在窗前看著。比托斯頓一邊用廉價的錫製掃帚力抗美洲獅，一邊大喊「喂！**喂！**」

「最後那位老先生終於打開門問：『怎樣？』我大吼說：『給我一把刀！』」那位先生走去廚房要找某一把刀子，找來找去，最後才發現在洗碗機裡。他把刀子拿給比托斯頓，而比托斯頓就像影集《貝茲旅館》（*Bates-Motel*）裡的角色一樣，亂刀結束了美洲獅的性命。（驗屍結果顯示，有一塊跑步鞋的碎片卡在這隻美洲獅胃部入口，牠因為無法正常進食餓得不得了。）

隔壁的賓果遊戲結束了，我和科斯楊拿起自己的物品，走出會議室。一位精神抖擻但微微駝背的玩家走向男廁，范達姆腋下夾著一具血肉模糊、衣衫凌亂的假人走出來，也要經過走廊。他散發出懾人的氣勢，毫無遲疑地大步走過。那位賓果玩家一看便愣住了。

「不好意思，借過一下。」范達姆說道，什麼也沒有解釋。

從布姆頓賭場停車場到特拉基河的路有四百多公尺，鮮少有車輛經過。這條路今天走起來特別不一樣，因為沿途有好幾個用黃色警戒線圍起來的案發現場。可以看到許多掠食動物應變小組的男女成員身著螢光綠的背心，拿著來福槍和屍袋走來走去。今天是WHART的實地情境學習日。

我這組負責的案發現場，位於道路護欄與陡峭又充滿碎石的路堤底部之間。我們昨晚已收到這起模擬攻擊事件的資料，根據資料所述，有名年輕男子在與未婚妻發生口角後，走出兩人住的露營車，在外面地上鋪睡袋過夜。凌晨四點時，治安官接到未婚妻通報失蹤協尋的電話，開車前往查看。抵達現場後，他發現睡袋空空如也，接著看到一頭狼，便舉槍射殺。接下來，他將調查工作轉交給掠食動物應變小組，也就是我們。

我們的第一個工作是清查這塊區域，確定沒有大型動物在四周徘徊。美洲獅和熊有時會把被害者的遺體藏起來，掩埋在樹葉和灌木之下，準備之後再回來繼續吃。由於這種習性，「案發現場」對於應變小組來說具有潛在的危險性。

一名年輕女子走過來，對我們這組擔任現場指揮官的男組員說：「我哥在哪裡？這是怎麼回事？」我過了一會兒才明白她是在扮演角色。她講這句台詞時沒有半點激動的情緒，語氣比較像是在說**嘿，最近怎麼樣啊**。在此同時，我們可以聽到上面馬路的那組傳來N．C．芬奇式的絕望狂吼：「**你們一定要找到他！他才十二歲啊！**」這類模擬情境就是這樣，有一個人展現艾爾·帕西諾（Al Pacino）等級的精湛演技，其他人都是有線衛星公共事務電視網（C-SPAN2）的風格。

我們的指揮官將手放在這位妹妹的肩頭。「呃，我們接獲通知說這裡有一隻動物。」

「什麼動物？」聽這個語氣，會覺得她是想回家拿雙筒望遠鏡過來。她一腳跨過警戒線。「我得去找他。」

指揮官輕輕拉住她的手臂。「現在不行，我們不能讓你過去，你可能會受傷。我們已經派戰略小組過去了，目前正以菱形隊形進行安全清查。」

我們稍早已練習過菱形隊形清查。一組四人，分居四角，以背對背的十字陣形移動，手持武器待命，就像一隻以人體構成的持槍章魚。每個人負責掃視自己眼前的區域（各占四分之一圓，依照鐘面時間分別稱為十二點鐘、三點鐘、六點鐘和九點鐘），如果沒有發現危險，就大喊「安全」，然後右手邊的人接著喊「安全」，以此類推，一遍又一遍。這樣不但能同時監控周圍所有方向的動靜，也可以避免有人不小心把槍指向同行的其他人。要是有人發現危險，只要大聲示警，兩側的人會立刻轉過來面對同一方向，此時不但有三把來福槍瞄準目標準備迎擊，還有一人守衛後方。先前的練習中，是由克萊恩負責扮演危險的動物。我本來期待會有一些肢體表演，甚至戲服，但他只是走到我們面前說：「我是熊。」

四位組員以菱形隊形在灌木叢中移動，科斯楊爬上大石頭，負責「狙擊掩護」（lethal overwatch），模樣看起來十分可靠，不過他托著來福槍的手掌裡還捏著衛生紙，似乎讓可靠程度消減了幾分。我又在記錄雞毛蒜皮的事了（就是所謂「作家的職業病」吧）。

「有熊，三點鐘方向！」這次出現的不是克萊恩，而是一隻栩栩如生的假熊，那是弓箭獵人練習時當作射擊目標用的，使用硬質泡綿製成。原本面對六點鐘和十二點鐘方向的組員立刻站到三點鐘組員的左右兩側，他們得在高低不平的地面上挪動雙腳，但絲毫不敢低頭看。三人齊舉起槍，彷彿在跳芭蕾舞。整套動作就像水上芭蕾，只不過換成用來福槍表演，奧運競賽項目可以列入這一項嗎？

他們快速數到三，假裝對聚乙烯製成的熊射出子彈。有人高呼拿棉條過來，接著一切歸於平靜。

治安官昨晚射殺的那頭狼，是否轉移了當下的焦點？牠會不會只是無辜的旁觀者？我們的職責就是找出答案，這是野生動物版的懸疑劇。

很快就有人在空睡袋不遠處的山坡下發現被害者（由昨天課堂上的其中一具假人扮演），他被藏在一片灌木叢裡頭。一位組員假裝拍攝遺體照片，拍得很快，因為有位和藹的驗屍官（克萊恩飾）希望能在中午氣溫升高前將屍體移走。我們稍後可以在停屍間（龐德羅莎廳）好好檢查遺體。

確認現場安全無虞後，就要開始蒐集證據。可作為證據的物件，正如我們在電視劇的警察辦案情節中看到的，稱為證物。遺體、睡袋、足跡、動物腳印、拖行痕跡——這些都是證物。準備送往實驗室的證物在原地拍過照後，會標上編號，放入證物袋。發現證物的位置，則會插上寫有對應編號的證物標示旗。我的角色是把所有事情記錄下來，要在證物表中寫下物件的簡單描述、編號和位置——我的字跡潦草，可能還有東西填錯格子。

泥地上的獸跡是熊留下的。這是好事，因為我們課堂上沒有教狼的攻擊行為（幾乎從沒發生過）。

蒐證小組四肢並用，在地上尋找動物的毛髮和血跡。這工作做起來很不舒服，又熱又累人，但是非常重要。案發現場的血跡可以透露很多訊息。地面上若有圓形血滴，表示屬於「重力型態」：血液是因為本身的重量而從傷口滴落。如果是依重力落下的橢圓形血滴，代表被害者是一邊奔跑一邊滴血。「受力型態」的血跡則是長形，有像彗星一樣的尾端，通常是爪子抓傷或主動脈的血壓造成，這樣的血跡不會是滴落的，而是飛濺的形式。

有人找到一連串血跡。克萊恩要我們仔細觀察血滴的大小，如果血滴沿途變得越來越小，表示這些血跡很有可能不是從傷口滴落，而是從動物的毛皮或兇手的刀刃上滴下來的。如果沿途血滴大小差不多，呈現「持續流出的痕跡」（replenishing trail），很有可能是來自「正在出血的傷者」。塗抹的血跡屬於「接觸型態」，可能是被害者跌倒或用沾血的手摸過的地方。

當我們自認已經把所有能找的線索都找出來時，克萊恩彎下腰掀起一片樹葉，原來葉片下有一小滴血，我們漏掉了。除此之外，我們漏掉的還有很多——石頭上、植物上、地面上，都有血跡。「是潑濺型態。」有人明白過來。

克萊恩點點頭，輕聲補充：「是**噴濺**，不是**潑濺**。」

血跡與地面的痕跡，共同拼湊出這場攻擊的全貌。睡袋上的血滴和血灘是男子最初遭咬時留下的；拖行痕跡和接連不斷的血滴，是在男子被從睡袋拖到灌木叢時產生；地面的扭打痕跡和血跡則是男子試圖逃跑時造成的，此外還有岩石和植物上的飛濺血跡，可能是熊為了讓男子停止掙扎而猛力甩動他所致。假如遺體被發現的時間更晚，腐爛過程產生的化學物質會讓周圍的植被變黑或留下痕跡，那就會成為最後一項物證「腐屍分解島」（decomposition island）。那種島上可沒有什麼美麗宜人的沙灘。

克萊恩告訴我們，他們已經在假人身上重建出被害者的傷勢。假人此刻並不在現場，我們將在明天上午的課堂中檢查遺體，試著找出關聯性。

時間又來到啤酒鐘點，克萊恩收好道具、證物標示旗和假熊，和我們一起沿著上坡路走回飯店，返回房間更衣。我再次下樓時，其他組員已聚集在二十一點賭桌後方的小型運動酒吧，正聚精會神地觀看愛德蒙頓油人隊（Oilers）對上多倫多楓葉隊（Toronto Maple

Leafs）的曲棍球賽。

「欸，」我試著開啟話題。「多倫多楓葉隊隊名的 Leafs，是不是應該拼成 Leaves 才對？」但我的話題終究沒有曲棍球賽來得吸引人，我只好去散步。最後我走到 Cabela's 戶外用品的專櫃，雖然我不會打獵，但很喜歡看動物標本。這家店有個做得很棒的立體山峰模型，更衣間上方掛了一顆麝牛的頭。這裡還有槍枝圖書館，而且我發現裡面放的不是書，是二手真槍。

站在櫃檯的男子似乎在等待我開口，我就說我想要辦借書證。「這些槍不外借，」他說，「是要賣的。」

「這樣應該不能叫做圖書館，對吧？」看來今晚我還是到此為止吧。

除了遺體假人之外，我們還拿到其他來自案發現場的東西。克萊恩剛剛將一袋熊的胃含物倒在桌上，是用石膏印模製成的，相當逼真：有一隻耳朵、一顆眼睛，還有從剪了莫霍克頭[譯註1]的頭上扯下來的一塊頭皮。這些東西在組員手上輪流傳了一圈，只能說一大早看到這些實在有點吃不消，我們的甜甜圈都還放著，沒人去動。

熊的胃含物與假人頭部缺少的部分吻合，也就是說，攻擊者確實是熊，而不是狼。被害者的莫霍克頭看似只是情境中的被害者特徵，但其實並非如此。克萊恩告訴我們，昨天的實地情境是依照真實發生過的攻擊案例所設計：熊是真的，被害男子是真的，莫霍克頭也是真的。這是克萊恩在二〇一五年調查過的案件。其實，WHART 提供的所有假人，不僅呈現出寫實的傷口，也都代表著真實攻擊案例的被害者。

克萊恩拿出真實攻擊現場的照片，其中一張是被害者的背面，最大的傷口位於臀部，被咬得血肉模糊。被害男子當時身穿連身式睡衣，克萊恩說，熊拖走他時大概把連身睡衣的後襠弄開了。「所以熊就從那裡吃起來了。」過了一會兒，克萊恩又說：「你們知道有熊掌印的那款連身睡衣嗎？後開襠上有熊掌印的那個？」好幾個組員點頭，顯然在加拿大是很常見的商品。「他穿的就是那款。」

假人的肩膀上有一組乾淨俐落的咬痕。從上下排犬齒的痕跡判斷，可以看出男子當時是以仰躺姿勢睡覺。克萊恩推測，那隻熊走到熟睡的男子身邊時，或許只先舔了舔他皮膚上的鹽分，男子被弄醒，可能發出了一些聲音。「熊就盤算，**我要嘛逃跑，要嘛做到底**。牠選擇了做到底。」

至於另一位嫌疑犯，也就是治安官抵達現場時射殺的那頭狼，牠的胃裡有什麼呢？只有口香糖的包裝紙和錫箔紙，沒有人體組織或衣物。本案就此宣告破案，不需要做ＤＮＡ

＊譯註1　莫霍克頭（mohawk haircut），一種剃光兩側只留下中間部分的髮型。

分析。

鑑識完成、掌握行兇主嫌之後，接下來呢？要是那頭熊沒有在攻擊現場附近被射殺，牠的命運會是什麼？范達姆在某堂課後談到這個議題，他表示監禁並非可行之道。加拿大的動物園不接收超過三個月大的熊，一方面是這些熊會在籠內來回踱步，另一方面是動物園多半不缺熊。最終結果會是死刑。「一隻熊如果曾經把人當成食物，就會再繼續吃人。」范達姆說道，「我擔任掠食動物攻擊行為專家已經有二十六年，我知道在座有人不同意我的說法，但是熊一旦傷人，就只有死路一條。」

就像犯罪學家常說的，預防勝於懲治。最安全的作法，就是讓人熊雙方保持距離。不要讓熊學會將人類與容易到口的大餐聯想在一起。為此，我們應該要求附近有熊出沒的人家將戶外垃圾桶鎖緊，並宣導這些地區的住戶不要餵鳥，也不要將狗食留在門廊上。那位穿連身睡衣的男子住在森林裡，沒有垃圾清運車會到那裡，他們有可能是把垃圾放在露營車外。根據那隻狼胃裡的錫箔紙和口香糖包裝紙來看，那裡恐怕已成了野生動物尋找殘羹剩菜果腹的好地方。垃圾，是奪命的兇手。

2

不速之客
餓熊當前怎麼辦？

史都華．布雷克（Stewart Breck）是個高瘦男子，走路時不會大幅擺動雙臂，而且背上沒有突出的後背包，讓他顯得更高䠷。走在他身後很容易注意到這點，而我就是跟在他背後，走過這座城市的數個街區。布雷克風度翩翩，言行舉止十分穩重。我跟他相處一整天，沒見過他大呼小叫或是激動比劃，也沒聽過不雅字眼。他是個沉穩冷靜、體貼周到，而且通情達理的人。我之所以描述這些，是為了讓大家明白剛才布雷克大吼「你他媽在跟我開玩笑嗎？」時我為什麼會訝異。他的雙臂朝左右高舉，手掌向上停在空中，這是一般人惱怒時常有的姿態。

因為我（又一次）處於狀況外，一開始並沒有看到布雷克所見的景象，現在我看到了：兩個裝得滿滿的垃圾袋被扯開，廚餘散落在人行道上。現在是凌晨三點半，在科羅拉

多州亞斯本（Aspen）餐廳密集的市中心，此刻正是熊在暗巷出沒的高峰。剛才布雷克開著休旅車駛近的聲音，應該嚇跑了一隻正在吃廚餘的熊。在人熊衝突議題中，堆肥和垃圾被稱為「誘引物質」（attractant）。根據亞斯本市的法規，民眾必須將堆肥和垃圾放置於防熊箱中。

「讓我冷靜一下，」布雷克稍微平靜一點，雙手放了下來。「為了解決這問題，我們可是花了幾十萬美元。」這些費用是為了讓研究人員在好幾座城市進行多年研究，調查如何讓熊隻出沒地區的民眾將誘引物質放在容器中妥善鎖好，以及確實執行這些作法能帶來多大的改變。這項研究的出資者包括科羅拉多州公園及野生動物局（Colorado Parks and Wildlife，也就是有熊翻找人類未妥善收好的食物而造成財物損失時負責處理申報的單位），還有布雷克開設人獸衝突課程的科羅拉多州立大學，以及聘請布雷克前來的美國國家野生動物研究中心（National Wildlife Research Center），該中心總部位於科羅拉多州科林斯堡（Fort Collins）。

美國國家野生動物研究中心是隸屬野生動物管理局（Wildlife Services）的研究機構，更上層的主管機關為美國農業部（United States Department of Agriculture）野生動物管理局的「管理」，主要是為了服務生計受到野生動物影響的農牧業者，而處理方式大多是殺死造成問題的野生動物。美國國家野生動物研究中心聘請布雷克的目的，就是找出不必殺死野生動物的對策。這份工作讓布雷克有很多機會發揮他沉著冷靜的優點。有些野生動物管理局的守舊人士覺得他在製造事端，同時也有動保人士批評他不夠積極改變現況。不過我欣賞他，因為他試圖立足於不可能存在的中間立場。

垃圾相關研究顯示，使用有上鎖加強防護的防熊箱能帶來顯著改變，但前提是民眾有確實鎖好。某個地區有八成的防熊箱依照使用設計鎖好，研究期間發生過四十五起人熊衝突事件；在僅有一成正確使用防熊箱的鄰近地區，則發生了兩百七十二起人熊衝突事件。

由此可見，光是使用防熊箱不足以解決問題，還需要立法規定民眾依正確方式使用，並對違法者處以罰鍰。亞斯本已經通過相關立法，但儘管有罰則，民眾卻普遍不願配合，尤其是在市中心。布雷克聽說立法之後情況已經改善不少。

然而，我們此刻所見並非如此。巷子裡，有隻成年黑熊以可愛的內八字步伐不疾不徐地走出來。我和布雷克站在他的車旁，距離那團混亂的垃圾堆有六公尺。黑熊走到垃圾袋旁，牠的注意力原本一直集中在那堆垃圾上，直到此刻才看見我們。牠反覆咬牙，發出喀嗒喀嗒的聲音，這是熊感到不安的跡象，因為這裡有兩個盯著牠看的人類，其中一個身材高大，而且還出現在少有人類出沒的時間點。不過另一方面，知名餐廳 Campo de Fiori 的廚餘就在眼前！黑熊權衡局勢，思忖半晌，低頭開始大嚼。

因為牠很需要吃東西。時序已經入秋，每年到了這個時候，黑熊就會開始積極進食，以便儲存足夠的脂肪讓牠們在窩裡度過整個冬天*。食慾亢進期的黑熊每日攝取熱量可達到平時的兩倍、甚至三倍，一天能吃下高達兩萬大卡的食物。熊是雜食動物，食性甚廣；在食慾亢進期，牠們很容易受到食物豐足之處吸引，因為牠們想在不必消耗熱量尋找食物的情況下，輕鬆獲得充足的熱量。亞斯本一帶的山區擁有豐富的食物來源：遍地橡實的橡樹林、結實纍纍的花楸樹和北美野櫻，還有極易結果的野山楂。到了一九五〇和一九六〇年代，亞斯本山區開始出現滑雪客。埋首大吃堅果和莓果的熊抬起頭來：**嗯？掛在樹枝上的鳥飼料？放在露臺上的整袋狗食？好啊，我想吃。**沒多久，熊就冒險進入城鎮，因為人類提供了食物。亞斯本眾多餐廳後面的小巷，簡直就是美食天堂。

布雷克用手肘輕輕推了推我。另一隻熊沿著小巷走來，這隻顏色比較深，體型也稍小一些。那隻捷足先登、顏色較淺的熊將注意力移到新來的熊身上，發出隆隆低吼。**你可以吃那邊的羅曼菜心和菠菜麵疙瘩，但不准碰我的史庫納灣生態友善焗烤鮭魚。**

布雷克拿起手機拍照，讓我有點意外。畢竟對這個男人來說，為了更換定位頸圈而徒手對冬眠中的黑熊施打鎮靜劑算是家常便飯。接著我發現，原來他要拍的不是熊，而是這景象的諷刺之處。「你看那個蓋子。」他用手電筒照了照倒在地上、蓋子大開的附輪堆肥桶，塑膠桶蓋上有個熊臉圖樣。此刻距離這個裝飾用的熊臉不過咫尺，就有一張真正的熊臉正在埋首大嚼桶內的東西。這個通過認證的防熊堆肥桶完全無法阻止牠大快朵頤。

「熊跳到堆肥桶上，然後蓋子就彈開了。」布雷克說道。

或者，也有可能是鎖固機構壞了。當天稍早我們在這條巷子的另一頭看過一個同款的堆肥桶，就是鎖固機構故障無法鎖上。布雷克走過去掀起蓋子，裡面有五十根發臭的香蕉。「請妥善上鎖，」上頭的貼紙寫著警語，「這關係到一隻熊的死活。」來到下一條巷子時，布雷克帶我走到一個沒蓋子的大桶子前，裡頭是廚房廢油。這個廢油桶的高度和大小跟飲水機差不多，熊有時候也真的把它當飲水機用。布雷克看過沾了油的熊腳印沿著巷子一路延伸。

亞斯本固體廢棄物處理法第十二章第八節標題為「野生動物保護」，是仿效鄰近的滑雪登山度假勝地斯諾馬斯（Snowmass）制定的法規。兩地的成效卻相差甚遠。斯諾馬斯動物保護暨交通管理處（Snowmass Animal Services/Traffic Control）雖然只有提娜・懷特

＊你可能會好奇，如果只靠自己身上的脂肪度日，需不需要上廁所？若你是熊的話，答案是不需要。在冬眠期間，熊會重新吸收體內的尿液，並形成「糞便塞」（fecal plug）。不過，幼熊會在巢穴裡大小便，但這也不會構成問題，因為母熊會吃掉幼熊的排泄物——部分原因是為了清潔，但主要是把這些排泄物當作食物，畢竟母熊還要哺乳。沒錯，母熊在冬眠期間還要哺育幼熊。黑熊冬眠時並非都在睡覺，只是活動減少，變得昏昏沉沉。更不可思議的是，黑熊是在冬眠期間分娩。母熊生下幾隻幼熊後，會把胎盤當作點心吃掉，然後繼續冬眠，在半睡半醒的狀態下哺乳及照料幼熊，直到春天來臨。某位曾為冬眠中的黑熊採集血液樣本的科學家表示，牠們不會發出熟睡的沉重呼吸聲，巢穴也不會發臭，聞起來只有樹根和泥土的氣味，沒有別的異味。

（Tina White）和羅倫・瑪特森（Lauren Martenson）兩人，不過她們是「專責處理」。「只要有違規，我們都會開罰單。」昨天見面時，懷特這樣告訴我。她最近還整理了一份西班牙文的簡報給餐廳的廚房人員，因為其中很多人根本沒意識到忘記鎖好垃圾桶而引來熊翻找垃圾，會為熊帶來什麼後果。她長久以來的努力已經能看出成效。這幾年來，斯諾馬斯沒有任何一隻熊因為造成問題而落到懷特口中「被淘汰」的下場。反觀亞斯本，在我前來採訪的此時，已經出現今年第九隻熊。不過，亞斯本的人口是斯諾馬斯的三倍，餐廳數量則是斯諾馬斯的四倍。

亞斯本的垃圾違規案件是由社區警察處理，總共只有五人。我和布雷克昨天早上在亞斯本警察局的會議室，與警隊代表查理・馬丁（Charlie Martin）見了面。馬丁身穿黑色和黃色的制服，襪子上是彩虹和獨角獸相間的圖案。我問及他的服裝顏色時，他神祕地回答：「今天不是星期五，我不用騎車去巡邏。」馬丁表示在與熊相關的垃圾違規取締加入勤務之前，亞斯本警隊就已經為了處理眾多工作項目疲於奔命，包括交通違規、狗吠擾鄰、工程車怠速未熄火、九一一緊急報案電話、狂犬病帶原的蝙蝠、失物招領、人行道積雪、汽車接電救援、駕駛被反鎖車外、社區野餐會，以及移除路面上的死鹿等等。

對於我們在巷子裡看到的情況，馬丁稍作分辯。「我們今年開出的罰單，總金額已經將近一萬美元。」沒關好垃圾桶或堆肥桶，可處兩百五十美元以上，一千美元以下的罰鍰。如果讓我和布雷克來開罰，應該一天之內就可以開出警隊今年累計的罰單金額。不過，馬丁也指出，這些罰單往往無效。「有些垃圾桶是大家共用的，」馬丁是指位於公寓共用區域兼餐廳後巷的垃圾桶。「就算開了罰單，對方也會說『不是我丟的，我們晚上十點就關門離開，當時有鎖好垃圾桶，不然你想辦法證明我們走的時候沒有鎖好啊？』」

根據法律規定，亞斯本的廢棄物清運公司必須為每個堆肥桶和垃圾桶編號，並建置資料庫記錄對應的負責人員或公司，一旦發現垃圾桶沒有確實關好，就由該人員或公司支付罰鍰。亞斯本的地方政府與五家廢棄物清運公司簽約，但是沒有任何一家業者建立這樣的系統。（斯諾馬斯有公共的垃圾清運服務。此外，懷特很樂意爬進垃圾桶，從垃圾袋中翻找出寫有姓名和地址的信件。她聽說有些人背地裡稱她和瑪特森為「熊婊子」。）

這類事情在嘗試推行防熊垃圾桶的城鎮層出不窮。整體來說，廢棄物清運公司會積極維護自己的淨利，但不會那麼積極維護熊的福祉。垃圾桶必須能裝到垃圾車的升降機上，這表示除了防熊垃圾桶的成本，業者還要額外花錢購置新的垃圾車或是改裝原有的垃圾車；無論何者，都不是業者樂意負擔的開銷。響應護熊運動的人，並不是起草法律規章的人，也不是經營垃圾清運公司的人，情況實在棘手。

今天下午，布雷克在巷子裡漫步時，看到一個標示著「只收厚紙板」的回收桶。他看了看裡面，桶底除了薯條、一顆橄欖，還有一些擠過的檸檬片。這座城市的法律並沒有明文規定資源回收桶要有防熊設計或是上鎖，甚至沒規定必須有蓋子，所以很多人會把垃圾丟進去。而在住宅方面，如果屋主出租房屋，卻沒有將垃圾處理規定告知來度假的房客，或是房客忘了甚至根本不在乎，也會產生問題。

馬丁認同布雷克的觀點，亞斯本確實需要一番改革。這座城市需要換掉市中心破損的防熊堆肥桶和垃圾桶，需要解決共用垃圾桶造成的漏洞，最重要的是，必須聘請足夠的人力，才能有效管理。

布雷克補充，這對於亞斯本的財政來說並非沉重負擔。這個郡的億萬富翁跟熊一樣多。在這裡置產的有科赫（Koch）兄弟、貝佐斯（Bezos）的雙親，還有雅詩・蘭黛（Estée Lauder）的後裔。他們擁有來自煉油業、對沖基金、美妝業、科技業、內衣業、鋁箔紙業以及口香糖業的龐大資產。連市議員都要對這些重量級居民卑躬屈膝，布雷克認為這或許就是亞斯本難以嚴格立法的原因之一。

當然，餐廳不是那些億萬富翁開的。這部分馬丁可能也得負點責任，他在談話間提到：「我也住在這個鎮上，總會有去餐廳吃飯的時候。如果我才剛給他們開了一千美元的罰單，怎麼走進去吃飯呢？」亞斯本需要熊婊子。

毛色較淺的那頭熊正在對付一隻蟹腳，另一頭熊則在甘藍菜葉間嗅來嗅去。「這兩隻熊剛剛學到什麼呢？」布雷克說道，「**就算有人類站在旁邊看著我，我也可以繼續吃垃圾，不會發生什麼壞事。**」布雷克剛加入美國國家野生動物研究中心時，曾經在優勝美地國家公園（Yosemite National Park）做過人熊衝突方面的研究。他告訴我，早期優勝美地國家公園的工作人員會在垃圾場周圍設置露天看臺和燈具，並向遊客收取費用，讓遊客觀賞二十多隻黑熊在垃圾場狼吞虎嚥、互相推擠的樣子。

此刻，我們就和看臺上的那些觀眾沒有兩樣。我們讓這兩隻熊又少了一些提防人類的理由。以後，牠們可能會更早來到這條小巷覓食，遇到人類時可能更不會輕易退讓。最後，牠們可能會跟跑到三一六號牛排館（Steakhouse No. 316）後面翻找垃圾桶覓食的那頭熊一樣。不久前的某天晚上，牛排館經理羅伊走到外面，想把那頭熊趕走。由於垃圾桶放置在壁龕處，三面都是牆，熊只剩下一條出路，就是羅伊站的位置。於是熊向前猛撲，「狠狠咬了羅伊的屁股」（馬丁的原話照錄）。卡加利大學（University of Calgary）名譽教授兼熊隻攻擊行為學者史蒂芬．赫雷羅（Stephen Herrero）表示，傷人的黑熊有九成已經習慣人類（也就是不怕人），並養成了吃人類食物的胃口。

相關單位根據羅伊的描述找到並誘捕那頭熊，由於牠傷害人類，最終遭到人道處理。（雖然我無法想像除了「黑色毛皮」和「體型壯碩」之外還能有什麼樣的描述，但從羅伊褲子上採驗的唾液ＤＮＡ與落網的熊相符。）

如果羅伊和餐廳員工有鎖好垃圾桶，就不會導致如此結果，而這樣的疏忽也讓他受到狠狠的教訓。在熊遭到處死之後，附近居民聚集在牛排館前抗議。大眾並不樂見因人為疏失導致必須殺死熊，若要懲罰，人們希望是以嚇阻驅離或移置的方式，這兩者是最常對「傷人熊」執行的非致命性處置。（架設電牧器圍網也是一種方法，不過裝在住宅區看起來會很像戰俘營，民眾接受度不高。）

嚇阻驅離（hazing）是指刻意讓野生動物受到驚嚇或經歷痛苦不適，促使動物將不愉快的印象與特定地點或當時的行為連結在一起，讓牠們學會避開該地或不再做出同樣的行為。若要嚇阻驅離這兩隻熊，你得安排人員在凌晨時分駐守這條小巷，並用比較不致命的東西攻擊牠們＊，最有可能的作法就是發射橡膠子彈或布袋彈。如果你跟我一樣對執法工具一無所知，可以想像玩布袋球（Cornhole）時要投入前方小洞裡或小丑用於雜耍的彩色手縫小沙包。布袋彈很像這些沙包很像，不過更小一點，大小和核桃差不多，雖然無法射穿皮膚，但中彈會很痛。

「嚇阻驅離解決不了問題，」布雷克說道。體型較大的那隻熊把垃圾袋的破洞扯得更大，挖得更深了。「誘惑牠們的東西太多了。」嚇阻驅離的成效，取決於風險的嚇阻力與利益的吸引力孰高孰低。這些熊已經曉得只要來這條巷子，就有機會獲得熱量豐富的食物。那些唾手可得的高熱量美食，會讓牠們認為就算冒著肚子再挨一記攻擊的風險也值得。「而且，附近還有很多東西可以吃，」布雷克說道，「就算在這裡對熊實施嚇阻驅離，牠們也會跑去別條巷子。」

嚇阻驅離就算發揮作用，往往也不持久。二〇〇四年，內華達州有個由野生生物學家組成的團隊調查了在都市地區對黑熊執行嚇阻驅離的效果。研究人員將黑熊分成三組，對第一組使用橡膠子彈、胡椒噴霧和噪音進行嚇阻驅離；對第二組除了使用上述器材，還加上一隻吠叫驅趕的卡瑞利亞熊犬；第三組則作為對照組，沒有施予嚇阻驅離。以熊重返舊地的時間來看，前兩組的時間間隔與未經嚇阻驅離的熊相比並沒有明顯更久。在研究團隊

---

* 泰瑟國際公司（Taser International）曾經短暫販售過一款針對野生動物開發的泰瑟電槍，型號為X3W，有些人認為可望成為嚇阻驅離的工具。購置這款電槍的主要目的，就和使用針對人體的泰瑟電槍一樣，是希望情勢危險時，能在不使用致命性武器的情況下掌控局勢。不過該公司的某位代表告訴我，這款電槍銷量不佳，除了價格昂貴，另一個原因在於它只對非常高大的哺乳動物有效（像是駝鹿，或是用後腿站起來的熊），而且距離目標不能超過二十五英尺（約七點六公尺），否則發射出去的兩隻探針中朝下的那一隻會撞到地面。開發X3W的契機，源自一頭因幼鹿被困在施工中的房屋地基裡而激動憤怒的駝鹿。當時，這頭駝鹿對阿拉斯加州漁獵部的賴瑞．路易斯（Larry Lewis）和一名州警緊追不放，繞著巡邏車追了三圈，最後州警掏出泰瑟槍朝駝鹿射擊。那頭駝鹿被擊中之後短暫昏厥，恢復意識之後便逃跑了，路易斯也得以順利救出受困的小駝鹿。這件事情讓路易斯印象深刻，於是他與泰瑟公司聯絡，合作設計出用於野生動物的款式，並在基奈駝鹿研究中心（Kenai Moose Research Center，號稱「駝鹿研究的世界先驅」）完成安全性測試。研究結果發現，比起施打鎮靜劑，使用泰瑟槍對於動物造成的壓力較小，而且沒有施打過量致死的風險（放入麻醉槍針頭的鎮靜劑劑量，是根據動物體重粗略估計的）。因此，當情勢急遽變化而可能危及人身安全時，或是像路易斯在《阿拉斯加漁獵新聞報》（*Alaska Fish & Wildlife News*）採訪中提到的，遇到「頭上卡著雞飼料餵食器的駝鹿」時，X3W似乎是個不錯的替代方案。

追蹤的六十二隻熊當中，最後只有五隻沒有再現身，有七成的熊不到四十天就回來了。

優勝美地國家公園的露營區有一陣子頻頻傳出動物破車而入事件，當時布雷克經常熬夜設法對熊進行嚇阻驅離。從二〇〇一年到二〇〇七年之間，共有一千一百輛車遭熊闖入（其中以多功能休旅車為最多，除了這種車的結構可能有某些弱點，布雷克認為關鍵更有可能在於多功能休旅車裡常見的東西：小孩，很多的小孩。他們往往會把果汁灑得到處都是，讓車內腳踏墊上滿是麵包屑和洋芋片碎屑。他推測熊是受到這些「小垃圾」的氣味吸引）。最終證明，嚇阻驅離的作法徒勞無功。「熊一旦知道車裡有什麼，就……唉，不提也罷。」當地的熊很快就認得布雷克那輛車的聲音，聽到他的車開來就會跑走，等車子離開後又會回來。

最後大家發現，闖入這些車輛的熊其實不到五隻（幾隻母熊和幼熊）。這是典型現象。從本年年初到我造訪的九月份，斯諾馬斯已經發生六十起熊從沒鎖好的門窗闖入屋內的案件。不過野外攝影機拍到的影像顯示，實際涉案的只有四隻熊。明尼蘇達州自然資源部（Minnesota Department of Natural Resources）的熊類科學家戴夫・賈瑟利斯（Dave Garshelis）曾告訴我，他接過一通從國民警衛隊營區打來的電話，表示營區裡有好幾個棧板的MRE野戰口糧被熊破壞偷吃；顯然熊比士兵們更愛吃這種軍用補給品。對方告訴賈瑟利斯，來偷吃的熊應該有一百隻左右，「那個人說：『到時我帶你去一個地方眺望，你就會看到這個山脊到處都是熊窩。』我只能隨口回應：『聽起來很酷。』」結果，對方所謂的「熊窩」只是天然地景，「一百隻熊」實際上只有三隻。

太好了，那只要把少數幾隻土匪熊抓起來、送進森林深處，問題就解決了，不是嗎？這時就得要來談談異地野放（translocation）後續不如預期的現實情況。異地野放的成年黑熊很少會待在野放地，最多有穿越兩百二十八公里返回原生地的紀錄，有一隻熊甚至泳渡將近十公里的海面。這是相當驚人的成就，因為熊和候鳥不同，體內沒有磁感系統可以定位導航。究竟熊是靠感官線索（像是海水的氣味、機場的聲音等）找到方向，抑或只是到處探路直到感覺周圍有點熟悉，我們還不得而知。可以確定的是，牠們很有回家的動力，而且擅長找路。

在二〇一四年的某項研究中，科羅拉多州公園及野生動物局的人員為六十六頭曾與人類衝突的熊戴上無線電頸圈，並在異地野放。其中有百分之三十三的成熊成功返回當初遭人捕捉的地區，但沒有任何一隻亞成熊回到原處。乍看之下，這樣的數據好像還不錯；然而，若成功的定義不是未能返回老家，而是在新家存活超過一年，情況看起來就沒那麼樂觀了。異地野放後的熊常常會遊蕩到野放地附近的其他城鎮，然後又開始惹出同樣的麻煩。黃石國家公園有超過四成的熊在異地野放的兩年內又牽扯上其他「滋擾事件」，蒙大拿州也有百分之六十六的熊在兩年內再犯。優勝美地國家公園的護管員曾經嘗試將闖入車內的熊移置到公園的另一頭，結果就是公園另一邊也開始發生熊隻闖入車輛的事件。

在這類決策的過程中，還有另一個考量因素：若是異地野放的熊在野放地造成嚴重的人身傷害，移置單位可能需要承擔部分責任。亞利桑那州漁獵部（Arizona Game and Fish Department）曾因有隻異地野放的熊在露營區造成一位少女重傷，以四百五十萬美元的賠償金達成庭外和解。

賈瑟利斯處理人熊問題已有將近四十年，我在電話中問他對於異地野放的看法。「很多人覺得這樣做是好心，但我不確定是否真有那麼好。」他說道。惹出麻煩的，往往是帶著幼熊的母熊，因為牠們需要最多食物。「母熊本來在熟悉的地盤生活，知道要教小熊去哪裡找食物。結果被人類丟到完全陌生的地方，還得跟一大堆熊競爭食物。這樣形同是把母熊和小熊丟進牠們不熟悉的社會體系中。」華盛頓州的熊類生物學家對全美四十八家野生動物保護單位做了調查，其中有百分之七十五的單位表示他們有時候會將惹麻煩的熊異地野放，但只有百分之十五的單位認為這樣能有效解決問題。會這樣做多半是因為案件本身令人矚目，引起媒體高度關注，讓涉案動物和處理單位都處於鎂光燈下。整體來說，異地野放在處理熊隻上的成效，還不如處理輿論的效果來得好。

異地野放最有可能奏效的對象，是剛展開「犯罪」生涯就遭到移置的年輕熊隻。部分原因是一、兩歲大的熊比較不會（或是比較沒有辦法）找到回家的路，不過更主要的原因在於翻找垃圾桶是一種入門級的犯罪行為，接下來就是破門、盜竊、入室搶劫。吃垃圾的熊一旦習慣人類，開始將人與不勞而獲的食物連結起來，風險和利益的比率就會改變：風險似乎不高，卻總能撿到便宜。翻找餐廳後巷的鐵箱子有什麼不好？山坡上那些大箱子散發出誘人的飯菜香，何不進去？自從四月冬眠季節結束以來，科羅拉多州公園及野生動物局已經接到四百二十一通電話，通知他們皮特金郡（Pitkin County）有熊搶奪人類食物並造成財物損失。這類電話大部分都轉給該區的野生動物管理主任柯蒂斯・泰許（Kurtis Tesch）處理，我和布雷克明天將跟對方見面。

顏色較深的那隻熊，或許是不想再被先來的那隻熊阻礙，抓起一個垃圾袋跑上了台階。我們跟著牠繞過轉角，來到某個小型時尚購物中心的上層戶外商店街。一頭熊站在Louis Vuitton精品店前，這樣奇異的畫面，換作平常，應該會讓我覺得很有趣。但這隻鼻子上沾著布拉塔起司的可憐小傻瓜，一臉無辜，渾然不知自己可能會面臨什麼樣的下場，只讓我忍不住想哭。

柯蒂斯・泰許分享了不少熊的故事，不過可能跟一般人預期的不太一樣。讓他印象深刻的，不是熊的蠻力或暴行，而是牠們的聰慧程度，以及不期然的輕柔舉動。像是某隻熊會打開好時（Hershey's）水滴巧克力的鋁箔包裝紙，還曾有一隻熊站起來抓住門板的兩邊，將門板從門框卸下來，然後小心翼翼地將門板斜靠在屋牆外。

「牠們可以伸手從冰箱裡拿出雞蛋之類的東西，然後放到旁邊，一顆也不會弄破。」我們正在驅車前往某個入室竊盜案的案發現場，通報地點位於一條山路的頂端，泰許、布雷克和我坐在泰許那輛凌亂又轟轟作響的公務貨車裡，沿著之字形的山路搖搖晃晃地前進。若有雞蛋在這車上，應該撐不了多久。

今年黑熊讓泰許異常忙碌。這點出人意料，因為今年春天下了不少雨；一般認為人熊衝突增加與乾旱有關，而不是多雨。不過，去年乾燥少雨，泰許聽說乾旱會促使某些植物產生大量的繁殖材料，或稱「栗實堆」（mast），包括果實、種子、漿果、橡實等等，到了隔年產量就銳減。「植物們以為死期不遠，所以想盡量將種子散播出去。到了多雨年，植物就變得比較想努力生長。」我不知道是否真是如此，不過我喜歡植物會因為擔憂滅亡而先做打算的這種世界觀。

後座的布雷克則表示，全球暖化的趨勢也有影響，因為氣溫升高縮短了熊的冬眠期。在二〇一七年的一項研究中，他和六位科羅拉多州公園及野生動物局的生物學家替五十一隻成年黑熊戴上無線電頸圈，監控牠們冬眠的時間點和冬眠期長短，並與環境因素進行比較，發現氣溫每上升攝氏一度，冬眠期就會縮短大約一週。根據目前的氣候變遷預測，二〇五〇年的黑熊冬眠期會比現在少十五到四十天。也就是說，牠們在外面尋找食物的日子會增加十五到四十天。看樣子，我們得把「黑熊闖入事件增加」寫進氣候變遷可能後果的清單裡了。

食物供應情形也會影響冬眠。豐年時，熊的冬眠期會縮短；然而對於開始仰賴人類食物過活的熊來說，每一年都是豐年。布雷克發現，比起在自然環境中覓食的熊，以城市為主要覓食區域的熊整整少了一個月的冬眠時間。食物豐足還有一個令人擔憂的後果，就是生育率提高。母黑熊有一種叫做延遲著床（delayed implantation）的生殖機制，受精卵會變成細胞群，稱為囊胚，整個夏天都在母熊的子宮裡遊蕩。囊胚是否會在秋天著床（以及有多少囊胚會著床），取決於母熊的健康和進食狀況。

我們抵達案發房屋的車道前，從門口看起來，這是一棟常見大小的房子。但後來我發現，那是因為看得到的部分幾乎都是車庫。沿著山坡往下，還有兩層、三層……我不知道究竟有幾層樓。布雷克下車後，走到柏油路面的邊緣。我以為他是在讚嘆景觀，走近之後才聽到他在細數房屋周圍恣意生長的灌木和樹木名稱，全都是黑熊愛吃的：花楸樹、北美野櫻、橡樹。

「沒錯，」泰許說，「這裡是科羅拉多州最適合熊的地方之一。是我們搬進熊的棲地了，知道嗎？」泰許戴著反光的橘色墨鏡，在我們和他相處的這段時間裡從沒拿下來過。他有一頭淺色頭髮、健康勻稱的身材和清晰立體的下顎線，我只能描述出這些了。

屋主不在鎮上，管家卡門發現闖入痕跡而報了警，警方又打電話給泰許。卡門帶我們到樓下的闖入點：那是一間有專屬露臺的臥房，闖入點就是連接露臺的落地窗。她表示落地窗原本有上鎖，但是熊可以將爪子伸進窗框的任何小縫隙中，將窗戶撬開。有一扇室內紗門掉落在地毯上。房間地面鋪著白色地墊，但是熊沒有留下任何痕跡。卡門說，牠在走去樓上冰箱的途中也沒有撞倒任何東西。感覺如果旁邊有塊抹布，牠會順手把廚房地板都擦乾淨。

這隻熊讓布雷克想起亞斯本曾有一隻熊是闖屋慣犯，大家叫牠胖艾伯。「牠總是悠悠哉哉的樣子，會輕輕打開大門，進屋吃點東西，然後離開。屋主都說：『哇，牠完全沒有把我家弄亂耶！』」這就是牠發胖的原因，也是牠還活著的原因。對這樣的熊，人們的容忍度比較高。熊若是具有侵略性，破壞了屋內或讓屋主感覺受到侵犯、身處危險，要不了多久就會如布雷克所說的，被處理掉。往好處想（如果能這樣說的話），就是天擇對胖艾伯比較有利。有侵略性的熊可能還沒有多少機會延續基因，就被人道處理了。

隨著胖艾伯這樣的熊比例越來越高，人熊和平共存最終是否有可能成為一種選項，甚至成為政策？我們能不能像對浣熊和臭鼬一樣，容許熊出入我們的後院？我向加州魚類與野生動物部（California Department of Fish and Wildlife）派駐於太浩湖地區的熊類專家馬利歐．克利普（Mario Klip）提出這個問題。克利普表示，當地有許多人已是如此了。假如屋主發現露臺的木地板下面有隻熊，往往不會通報魚類與野生動物部，而是聯絡當地的倡議團體熊盟（Bear League）。「他們會派人過來爬到裡面，用棍子戳戳牠，把牠趕跑，然後幫你把露臺下方的洞口堵起來。」

克利普也與熊盟保持共存關係，他指出：「他們填補了這塊。」越來越多人希望對潛入或闖入房屋的熊採取處死以外的處置方式，而且不只是加州人而已。賈瑟利斯在明尼蘇達州北部鄉村從事研究工作，當地大多數人都擁有槍枝，而政府允許、甚至鼓勵居民遇到人熊問題時自行解決。「我在這裡三十六年了，」賈瑟利斯對我說，「我可以感覺到人們對熊的態度已經改變。」

如果野生動物管理機關不採取任何處置，不再將已成慣犯的熊處死，會怎麼樣？專家擔憂那些熊會把闖入住家的行為傳授給幼熊，之後又傳給幼熊的後代。當闖入行為越來越嚴重，人們的容忍度就會漸漸降低。正如賈瑟利斯所說：「如果有隻熊在你家廚房裡，那就很難容忍了。」

回到樓上後，卡門描述她發現時的現場情況。那隻熊似乎是直接走往冰箱，打開冰箱門，拿出一盒茅屋起司狼吞虎咽，接著打破一瓶楓糖漿和蜂蜜，舔個精光，然後改對冷凍庫裡的哈根達斯（Häagen-Dazs）冰淇淋下手。（皮特金郡的熊都對高檔品牌情有獨鍾。提娜・懷特表示：「牠們對西方家庭〔Western Family〕冰淇淋不屑一顧。」）

我們背後有一組法式玻璃格子門，通往另一個露臺。當時卡門發現門開著，她認為侵入的熊就是從此處離開。法式玻璃格子門的把手，無論是否鎖上，對黑熊來說都很容易開啟，因此又有「熊用門把」之稱，已遭當地建築法規禁用。但是這種款式很受大眾歡迎，許多人會自己裝設。這些人當中有的根本不知道建築法規有這項規定，有些人則毫不在意，泰許在各處都看過這種門。中空球形門把也被禁用，因為熊能咬壞門把，輕鬆轉開門。（有些商家更是大開方便之門，自動門感應到熊也會開啟。）

泰許認為我們看到的現場痕跡，應該是出自兩隻不同的熊。第一隻熊是從樓下臥室的窗戶進出屋子，另一隻熊則是來到廚房那扇法式玻璃格子門前，聞到或看到第一隻熊洗劫後的殘餘食物才進來。他做出這番推論，是因為卡門當時看到的法式玻璃格子門是往內開的。泰許認為熊不太可能把門往內側打開再出去。不過，也可能是同一隻熊又回來現場。泰許表示很多熊會返回現場至少一次。

如同人類竊賊，熊常會趁屋主不在時闖入屋內。亞斯本大部分房屋是在特定時節作為度假屋出租之用，因此熊很容易找到空無一人的房子。大膽一點的熊就有可能從闖空門進階到堂而皇之的入室搶劫。泰許指出，熊常會在人類熟睡時進到屋裡，尤其是在有人因天氣炎熱沒關窗戶，或是忘記鎖上推拉門的情況下。也有熊在居民還沒入睡時闖入屋內。「曾經有人在家吃晚餐時，熊走進來，從餐桌上抓了一些食物就逃之夭夭。也發生過熊在屋外破壞門窗，屋內的人只得躲進臥室或浴室裡的案件。」

泰許給了卡門名片，告訴她若屋主想要設置陷阱捉熊可以打電話給他。她沒有詢問熊落網後會怎麼樣。科羅拉多州公園及野生動物局和許多州立野生動物主管單位一樣，採行兩犯畢業政策。比方說，泰許若接到民眾通報有熊在垃圾桶旁或後院裡東聞西嗅，他會設置陷阱嘗試捉熊，要是成功捉到，他會為熊打上耳標並帶到森林裡野放，祈禱牠不要再回來。（在原地設置陷阱的時間不會超過三天，為的是降低捉錯熊的機率。）不過，陷阱通常捉不到熊。「現在不像以前那麼容易捉到了，」泰許坦言，「我不曉得是牠們變聰明了，還是有什麼原因。」

不過，闖入這間屋子的熊不會獲得一次寬宥的機會。因為牠是破壞上鎖的門窗進入屋內，以後可能還會繼續同樣的行為。若牠是母熊，還會教幼熊也這樣做。對於主管機關來說，牠已經威脅到公共安全。泰許表示人們通常不願意通報熊隻闖入事件，因為大家知道一旦通報，就是將闖禍的熊推向死路。黑熊是非常受人喜愛的動物。孩子們有泰迪熊，卻沒有泰迪山羊或泰迪鰻魚，是有原因的。

「要是你抓到這隻熊，會怎麼樣？」我們坐上貨車，準備回市區。我注意到車門置物盒裡有個黏毛絮的滾輪，好像偶爾會有熊坐在前座似的。

「如果抓對熊，把牠弄走之後，確實會發現當地的闖入事件稍微減少。」泰許說，

「不過只會維持一小段時間，最後還是會有其他的熊來到這裡，取而代之。就是這樣。」

「這只能暫時解決問題，」布雷克說，「就跟除草一樣，春風吹又生。」

我其實不是要問這個，我想問的是他口中的「弄走」。我得問得更直接一點。「要把一隻熊處理掉，無論如何都是不愉快的事。」種種委婉隱晦的說法*，弄走、處理掉，我們到底是在講殺死動物還是整理貨物？

「對，一點都不愉快。」泰許馬上說，「我上星期就不得不處理掉一隻母熊和一隻小熊。」這對熊母子已經闖入住宅好幾次。「那一點都不愉快，簡直糟透了。」我們在陰鬱的氣氛中驅車前行，一片靜默中，只有對講機偶爾發出的雜音打破寂靜。

沉默一陣後，泰許接著說：「我很糾結。我不想在母熊眼前處理掉小熊，也不想在小熊眼前處理掉母熊。最後我給小熊打了鎮靜劑，讓牠睡著，然後處理好母熊，再趁著小熊還在睡時送牠走。如此一來，牠們母子都不會看到對方怎麼了。就是這樣。」

泰許的「就是這樣」隱含了這份工作中的種種挫折。很多屋主漫不經心、不把法律規定當一回事，當有熊因為闖入住宅遭到處死之後，又反過來責怪他、對他施壓。而政府機關只會推諉責任，談到錢就不願多花一分。

我試著想像，假如是我住在剛才那間房子裡，看到熊輕而易舉就能進屋，我會有什麼感受。我問泰許大部分人的反應是什麼？「有些人會害怕，」他答道，「有人覺得事不關己。」目前為止，這個地區沒有任何人在熊隻闖入事件中喪命。基本上，黑熊並不是攻擊性強的動物。令我驚訝的是，這裡並未出現人類竊賊侵入住宅時偶爾會發生的事情：屋主或屋主的狗出現驚動竊賊，屋主和／或狗對竊賊緊追不捨，竊賊在恐慌下殺死屋主。

「喔，總有一天會發生的。」泰許表示。黑熊或許攻擊性還不如浣熊，但體型可是大得多。要是我們接受那樣的風險，會怎麼樣呢？

倘若我們選擇容忍廚房裡偶爾會出現熊，也坦然接受可能會有人被熊殺死的風險呢？就好比飛機，儘管偶爾會發生墜機事件，造成機上人員喪生，但我們並沒有因此停止使用飛機。有個差別在於，航空公司的收入可以負擔訴訟和保險的費用。若有熊傷人或殺人，該州的野生動物主管單位可能要承擔責任，而且熊不像飛機，無法賺取收益來賠償損失。近來有兩件訴訟案，一件在猶他州，另一件在亞利桑那州，都是被害者家屬獲判鉅額的賠償金。涉案的主管單位早就知道有熊出沒，卻只是監控，而沒有設置陷阱捕熊。

布雷克搖下車窗。「那就是你探討這個想法時的限制因素了。」

＊ 我了解那些因職務之故有時得殺死動物的人會想避免使用那個動詞。殺這個字有種謀害的意味，而這麼多委婉的用詞出現，也顯示他們一直找不到真正能夠接受的講法。我花了點時間收集這些委婉用詞：減少、處理、了結、除掉、人道處置。身為文字工作者，我不喜歡使用安樂死一詞，因為那暗指從折磨中解脫；我也不使用獵獲這個詞（harvest，同時有收成與捕獵之意），講得好像動物和穀物沒兩樣。我還聽過別人用「使用致命手段」這個講法，但那感覺似乎比較適合用在特種部隊任務和蓋瑞・布希（Gary Busey）的電影裡。

撇除那些餐廳後巷，亞斯本是個風光優美的地方。幾乎每扇窗前都有花壇，即使將近十月，我還沒看到任何植株開始凋萎或轉黃，彷彿這個城鎮擁有的財富和權力之大，連自然法則都要低頭。花朵能在秋天盛開，女人的髮絲隨著年歲轉成灰金色。

我看到誘人美景，而布雷克看到的是誘引物質。「這些居然種在這裡？」布雷克指著一株小行道樹，我們正在這條人行道上尋找稍微平價一點的午餐。「野山楂，這座城鎮種了野山楂樹。」這種樹春天會開出大量粉色花朵，深受人們喜愛。花謝後會結出一口大小的山楂果，熊可以直接從枝頭咬下，就像卡通裡的帝王隨口就能吃到葡萄串。黑熊實在太常大白天就出現在亞斯本鬧區，因此該市立法規定，若有人不聽前來維護安全的科羅拉多州公園及野生動物局官員勸阻，逕自跑到熊旁邊自拍，將會受罰。泰許的前任曾經試圖說服市議會將野山楂樹換成其他樹種，但徒勞無功。回家之後，我偶然在網路上發現一份亞斯本植樹指南，說明如何選擇住宅園藝樹種及種植方法。其中推薦的樹種有野山楂樹、橡樹、北美野櫻和花楸樹。我很猶豫要不要告訴布雷克，我怕他會氣炸。

我們找到一家價格中等的餐廳，而且不在因沒鎖好垃圾桶而被本週《亞斯本時報》（*Aspen Times*）公開修理的十八間店家之列。我整理頭緒，列出一張問題清單，基本上可以歸結成：這裡發生了什麼事，有沒有解決方法？我想起泰許在回城途中講過的一件事。科羅拉多州依照公投決定禁止春季獵熊活動（原因是會讓幼熊成為失親孤兒），而有人認為這項禁令導致人熊衝突增加。布雷克經常聽到這種說法。「很多狩獵團體、園區和野生動物的管理人員都認為，解決目前問題的方法就是靠打獵減少熊隻數量。不過，並沒有明確的科學根據顯示減少熊的族群數量，就能減少衝突。」

首先，布雷克指出，獵人打獵的區域和衝突發生的地點並不相同。「打獵限額是依狩獵管理區制定的。」我沒有聽得很清楚，因為隔壁那張大桌子的客人們正在聊一堆名人私底下的軼事。我只聽到：「這裡的狩獵區包含亞斯本、斯諾馬斯、卡本代爾……」「……瑞絲．薇斯朋——」「他們會說：『好，這個狩獵區裡可以獵多少多少隻——」「然後瑞絲她就……」

布雷克坦言，狩獵某種程度上確實會改變被獵動物的行為，讓牠們對人類抱持恐懼並避開人類。然而科羅拉多州仍然有秋季獵熊活動，由此來看，他並不認為減少狩獵是人熊衝突增加的原因。

值得一提的是，泰許薪資的經費來源，就跟州政府魚類及野生動物管理單位預算的大部分項目一樣，有一部分是來自漁獵許可證的規費和漁獵器材的稅金。「我不是要批評這個模式，」布雷克說道，「但是你得要意識到，這和所有事情都有關係。」

我確實意識到了，而且讓我不太舒坦。為寫這本書調查資料的過程中，我在這類單位結識了不少優秀又聰明的人，他們都是專業人士，都認為自己的職責除了要保護人類，也要保護動物。但在這樣的財政模式下，很難忽視體制上的優先事項似乎在隱隱發揮作用的感覺。預算資金有相當比例來自獵人，使得相關單位很難贏得外界的普遍信任。（也因此產生一些令人費解的宣導標語，像是：「支持保護內華達州的野生動物……請購買漁獵許可證」。）

布雷克抖開餐巾。國會正在審核一項法案，將從聯邦基金撥出超過十億美元給野生動物管理單位。這筆錢只能使用於保育方面的計畫。「這會改變目前的情勢。」

我們看起菜單，隔壁桌則聊起麥莉・希拉（Miley Cyrus）。（「她超棒的。」「她真的超棒。」）布雷克似乎天生對娛樂話題免疫。我在車程中曾經問他亞斯本住了哪些名人，結果他說：「傑克……他是姓尼克遜，還是尼克勞斯？打高爾夫的是哪一個？」他知道凱文・科斯納（Kevin Costner）在這裡有間房子，因為曾經有熊在科斯納家惹出麻煩。

布雷克放下菜單。「有件事情很少人討論到。熊的族群數量在上個世紀初期因為人類的關係急遽減少，而現在正在恢復當中。」自從拓荒移民首度越過大分水嶺，一直到二十世紀上半葉，美國大眾對於野生動物的態度並沒有什麼變化。最先西進的一批人是牧場主人、自耕農、牧人和毛皮獵人，對他們來說，野生動物不是商品就是害獸，處處可見懸賞獎金。一直到一九七〇年代，都還常有熊被毒死。「碰到什麼就除掉什麼。」布雷克說。

政府也推了一把。布雷克的雇主，也就是美國國家野生動物研究中心，在過去一百五十年當中有過各種化身和名稱，不過目標始終只有一個：以有效、低成本的方式控制野生動物造成的損害。無論野生動物是獵食牲口的掠食動物，還是啃食作物的鳥類和齧齒動物；無論門口的名稱是經濟鳥類與哺乳動物學處（Division of Economic Ornithology and Mammalogy）、根除方法實驗室（Eradication Methods Laboratory）還是掠食動物與齧齒動物管制處（Division of Predatory Animal and Rodent Control），目標都是幫助農牧業者。種種看起來純屬野生動物生物學的研究，像是動物的行為、食性、遷徙模式等等，其實都是生物學為經濟活動服務的體現。

在一九六〇和一九七〇年代，隨著環境保護與動物福利運動相繼出現，國民良知開始形成。社運人士發聲抗議，要求停止全窩射殺和空投番木鱉鹼毒餌等作法。一九七一年，野生生物保衛者（Defenders of Wildlife）、山巒協會（Sierra Club）和美國人道主義協會（Humane Society of the United States）提起訴訟，力圖終結以毒藥控制掠食動物的行為。隔年，環境保護局（Environmental Protection Agency）取消了番木鱉鹼和另外兩種動物毒藥的註冊。倡議團體促使民意轉變，隨著時代推移，這樣的意見已經無法忽視。

越來越多美國人對野生動物產生強烈的情感連結，反對為了經濟考量消滅野生動物。一九七八年時，曾有研究人員找來三千位美國人，針對二十六種不同的動物和昆蟲調查他們喜歡或不喜歡的程度。二〇一六年，俄亥俄州立大學重新做了相同的調查。相較於上一次的結果，喜歡狼的受試者增加了百分之四十二，喜歡郊狼的受試者則增加了百分之四十七。（蟑螂的受歡迎程度也有所提升，將最討人厭物種的寶座讓給了蚊子，現在位居第二討人厭的物種。）

總而言之：熊回來了。而且族群恢復的程度，已經讓熊開始出現在人類的日常生活中。「這對於野生生物學家來說是新的研究領域，」布雷克一邊說，一邊叉起生菜。「是我們不怎麼擅長的領域。我還在念大學時，學界探討的都是：怎麼復育野生動物？如何計算族群數量？怎麼管理野生動物？而現在，問題全都在於人類與野生動物的互動，**這個要怎麼管理**？現在很多野生生物學家都快要……」布雷克作勢用頭撞桌子，「遊戲規則完全不同了。」

就此時看來，這場遊戲似乎很難有任何一方勝出。現在有更多熊、更多狼以及更多郊狼，還有更多人類正在搬進牠們的地盤。若是這些動物把廚房翻得亂七八糟、殺死了幾隻羊或咬了牛排館老闆的屁股一口，該怎麼處置？我們對此還沒有文化共識。除了人類與野生動物之間的衝突，還有人與人之間的衝突問題。畜牧業者、農人和動物愛好者在文化衝突之中彼此厭惡，隔閡對立之深堪比美國政治。**把牠們全都殺了！不准傷害任何一隻！**

布雷克和其他人獸衝突專家正將焦點從動物生物學和行為學轉移到人類行為學，這門科學稱為人文面向研究（human dimensions）。這項研究的目標，若以不科學的方式來說，就是要找出折衷妥協及解決問題的途徑。一開始通常會將志不同、道不合的各方人士聚集在一起，讓大家傾聽對方的看法，甚至開始能同理對方。布雷克近年與其他人共同創立了人類與肉食動物共存發展中心（Center for Human-Carnivore Coexistence）。在二〇二〇年初，該中心舉辦了為期兩天的聚會，邀集獵人、捕獸人、畜牧業者以及動物保護和動物福利組織的代表共聚一堂，討論在科羅拉多州重新引入狼的議題。

結果讓布雷克滿懷希望。第二天活動結束時，與會者談話之間已不見敵意，討論方式也讓他覺得相當有建設性。「現在問題在於，大家各自回到原本的位置上時，會怎麼樣呢？」布雷克希望無論科羅拉多州最終選擇怎麼做，都是由像這樣的團體共同做出的決定，而不是少數立法者密室協商的結果。

近來，布雷克花了不少時間與自然資源守護委員會（Natural Resources Defense Council）的肉食動物保育主任札克・斯特朗（Zach Strong）溝通。自然資源守護委員會最常對野生動物管理局做的事情就是告他們。布雷克鼓勵斯特朗與蒙大拿州的野生動物管理局局長培養關係，或許因為本來看似對立的雙方有了溝通管道，野生動物管理局多了三個非致命性處置（或稱「預防野生動物衝突」）專員的職位，兩個在蒙大拿州，一個在奧勒岡州。透過展現這些職務所帶來的成效，自然資源守護委員會和野生生物保衛者得以確保聘僱相關人員的聯邦基金預算，並在另外十個州評估設立相同的職位。布雷克期待野生動物管理局的新發展能夠帶動內部文化的改變。不過，於此同時，愛達荷州漁獵部仍在補助某個支持獵人與畜牧業者的非營利團體，而這個非營利團體提供獵狼賞金。

有一件事情是所有政府單位都毫無異議的：野生動物殺人後的下場。會不會有一天，連這點都改變？世界上有沒有哪個地方的群體共識是留動物一條生路，尤其是在動物為了自衛而殺人的情況下？熊類生物學家戴夫・賈瑟利斯在西藏高原待過一段時間，當地經常有棕熊闖入夏季出外游牧的牧人家中。「他們回家時，房子儼然廢墟，但這些人是虔誠的佛教徒，不想因報復遭到任何報應。」賈瑟利斯向我轉述他跟當地處理動物攻擊案件的官員之間的對話。「我問他：『如果你遇到一隻熊撲到人身上，要撕咬那個人，你會開槍射熊嗎？』對方說：『我無權判斷是人的生命比較重要，還是熊的生命比較重要。』」

在印度，每年約有五百人因為野生大象而喪生。政府的政策是補償死者家屬，但不會殺死象。死亡人數最多的地區是西孟加拉邦（West Bengal），在過去五年當中就有四百零三起死亡案例。或許，那裡也可以找到答案。

3

房間裡的大象
不可承受之重

在印度，有個東西叫「認知營」（awareness camp）。我第一次得知這個詞，是聽印度野生動物研究所（Wildlife Institute of India）某位負責舉辦大象和花豹認知營的研究者說的。我對營隊這概念的想像很美式，有雙層床，還有棉花糖……我試著在腦中把這些形象跟又大又危險的動物們放在一起。我當然想去看看了。後來才發現，認知營比較類似全國性的認知推廣日。我看過各種登革熱認知營、糖尿病認知營、交通安全認知營的活動資訊，此外至少還看過一個打鼾與睡眠呼吸中止症認知營，聽起來像是在說我家臥室。這些都是資訊性的活動，宗旨是讓人們認知到原本不甚了解或不願面對的危險，並告訴大家如何才能避開危險或安全脫身。

每到十二月，研究員迪潘簡・納哈（Dipanjan Naha）就會鎖上位於德拉敦（Dehradun）

的辦公室，在租來的四輪傳動車裡放上印度政府的「執勤中」告示牌，展開有如巡迴認知營的公路旅行。今年，他的表弟阿悉達（Aritra）來當助手，而我也在車上。我們會從北孟加拉開始（這區屬於西孟加拉邦，讓人一頭霧水），當地的野生大象平均每年造成四十七人死亡，一百六十四人受傷。在這個跟康乃狄克州差不多大的地方，每年有四十七個人因此喪生。印度森林管理部門的護管員會參與這些案件的調查工作，但他們不會殺死大象。有幾位護管員會參加納哈在巴曼波克里村（Bamanpokhri）舉辦的第一場認知營，我迫不及待想知道他們都是怎麼處理這類事件。

車窗外是綿延不絕的農村景致：茶園、金盞花田，還有一排排水稻，像牙刷刷毛般整齊羅列田間。在稻田與農地當中，可以看到錯落的小村莊，有幾戶鐵皮或茅草屋頂的小屋、一間廟宇，還有幾間開放式店面的雜貨店。乳牛在路上閒晃，幾隻小黑羊並肩站在路邊，不過我沒看到其他動物，這裡也不像大象會出現的地方。

大象！納哈向我保證，大象離我們並不遠。現在是冬天，正是象群移動的季節。牠們利用夜間覓食，白天則在零星的柚木和紫檀林間睡覺；這片只餘稀疏樹林的土地，曾經有過廣袤的森林，從印度阿薩姆邦延伸至北孟加拉，一路綿延至尼泊爾東界。這條「大象走廊」如今已支離破碎，先是英國人墾拓出大片茶園，接著印度又建立許多軍事基地，還有尼泊爾和孟加拉難民與移民的聚落。越來越多人類進入這些森林，砍伐樹木、放牧牲畜，將象群的棲地變成人類的地盤。為了遷移，大象遇上各種阻礙、危險和絕路。這條走廊如今儼然成了彈珠台，象群被孤立在一小塊、一小塊，猶如口袋的森林裡，成了「口袋裡的大象」。把大象放在口袋裡，怎麼想都不是好主意。孤立的象群，不僅基因庫缺乏外來交流，族群密度還持續增加，很快就出現食物不足的問題。大象只好跑進村莊裡尋找可吃的東西，而牠們找到的，就是人類的莊稼和穀倉。人象衝突於焉產生。

我們經過一個岔路口時，阿悉達指向車窗外。「那條路再過去兩公里的地方，有個男人被大象殺死了，不過幾天前的事情。當時有三個人在路面施工，他們一看到大象便拔腿逃跑，其中一名男子落單，大象就追著他跑。」

這對我來說很難想像。我是看大象巴巴（Babar）跟《國家地理雜誌》（*National Geographic*）長大的，在我的印象中，大象個性溫和，行動緩慢，穿著皮鞋罩和鮮綠色的西裝。我從不覺得大象是可怕的動物，這點讓我和他們兩人之間出現了一些落差。旅途的第一晚，我們住在柚木林裡一間公營旅館，同一條路上不遠處就有個標示大象穿越區的告示牌。旅館的廚師說，我們抵達的前一晚，他曾在圍欄附近看到一頭大象，我一聽就說想去外面走走。當時將近晚上七點，距離大象出來覓食、納哈與他表弟不會再接近森林的時間點，已經過了兩個小時。

「瑪莉，別走太遠。」阿悉達說。我們原本坐在門廊上，在壁虎和飛蛾的環繞下喝茶。阿悉達頭型圓潤，個性友善，有點愛傻笑，常常不經意地從納哈助手的角色切換成他更習慣的小表弟身分。

納哈也不喜歡我的計畫。「千萬要小心。」

他們對望一眼，放下手中的茶杯，站起來陪我走。

我們一直走到馬路盡頭的鐵道邊，納哈簡單介紹了印度窄軌鐵路的歷史。我們站了幾分鐘，彷彿在等火車。阿悉達踮著腳尖，踩在枕木之間的碎石上。「回屋裡吧。」

若想要更清楚了解與大象不期而遇的危險性，跟研究死亡案例的人坐下來聊聊準沒錯。薩羅吉・拉吉（Saroj Raj）是當地林管部門派駐在巴曼波克里巡邏區（Bamanpokhri Beat）的護林官，這裡自二〇一六年以來，每年都有人死於大象腳下。

拉吉護林官已經來到有著藍色牆面的巴曼波克里社區中心，這裡唯一的大廳就是舉辦認知營的地點。他來這裡與民眾交流、解答問題，不過到目前為止，發問的人只有我。看來，會準時出現在認知營的，只有必須出席的人而已。今天出席的是一群穿著格子制服的學童，還有當地野生動物巡衛隊的六位護管員。納哈對此不以為意。這幾天正好是為期一週的排燈節慶典，而且大家才剛用完午餐，「所以來得很慢。」

拉吉護林官給了我近期死亡案件的詳細資訊。每一個案件，他都會從日期開始說起，讓人覺得背後一定有很多文書工作要做。「二〇一八年十月三十一日，三名工人在路上施工，」那就是我們稍早經過的地點，「突然有一隻大象出現。」

一隻大象，有時比一群大象還可怕。象群通常由母象和小象組成，在我的童年印象中，牠們是溫順和平的巨獸。獨來獨往的多半是公象，可能會帶來不少麻煩。公象每隔一段時間就會荷爾蒙激增，稱為「狂暴期」（musth），在這段時期，牠們的睪固酮濃度會增加到平時的十倍之多。這種情況讓牠們有機會擊敗其他公象，或是挑戰象群的母首領，但也伴隨著相當程度的不穩定性。據亞洲象專家賈揚沙・賈耶瓦爾登（Jayantha Jayewardene）形容，公象在狂暴期時，可能會處於「過度易怒」的狀態，嚴重時會對其他大象、人類「乃至無生命的物體」出現「攻擊或破壞傾向」。村民們都知道這一點。「那些人想要逃進灌木叢，」拉吉護林官說，「但有個人不幸跌倒了。」

拉吉護林官講出了阿悉達先前刻意不提的細節：大象一腳踩在那人的頭上。當你重達六千磅（相當於兩千七百多公斤）時，光是踩到或跪在某人身上，或是像一九九二年時一隻名叫珍娜的馬戲團大象盛怒之下試圖壓在人類身上表演倒立，都是極為有效的殺人方式。不過拉吉護林官根據現場足跡和周圍草木的破壞情形，判斷這起死亡案件屬於意外。

「二〇一六年十月十六日，也是一樁意外。」一名男子在爬上河岸時，遇到一頭大象。「岸邊太濕滑，」拉吉護林官回憶當時的情形，「那人和大象都從河岸滑下去，結果大象不巧滾過他身上。」大象殺人的方式有時跟車輛撞死人差不多：本身體積大，意外撞上或壓過體型比較小的東西。（大象飼育員都會避免置身於大象和牆面之間。）*

「這些大象並非有意殺人，」拉吉護林官說道。他怎麼知道？因為遺體還是完整的。「如果大象很生氣，遺體不可能完好，絕對是四分五裂。」賈耶瓦爾登寫的一本書中，列出了憤怒或狂暴期的大象曾經使用過的九種殺人方式。其中的第三種是「將前腳壓在被害者的手或腳上，並用象鼻將其他手腳扯下來」。（大象會運用這樣的固定及拉扯技巧，從連根拔起的灌木上剝下枝葉來吃。）據說一六〇〇年代時，錫蘭（現稱斯里蘭卡）的統治者曾利用這種自然行為，訓練大象執行死刑。在《錫蘭島的歷史關係》（*An Historical Relation of the Island of Ceylon*）一書中，就有一幅描繪大象行刑的版畫，畫中大象一隻前腳壓在罪犯的身軀上，象鼻則纏繞著罪犯抬起的左腳。要是沒有底下的說明文字（「大象執行死刑」），以及圖片前景那條被粗暴扯下的手臂，你會以為從前的錫蘭君主曾訓練大象來當按摩師。

納哈會在認知營的簡報中強調千萬不要激怒大象。阿悉達才剛在社區中心的牆面上，貼了人象衝突最佳調解對策的宣導海報，上面的第二十條以一句話總結這個重點：「不要想用武力解決！」對大象開槍不僅違法，而且以某些口徑大小的武器來說，還可能徒勞無功。前面提到的大象珍娜，承受了佛羅里達州棕櫚灣員警以九釐米警用左輪手槍擊發的五十五發子彈，還挺過某位非值勤時間的特警以專門用來射擊裝甲運兵車的彈藥做出的第一波攻擊。（第二波攻擊總算讓牠靜止不動了。）

當地村民若是看到單隻大象或是象群，最安全的作法是撥打二十四小時服務專線，讓拉吉護林官的大象巡衛隊來處理。巡衛隊知道大象是社會性動物，如果將牠們整群一起引開，會讓象比較平靜。隊員會從兩側靠近象群，像牧牛人一樣讓象群慢慢聚攏，引導牠們往原先所在的森林前進。如今，大象們已經認得巡衛隊的車聲。「我們開到那裡，牠們就離開了。」拉吉護林官露出淺笑。他並不是個愛笑的人。「對我們來說很省事。」

聽起來，大象巡衛隊就好像商場保全，但顯然危險得多。有位跟我們坐在一起的隊員表示，他曾被象追過四次。「他們都說這種情況不要跑，」他說，「但我告訴你，當大象直直往你衝過來時，真的很難不拔腿逃跑！」我請求他們讓我一起執勤，但被拒絕了，一再拜託也沒用。當我在拉吉護林官的臉上看到「妨礙勤務者」的表情時，只好作罷。

死亡案例往往是在巡衛隊趕來的那半個多小時內發生的。一旦發現有象群在吃作物，

＊我二十幾歲時在動物園工作過，園內的大象飼育員薪資比照顧其他動物的飼育員稍微高一點，不過原因並非風險高，而是「鏟屎加給」，因為要清理的糞便比別人多。這份額外加給是應該的：根據《史密森尼動物學期刊》（*Smithsonian Contributions to Zoology*）在一九七三年刊登的文件，一頭亞洲象每天會排便十八到二十次，每次排出「四到七個大糞團」，每團重約四磅，一天排出的糞便就超過四百磅（約一百八十一公斤）。

村民們就會從家裡衝出來，大聲喊叫、拋擲石頭，或是燃起火把和鞭炮*。某些村莊還有論件計酬的「趕象人」，他們會揮舞著帶刺的利器，用各種完全不符最佳對策的方法驅趕大象。公象和象群的母首領可能會為了防衛而衝撞人類，平時溫順的母象及小象也會在驚慌下四處奔逃。在黑暗無光的農園和田地中，人們跌跌撞撞，象群盲目逃竄，就像我媽以前常說的，亂跑**一定**會受傷。

「對我們來說引導大象很容易，」拉吉護林官說，「難的是引導人，他們在那種情況下都聽不進去。」人們很生氣，這股怒氣不難理解。畢竟農民辛勤工作，報酬卻少得可憐。光是一隻亞洲象，一天就能吃掉一百三十幾公斤的植物。偷吃加上踩踏，即使是一小群象，也能在轉眼間毀掉農人一季的心血和生計。

出現在農地上的大象，非常容易讓人採取不理智的行動。納哈說，若遇到大象的人剛好喝得酩酊大醉，在判斷力失常、衝動控制力低落的情況下，結果可能會很糟糕。他邊說邊蹲在音響前，將一團纏得有如義大利麵條的電線解開。「這種情況常有。一群人喝醉了，有人想逞英雄，就衝到大象前面挑釁，大象為了自衛就……」納哈也會避免使用殺這個字，因為這個字帶有蓄意的感覺。「意外就這樣發生了。」根據他的資料，北孟加拉在二〇〇六年到二〇一六年間死於大象的人當中，有百分之三十六的人在事發時是醉醺醺的。我後來在《印度斯坦時報》（*Hindustan Times*）上讀到一則報導：「賈坎德邦醉漢挑釁象群，慘遭踩死」（賈坎德邦與西孟加拉邦比鄰）。「那個人試圖跟牠們戰鬥。」一位護管員在受訪時告訴記者，而他口中的「牠們」，指的是十八頭大象。

不妙的是，大象也喜歡小酌。在北孟加拉，大象會去喝村民們的飲品：**哈里亞**（haaria）是自家釀造的發酵酒，一般村民的存量往往就足以讓大象喝醉。（由於大象缺少分解乙醇的主要酵素，會比我們想像中還要快喝醉。）根據拉吉護林官的說法，爛醉的大象會發生兩種情況。多數大象只會跌跌撞撞地離開象群，睡到酒醒。不過每個象群似乎都有酒品特別差的成員，通常是象群的母首領，或是處於狂暴期的公象。無論如何，這輩子都要離喝醉的狂暴期公象越遠越好。

有研究數據可以佐證拉吉護林官這番觀察。一九八四年，加州大學洛杉磯分校精神病學及生物行為科學系（UCLA Department of Psychiatry and Biobehavioral Sciences）的學者在研究當中，為獅子國野生動物園（Lion Country Safari）三隻「沒有已知飲酒史」的亞洲象和七隻非洲象提供了一個「大口徑的桶子」，裡面裝了摻入穀物發酵酒精的水。這些喝醉

---

* 大象確實會被火焰和突如其來的巨響嚇到，因此限縮了牠們在戰場上的用途。雖然身披盔甲、鼻佩長劍的「戰象」從遠方看起來令人膽戰心驚，但隨著兩軍距離縮短，這種心理面的優勢很快就會消失。歷史紀錄顯示，大象聽到步槍發射的聲音或看到燃燒的火弩時，會轉身逃跑，讓軍隊陣形大亂。一隻邊揮劍邊逃竄的大象衝進己方陣營裡，帶來的傷亡可能不亞於牠本該對敵營造成的折損人數。

的大象會脫隊亂晃，經常閉眼站著或倚靠東西，或是「將象鼻緊貼在自己身上」，正餐不吃，也不再洗澡。母首領變得容易吼叫、更具攻擊性，一隻名叫剛果的公象也是如此。

為了阻止大象酗酒，村民們改將私釀酒放在家裡。這是個很糟糕的點子，因為這樣一來，他們要擔心的就不只是喝醉的大象，還有一心一意想喝個爛醉的大象——也就是那些聞到屋裡的酒香，而且看不出有什麼理由不把牆撞倒好痛飲一番的大象。根據納哈的調查結果，北孟加拉死於大象的受害者當中，有百分之八的人事發時正在家裡睡覺。

此刻現場座位幾乎已經坐滿了，納哈拿起麥克風開始演講。當然，納哈講的是印度語，所以阿悉達幫我翻譯；他不時傾身，將彎成杯狀的手靠在我耳邊，以明確果斷、有如神諭般的抑揚頓挫說出一個個句子。「喝醉時，千萬不要走到大象面前。」「車子一定要開在大象的後面。」

納哈擅長表達，演說時會搭配各種流暢的手勢動作，讓我有點意外。他平時不會用到這麼多的動作，也不會講這麼多話。他抬頭挺胸地站在台上，雙腳呈外八字形，彷彿是想要站得更穩，就好像我在安布賈水泥公司（Ambuja Cement）廣告看板上常看到的那個男人，雙手抱著一整座水流奔騰的水力發電廠，依然神情堅毅、不為所動。他說到「我被老虎追過一次」時，語氣彷彿一般人說「我去過奧馬哈一次」那樣平淡無奇。

舉辦認知營的理念很簡單。如果希望別人把話聽進去，就在對方心情放鬆、頭腦清楚時跟對方說。邀請大家好好坐下來，並讓阿悉達送上一杯茶和一份咖哩餃。人們越了解象的生態和象群的行為，遇到大象時的危險度就越低。歸結下來，最大的原則就是維持冷靜並跟大象保持距離，對於帶著小象的母象是如此，對於落單的公象更是如此，若是遇到狂暴期的公象，更是千萬要如此。（根據賈耶瓦爾登提供的資訊，狂暴期的特徵有：前額兩側的腺體大量分泌液體、頻繁勃起，還有「眼睛瞪大色迷迷地注視，眼珠骨碌碌地轉個不停」。）

還有一點需要強調。先前聊天時，拉吉護林官就提到：「是身為人類的**我們**打擾了**牠們**的生活。」

尷尬的是，就連像拉吉護林官這種專業人員的行動，也是在打擾牠們。將象群驅趕到最近的森林裡，雖然能為當地居民解決眼前的衝突，但納哈後來告訴我，長遠來看，這樣的作法恐怕會讓問題更嚴重。因為這樣會激怒象群，讓牠們開始將人類與想吃東西時被趕走的焦慮和被剝奪感連結在一起。牠們開始會堅守陣地。在鄰近的阿薩姆邦，許多衝突地區已傳出母象變得跟公象一樣具有攻擊性的消息。

納哈認為應該要改善應變機制，包括採用能偵測到象群接近的感應器。這些感應器會將警報傳送給村長和受過訓練的當地應變隊，由他們監控情況，並在象群踩壞作物、爆發混亂之前設法阻止。納哈指的並不是運動感測器或熱感測器，這兩種感測器都會被其他哺乳動物觸發。他指的是感震器，也就是只會因大象步伐（或小型地震）造成的震動而觸發的感測器。此外，還要盡可能減少人類足跡帶來的衝擊：持續復育森林，並留出保護區。

哥帕浦茶園（Gopalpur Tea Estate）的副理穿著西裝布料做的合身短褲跟螢光色的泡泡氣墊運動鞋，頭微微抬高後仰，讓他看起來好像很難親近，或者是需要重配眼鏡。我們駛近時，他走過來打招呼。我們本週的第二站是為工人舉辦的認知營，預定在半小時後開始。在那之前，先來杯茶吧。

副理是個喜歡談數字的人。茶園面積有四百八十六公頃，他一邊說，一邊將茶杯放在我們面前。採茶工有兩千一百人。我們邊聽邊啜飲，接著他帶我們走回外面，穿過道路，來到一個開放式亭子，這裡就是納哈要演講的地方。

工人們已經到了。每張椅子上都擺了一個透明塑膠文件夾（品牌名稱是 My Clear Bag，我的透明袋），他們正在翻看裡面的講義，女性和男性分坐兩邊。納哈正在調整測試音響系統，這套系統是從電影串流出現前的時代遺留到現在的東西，以前茶園週末時有樂團現場演出，提供娛樂活動。

天氣又熱又濕悶。茶園經理們遲到了，工人拿著透明袋搧風。時間一分一秒過去。有人從副理辦公室走出來，端著托盤，又是茶！給我們的茶裝在瓷杯裡，和茶碟一起送上。而工人用的紙杯，比一口乾的小酒杯還要小。**什麼跟什麼**，我很想說，**你們可是有四百八十六公頃的茶園哪**。

終於，經理們來了！幾輛休旅車接連到達，像警車似地猛煞急停。車門打開、關上，五位經理大步走進會場。工人們全都站起來。經理們沒有像我和阿悉達一樣坐在台下觀眾席，而是走到舞台上的一排桌子後面坐了下來。他們拿起早已放在桌上的瓶裝水、轉開瓶蓋，桌面上還有筆記本和筆。從台下看起來，台上簡直是各式鬍鬚展示會。

經理們輪流拿麥克風發言，阿悉達翻譯的聲音從大型喇叭中大聲傳出來。第一位經理特別提醒工人們要專心聽講，因為我們附近有河及森林，會遇到大象問題。他將麥克風交給旁邊的經理，這一位大略說明了茶園目前的防象對策：由一小隊人開著拖拉機巡邏，需要驅趕象群時就燃放鞭炮。麥克風繼續傳下去，下一位經理也是個喜歡談數字的人。據他所說，他在這裡工作的十二年裡，已有八或九個人因大象而死亡。

麥克風終於交到納哈手上。工人們真的聽得很專心，專心到我懷疑他們若不認真聽是否會受到什麼懲罰。經理們則不時交頭接耳，或是低頭偷看放在腿上的手機。其中一位接了一通電話，他邊講邊用手遮著手機，像掩嘴打嗝般，彷彿這樣就能讓講電話的舉動顯得不那麼失禮。

簡報結束後，納哈請工人們提問或分享看法。有位採茶工馬上站了起來，她比在座許多人年長，大概五十歲左右，跟所有女性一樣身穿去茶園工作時穿的紗麗，上面有著繽紛色彩和圖紋。阿悉達馬上起身要拿麥克風給她，但她不需要，她的怒氣就是擴音器。台上的鬍髭展示者們在椅子上不安地挪動。

阿悉達繼續翻譯。「你叫我們改種其他作物，」她指的是工人們自己種植的小菜園。「把玉米和稻米換成大象不喜歡的薑或辣椒，但我們種玉米和稻米是自己要吃的。而且，拖拉機開走之後，大象就會回來，大象需要很多很多食物。」女工坐回位子上，「我們需要別的辦法。」

她說得沒錯，但是很難有好的解決方案。那些看起來好像理所當然的方法，實際上效果很有限，一方面是因為成本高，另一方面是因為會帶來新的問題。電牧器圍網就是一例。要防堵象群，電牧器圍網的建置數量必須夠多，但又不能多到阻礙象群遷徙。長距離圍網在保養維修上既耗時又花錢，所以往往缺乏維護，即使有維護，也可能維護不當。圍網的電壓要夠高才能阻止大象前進，但又不能高到會電死大象。在印度，平均每年有五十頭大象因觸電而死。

此外，大象的智力也帶來不少挑戰。遇到電牧器圍網的印度象，很快就能找出不被電到就能通過圍網的方法。牠會發現木頭不導電，然後推倒圍網的柱子，或是撿起木頭壓倒電網，讓其他大象通過。

不過，大象的聰明未必為牠們自己帶來好處。人類會利用大象執行某些工作，過去印度軍方就有這樣的例子，近年則是出現在伐木業。牠們被當作員工對待，林業管理部門有一份工作登記表，用來記錄這些大象的工時。這些「工作象」當然沒有薪水，不過納哈告訴我，牠們在五十歲時可以獲得「退休優待」，也就是能住進稱為「pilkhana」（意為象舍）的退休宅，享受食物供應和每日沐浴，洗完澡還有油壓按摩。

人們起身離開時，我請阿悉達把我介紹給那位敢於直言的女工。她的名字叫帕德瑪（Padma），她如此生氣是有原因的。一星期前，她在凌晨四點半被吵醒，看見一頭大象撞破牆壁，吃掉她的穀物，那是要在工人聚落的小雜貨店販賣的商品。她至今還沒收到茶園該給她的賠償金。

幾位經理在聽得見我們談話的地方徘徊，其中一位溜過來打岔。「哈囉，你是從美國來的吧，我兒子在孟斐斯工作，在那間最棒的飯店，你知道孟斐斯那間飯店的鴨子嗎？」我確實知道那間有鴨子的飯店，牠們會從飯店大廳的台階走下來，但我不知道此舉跟鴨子自身或飯店有什麼關係。我依然專注在帕德瑪身上。

阿悉達繼續翻譯。「這種事她已經遇到兩次了。」

經理頻道依然在播放：「五點的時候，鴨子就會走下來⋯⋯」

納哈加入我們的對話。他提議開車前往工人聚落，看看帕德瑪那間小店的毀壞情形。

經理們互看一眼，眼神急切不安，不過已經來不及阻止。我們跟帕德瑪一起擠進車裡，掉頭離去。

那間小雜貨店與其說是被搜括一空，不如說是被夷為平地。有一面用鐵皮搭建的牆已經被撞得擠成一團，倒在混凝土結構樑下方。另一次，是有頭大象在帕德瑪睡覺時闖進她家。在這裡，「房間裡的大象」並非隱喻，那些關於大象的常見笑話也不再是笑話。大象坐在你家的圍欄上，是幾點？譯註2 大概晚上十一點。

大象吃素，但不挑食。牠們會吃植物的大多數部位：穀粒、草葉、樹葉、莖部、嫩枝、樹皮，牠們照單全收。二〇一七年，在阿薩姆邦索尼特普區（Sonitpur District）的某個茶園，有三隻野生大象在凌晨兩點闖入某位工人的店裡，找到某種棉纖維製成的東西大吃特吃——那東西叫做盧比。牠們弄壞裝有現金的箱子，「私吞」了價值兩萬六千盧比（約合台幣一萬元）的大面額紙鈔。

不過有個東西是印度象不愛吃的，那就是茶葉。這裡人人都愛喝茶，但無論是人類還是動物，都不太喜歡吃茶葉。茶葉太苦了。大象行經茶園時，只會因踩踏造成少量的作物損失，整體而言，受害最多的不是茶園業主和經理，而是工人。

儘管如此，帕德瑪和鄰居們仍說他們並不生大象的氣。納哈曾在遭到大象闖入的村莊訪問過一些居民，有百分之七十五的受訪者對於大象的感覺仍然是正面的。以大象在北孟加拉造成的死亡人數和破壞程度來說，殺象報復的行為意外地少見。納哈說，每年大約只有三到五頭大象因而被殺。

在阿悉達的協助下，我告訴帕德瑪美國的大型哺乳動物如果傷人或闖入住家，會有什麼樣的下場。我問她，在她認識的人當中，有沒有人曾經透露想要殺死闖進家裡或店裡的大象？「怎麼會想要殺死神明呢？」她反問。她指的是有著象頭的印度教神祇，象神甘尼許（Ganesh）。「我們只會說『那摩斯戴[譯註3]，請離開吧。』」

帕德瑪帶我們來到正在採收的茶園。採茶工分散在一列列及腰高度的茶樹旁採摘葉子，只摘新長出來的鮮綠色嫩葉。這些工人讓我想到鋼鼓鼓手，同樣是站在原地，雙手瘋狂地快速移動。她們的動作不得不快，如果沒有採到規定的量，會被扣工資。

納哈彎下腰，讓我看看茶樹叢下方沒葉子的空間。採茶工在工作時，有時會驚動躲在樹蔭下休息的母豹和幼豹。被吵醒的母豹可能會很驚慌，萬一牠判斷無路可逃或受到威脅，就會攻擊採茶工。這種情況雖然很少致死，但人免不了會受傷。在北孟加拉，花豹攻擊人的事件有九成發生在茶園。

＊譯註2　這是個經典的冷笑話，原本的答案是「要換新圍欄的時間點」。
＊譯註3　Namaste，是印度人常用的問候語，也延伸為感謝或表達敬意。

我們看著採茶女工們工作。她們都用一條頭帶以頭部力量撐住背後裝著採下茶葉的布袋。我終於明白帕德瑪先前為什麼對我的後背包這麼有興趣。看到這畫面，我會覺得經營者應該要購置更符合人體工學的工作袋給她們使用。我把這想法告訴納哈，他捲起袖子。

「她們一天的工資是一百五十盧比。」比在德里機場買一杯卡布奇諾的錢還要少。「這是一種殖民心態。這些人和當年英國人從印度中部引進的勞工一樣，都是來自部落。茶園管理者認為她們勤奮又聽話，所以雇用她們。」

納哈先前告訴我大象工作登記表、大象退休待遇和洗澡保養等福利時，原本讓我很驚嘆。這裡的政府會保障勞動動物，讓牠們享有某些通常只有人類勞工能夠擁有的待遇。現在看到採茶工的待遇，而且是法令容許的待遇，我才發覺這個政府並沒有原本想像中進步。對於某些種族、宗教、性別和種姓的人來說，在印度當動物好過當人。德里有五個為到處漫遊、阻礙交通的聖牛而設立的保護所，二〇一九年，當地政府宣布要翻修其中一個保護所。或許是因為輿論批評德里照顧牛比照顧市民還要多，該市的畜牧部長隨後宣布：「我們正在規畫特別的共居方案，讓長者可以跟牛一起生活。」

近來事態變得更加極端。現任總理納倫德拉．莫迪（Narendra Modi）在印度教民族主義高漲的聲勢中上台，他甚至授予恆河法人地位。一條河流可以享有等同於人類的權益保障，與此同時，眾多像帕德瑪這樣的女性一天只能賺到一百五十盧比，還有穆斯林因為販賣牛肉而遭到私刑處死。

我們上車要離開時，副理拿著一堆鋁箔密封袋跑來要送我們，每袋裝了一磅茶葉。阿悉達向副理道謝。車子發動時，他轉頭對納哈說：「這是CTC的茶。」（CTC是縮寫，代表某種製茶工法。）接著他向我說明：「是最便宜的那種。」

賈爾達帕拉觀光小屋（Jaldapara Tourist Lodge）是由政府營運的旅館，以野生動物為主題，也是我今晚落腳的地方。旅館庭院內，有不少與真實動物等身大的野生動物石膏像，但有些已被撞倒，碎塊散落在周圍，在修剪得異常整齊的草坪上顯得很不協調。整個庭院有如縮小版的高爾夫球場，而且看起來像被一群喝醉的高爾夫球選手鬧場，把球打歪到雕像上頭、甚至是用高爾夫球桿揮擊雕像之後的凌亂景象。

我喜歡這種地方，喜歡那種超現實的衰敗感，喜歡那位不知道早餐在哪裡供應、甚至不知道**到底**有沒有供應早餐的接待員。我喜歡這裡的一切，唯一的例外是房間陽台上的老鼠屎。我試著想像，對一隻老鼠來說，這個沒有食物也沒有地方做窩、甚至看不到什麼景觀的陽台，究竟有什麼東西能吸引牠前來。想來想去，這裡似乎就只是個可以上大號的地方。歡迎光臨賈爾達帕拉鼠用廁所。

這間旅館即將改建，因為西孟加拉邦森林部長正在與西孟加拉旅遊發展公司（West

Bengal Tourism Development Corporation）合作，要在附近的森林建立犀牛保護區。那座森林正是我、納哈和阿悉達接下來要去的地方。我們在追蹤一頭有無線電頸圈的「衝突問題豹」，編號26279；一年半前，政府劃定這片土地作為野生動物保留區，牠被移置到這裡野放。當時牠尚未完全成年，納哈想確定牠長大後，無線電頸圈對牠來說會不會太小。

既然來到這裡，納哈也打算找住在森林邊緣地帶的村民聊聊。無線電頸圈可以傳來訊號、在地圖上顯示出定位點，但對於將掠食動物野放到人類後院之後需要了解的問題，它無法提供任何回答。那隻花豹會偷襲你的羊嗎？人們能夠接受附近有豹出沒嗎？納哈就像負責寄養安置個案的社工一樣，持續關切後續情況。他一直在遠距追蹤這隻花豹，一旦注意到牠往人類住家移動，就會打電話示警。

這天早上，我們有一位新的司機阿修克（Ashok）。他很少加入對話，寧願全神貫注在開車這件事情上。這點跟上一位司機大相逕庭，那位司機為了避免打瞌睡，於是把智慧型手機吸附在擋風玻璃內側，播放情境喜劇。（納哈對此絲毫不以為意：「一眼看手機，另一眼可以看路。」）

我們從柏油路轉進一條泥土小路，兩側的灌木叢越來越濃密，樹枝不斷刮過車身。阿修克越來越沉默，他似乎有點緊繃。是我說錯了什麼嗎？他在擔心烤漆被刮傷嗎？

經過幾間房子後，我們在一位背著農藥箱、正在花椰菜園噴藥的男人附近停下。納哈下車，男人關掉噴嘴看向我們，他有一隻眼睛已混濁發白。另外三個男人慢慢走過來，阿悉達豎耳聽著他們對話。沒有什麼新消息，他們已有一段時間沒看到那頭花豹了。

我們驅車繼續前進，經過一座瞭望塔，以前是給反盜獵巡邏隊使用的。納哈要阿修克停車，他想爬上塔，看看訊號是否會好一點。阿悉達叫我跟他一起留在車裡等。

納哈從瞭望塔的樓梯走下來回到車上。他說我們現在離那隻花豹只剩大約三百公尺。我們繼續前進，路的盡頭是一條寬闊的河。納哈再次下車，沿著滿是沙子的河岸往前走，高舉一根天線，像手電筒似的。對岸有一群男人站在深達腰際的河水中，清理過度繁殖的布袋蓮。

納哈靠在車窗旁告訴我們，現在離那隻花豹只有一百五十公尺。訊號接收器不斷發出聲音，**嘟**、**嘟**、**嘟**、**嘟**。但我們沒辦法更靠近了，因為牠在河的另一邊。他指著對岸說：「只比那些男人站的位置更遠一點點。」

附近沒有橋可以渡河，我們只能回頭。在車程快結束時，一直沉默的阿修克終於開了口。他用印度語和納哈交談。下車之後，我問納哈剛才他們在說什麼。

「他的父親是被花豹殺死的。」

阿修克的父親外出撿木柴，但一直沒有回家。當時十二歲的阿修克跟幾個朋友去尋找父親，最後發現他倒在河床上，奄奄一息。就跟今天我們看到那群男人在清理布袋蓮的河岸一樣，離花豹僅咫尺之遙。「他們送他去醫院急救，」納哈說，「但沒能救回來。他全身都是傷，包括眼睛，還有很多地方。他當時一定被咬得非常嚴重。」

阿修克不會擔任我們下一段路程的司機，或許這樣最好。我們要前往保里加瓦爾（Pauri Garhwal），那裡經常發生花豹攻擊事件。這些攻擊事件與採茶工在茶園偶然驚動睡在茶樹下的花豹完全不同，而是帶有傷害意圖的尾隨與殺戮。

4

紛擾之地

花豹為何成為食人獸？

前往保里加瓦爾的路會穿越喜馬拉雅中部區域：在低矮山麓與空氣稀薄、宛如白色巨獸的大喜馬拉雅山脈之間，那片人煙稀少、坡度平緩的山區。這段車程很愉快，不過就如同路標上寫的，發生意外的風險非常高。由於太常山崩，有些山坡的側面遠遠看起來就像滑雪場。隨著海拔上升，坡度越來越陡，彎道越來越急，到後來每個轉彎都是盲彎，看不到對向有無來車，只能按喇叭、抓緊握把以防撞擊。

這條路與古老的朝聖路線重疊，串連起恆河河畔的印度教寺廟。過去幾個世紀，信徒們赤腳走在這段路上，夜晚睡在簡陋的茅草屋裡。當時的危險不在於車禍，而在於花豹，許多紀錄顯示花豹會從沒鎖好的門溜進屋內。一九一八年到一九二六年，政府記錄人員將一百二十五起死亡案件都歸咎於同一隻花豹，就是當時名聞全球媒體的「魯德拉普拉耶格食人豹」（Man-Eating Leopard of Rudraprayag）。

那些廟宇仍在，信徒也仍舊會前去朝聖，但是從徒步改成開車，而且會預訂旅館。沿途可見各種簡單樸素的旅宿：涅槃飯店（Hotel Nirvana）、梵頌旅店（Om Hotel），還有聽名字感覺難以放鬆的拭夫飯店（Shiv Hotel）。我們今天的司機索邯（Sohan）很親切，看起來處變不驚，能泰然自若地面對路上各種印度式障礙：牛群、落石、飆速的機車騎士，還有一台破舊的織布機。我只有一次看到這般沉著鎮定短暫消失，是在有個男人對著護欄小便的時候。索邯的駕駛技術高超，我不再擔心汽車後座毫無功用的安全帶——對於我會擔憂安全帶沒作用，納哈覺得非常好笑。（聊到安全氣囊時，納哈說：「你是說那個會跑出來的氣球嗎？」）

我們會在今明兩天造訪三座位於山區的小村莊，全都是花豹攻擊事件的熱點。若還有時間，我們會前往如今已發展為小型城市的魯德拉普拉耶格。在那頭著名食人豹被著名的食人獸獵人吉姆·科彼特（Jim Corbett）殺死的地點，立了一座紀念碑。納哈去年到當地朝聖，尋找曾經見證當年歷史的魯德拉普拉耶格村民後代。他轉身靠向後座，給我看當時的照片。科彼特的紀念碑看起來需要修補了，基座出現裂痕，那位偉大獵人的鬍子也有缺損。納哈設法找到曾與科彼特合作過的村內祭司的孫子，對方告訴他，花豹若是會跟蹤人類，並殺過三、四個人以上，就會被村民視為惡魔。

我不相信惡魔這種說法，不過我確實想知道這些花豹發生了什麼事。在北孟加拉，也就是我們上一個停留的地方，花豹攻擊事件都是偶然。經過一番短暫混戰，被驚動的花豹就會趁隙溜走。被攻擊者可能會受傷，但很少有人因此死亡。但在北阿坎德邦的保里加瓦爾區，花豹會如同跟蹤獵物般尾隨人類。每一年，在這個比德拉瓦州還小的地區，通常有三到四人死於花豹攻擊。納哈指出，從二〇〇〇年到二〇一六年共有一百五十九起花豹攻擊事件，其中大多數的攻擊都是為了獵食。

是什麼讓花豹修改菜單？保里加瓦爾發生了什麼事？

科彼特將問題歸咎於一九一八年那場流感大流行。他在《魯德拉普拉耶格食人豹》（*The Man-Eating Leopard of Rudraprayag*）一書中寫道，當時印度在短時間內有太多人死亡，導致難以執行將遺體搬運到恆河火化的葬禮習俗，不得不改採更方便的儀式。人們會將一塊點燃的煤放進死者嘴裡，將遺體從河邊的山坡上丟下去。這讓花豹不費吹灰之力就能撿到現成的腐肉大餐，科彼特猜測，就是這些屍體讓加瓦爾的肉食猛獸對人肉產生喜好。潘納爾（Panar）的食人豹（也是吉姆・科彼特的功勳之一）同樣是在霍亂爆發之後開始對人類大開殺戒。根據科彼特的說法，在他加入獵捕行動之前，這頭豹已經殺了四百人。（曾任職於古吉拉特邦森林管理部的H・S・辛格〔H. S. Singh〕在著作《環境變遷下的花豹》〔*Leopards in the Changing Landscapes*〕中質疑這個數字，也有其他人對此表示懷疑，包括納哈。科彼特提升自己著作買氣的手法，就和他悄然接近大型貓科動物的技巧一樣高超。）

北孟加拉比較有利的地方可能在於，當地花豹曾遭英屬印度管理者和貴族親信們大量獵殺，辛格在書中寫道，從一八七五年到一九二五年，狩獵隊總共殺了十五萬頭花豹。「或許，牠們到現在還會害怕人類。」納哈說。我所住的加州如今已停止懸賞獎勵獵捕山獅（也就是美洲獅）*，這項改變是否讓牠們對人類不再那麼充滿警覺？我透過電子郵件向加州山獅研究者賈斯汀・戴林格（Justin Dellinger，後文會再介紹他）提出這個疑問，他並不這麼認為。與其說山獅對人類很警覺，不如說牠們原本就行蹤隱密，這是經過億萬年演化而來的習性，或許正是山獅成為狩獵高手的原因。

保里加瓦爾遍布梯田，一層一層的，看起來很像結婚蛋糕。梯田讓農民得以在丘陵地拓展水平的種植空間，不過我沒有看到農人，也沒有看到作物。納哈說此區有大量人口外移。農人紛紛離開鄉間，到城市去找工作，因為無論什麼職業，都比在山坡上種東西更輕鬆、更賺得到錢。梯田灌溉不易，等作物長到可以採收時，又常被猴子和野豬偷吃。二○○一年到二○一一年，就有一百二十二個農村成為廢村。放眼望去，看到一里又一里休耕荒蕪的梯田，我們就像驅車在等高線地圖上行進。有些地方的等高線已經開始模糊，因為原生植物重新長了出來。隨著「重新野化」，地面上多了不少矮樹叢，成為花豹狩獵時掩護行蹤的好地方。納哈先前曾為了一篇發表在《PLoS One》科學期刊的論文訪問過村民，將近百分之九十九的受訪者認為這些矮樹叢讓花豹更容易靠近住家。保里加瓦爾居民遭到花豹攻擊的事件中，有百分之七十六發生在灌木覆蓋程度中等或茂密的地方。

隨著越來越多人搬走，也有越來越多牲畜在外放牧時無人看管，對花豹來說簡直是送到嘴邊的肥肉。納哈指出，在陡峭的山坡上追逐獵物就跟在坡地上種植作物一樣，有相當的難度，但牛羊都是花豹輕而易舉就能到口的大餐。比起鹿和其他野生獵物，人類馴養的動物不僅動作慢，警覺性也低。

人類的小孩也是一樣。根據納哈的調查資料，死於花豹攻擊的保里加瓦爾村民當中，年齡介於一歲到十歲之間的受害者占了百分之四十一，另有百分之二十四的死者是十一歲到二十歲之間的青少年。

---

*「山獅」和「美洲獅」（英文有mountain lion、cougar和puma等名稱），都是同一種動物，只是不同地方的叫法不同。牠們在佛羅里達州被稱為「panther」，在南卡羅萊納州則叫「catamount」。被稱為「洛迪」（Rowdy）的則是僅此一隻別無分號，那是美國影帝克拉克·蓋博（Clark Gable）在一九三七年打獵探險旅途中捉到的小山獅。他的情人卡蘿·倫芭（Carole Lombard）曾開玩笑地要他帶「一兩隻小野貓」回來，為了給戀人驚喜，蓋博本來打算將洛迪和另一隻小山獅送給她。根據《山獅》（The Puma）一書的作者史丹利·P·楊（Stanley P. Young）所述，洛迪第一晚就逃走了，當時還戴著有刻字名牌的頸圈（一年後被一名毫不知情的獵人射殺，頸圈完好無損）。洛迪的手足則被送給倫芭，後來捐給米高梅影視公司（MGM Studios）的動物園。先前倫芭送過蓋博一條巨大的火腿，外包裝上貼有蓋博的臉，所以這隻美洲獅顯然是在送禮較勁之下選擇不當而產生的犧牲品。

索邯加入對話。阿悉達在打瞌睡，所以納哈翻譯給我聽。「他親眼目睹過。」那是一九九七年，有個十三歲的女孩獨自在草原上用鐮刀割草，當時大約下午四點，索邯在幾公尺外的車裡休息，這時出現了一頭花豹。「一切都在他眼前發生，」納哈說，「花豹從後方發動攻擊，一撲就跳到她背上，咬穿頸靜脈，血馬上噴出來，畫面慘不忍睹。」

我問索邯那隻花豹的身體狀況如何，有跛腳嗎？上了年紀或過瘦嗎？科彼特曾在他另一本回憶錄中指出，他在孟加拉抓到的那些吃人老虎不是生病就是有傷，他認為這些老虎之所以把人類當成目標，是因為牠們已經沒有能力獵捕其他動物（就像那隻攻擊班・比托斯頓的美洲獅）。納哈不認同這種說法：「以保里加瓦爾的花豹來講，並不是這樣。」他搔了搔下巴側邊，原本清晰俐落的鬍鬚邊線現在也有重新野化的趨勢了。

索邯同意納哈的說法。女孩被殺之後，她的家人接受勸說，將屍體暫放原地。花豹通常會回來吃獵物，他們將女孩的屍身栓在鐵樁上，找來當地幾位獵人埋伏在附近等候。將那頭花豹的屍體載到森林管理部驗屍的人，正是索邯。除了槍傷，牠身上沒有任何傷口，也沒有斷牙或缺牙。「牠的身體狀況相當完美。」

納哈表示，食人獸通常是需要餵養幼獸的母獸。辛格在著作中反對使用「食人獸」（man-eater）一詞，因為這種用詞有暗示動物「瘋了」（gone mad）的意思，將問題歸咎於花豹，卻忽略是人類改變了環境，導致森林與林中獵物快速消失。他也指出，對於肉食動物來說，肉就是肉。「大型貓科動物會吃各種動物的肉……有什麼道理不吃人肉？是誰先開始給氣宇軒昂的大貓貼上這種帶有貶意的標籤？」他自問自答：吉姆．科彼特。

納哈的妻子席薇塔．辛格（Shweta Singh）也是野生生物學家，她加入我們接下來這一段旅程。這對夫妻是在印度野生動物研究所認識的，不過席薇塔此行並不是來工作，而是因為這裡風景優美、空氣清新，加上她想跟丈夫一起過排燈節。席薇塔比納哈年輕，個性比較活潑。她和納哈都對研究充滿熱情，熱愛那些荒郊野地。她跟我同樣喜歡印度每個路邊小雜貨店都有賣、一袋袋像香腸似掛著的彩色包裝零食。

索邯把車停在一個小鎮上，我們在這裡喝茶（並享用兩袋 Masala Munch 餅乾）。咖啡店的窗外是陡坡，一路往下延伸到恆河邊。河水帶有淺淺霧霧的水藍色調，證明這條河發源自冰河，這裡的氣溫也比較低，裹著紗麗的婦女們內層都穿著羊毛衫。

納哈告訴我森林管理部如何處理傷人或殺人的花豹。在美國和加拿大，造成人類死傷的動物會被「以致命性的方法移除」，這裡則會根據花豹是自衛還是掠食殺人，而有不同的處理方式；以納哈的說法，關鍵在於動物當時是否受到刺激。要確定某隻花豹已經殺死並吃掉三人以上，該邦的野生動物主任保護官才會正式宣布牠是「食人豹」，獵人或森林管理部門的人員才能予以射殺。要怎麼知道是不是同一隻花豹的傑作？他們會在事發地區設置野生動物攝影機，分辨當地的花豹及牠們各自的地盤。（分辨花豹的依據是牠們身上的斑點。花豹的斑紋圖案就像人類的指紋，每隻都不相同。）

確認是食人豹之後，他們不會進行異地野放。原因就和北美洲的野生動物管理單位一樣，如果異地野放的花豹在移置地殺了人，負責移置的森林管理部門可能要負責。研究人豹衝突的學者薇迪雅．阿提耶（Vidya Athreya）就曾指出，異地野放這個處置會讓花豹更有可能攻擊人。二〇〇一年，共有四十隻花豹被移置到馬哈拉什特拉邦（Maharashtra）某個森林地帶，之後每年平均攻擊事件數從四件激增到十七件，而且原因不光出在當地花豹數量增加。阿提耶認為有兩個因素導致攻擊事件變多：第一，異地野放之前的長時間圈養，讓這些花豹不再害怕人類；第二，被人類捕捉並野放到陌生地區的壓力，讓花豹更具攻擊性。

最重要的是，異地野放花豹就跟黑熊一樣，往往是治標不治本。將一隻花豹從牠的地盤帶走，很快就會有其他花豹接管。新來的花豹通常是剛離開母親獨立生活的亞成體，這點可能會帶來不少麻煩，因為經驗不足的獵手往往想要尋求容易得手的獵物。

如果不做異地野放，那要怎麼辦？森林管理部門如何處理只殺過一次人或獵食家畜的花豹？納哈將注意力從咖啡店的壁掛電視拉回來，畫面上的自然節目正在介紹鼴鼱。

「那些花豹可能會被捉起來圈養。」納哈說。我問養在哪裡，他吐出了動物園這個詞。我追問能否去這種動物園看看。「那裡不開放參觀。」

所以，那不是真正的動物園。我試著想像。「是養在開放空間，像有圍欄的保護區嗎？還是養在籠子裡？」

納哈撥弄著頭髮，由於在敞開的車窗旁坐了四個小時的車，他有一邊的頭髮已經被風吹出了新造型。「都有。有時是關起來，也會放牠們到比較大的地方活動一段時間。」

「就像監獄一樣。」納哈並未反駁。那些花豹要坐牢。

後來我在網路上亂逛時，發現一個類似設施的翻修規劃圖。那是西孟加拉邦的南希爾巴里救援中心（South Khairbari Rescue Centre），距離我們上週所在之處不遠，裡面有二十五個「夜間庇護所」，出入口可以通往一個像圍場的區域。基本上，裡頭收容的不是與人類發生過衝突的花豹，而是從馬戲團救出來的老虎，以及失去母親的幼虎和幼豹。那裡同樣不開放參觀。

有個標題「固體和液體廢棄物的處理方式」吸引了我的注意。「排泄物」的處理方式和屍體不同，屍體會被送往骨頭收集室。「由此收集而來的骨頭，會以出售的方式處理。」西孟加拉邦政府是否參與了將野生動物作為「藥材」的非法交易？考慮到老虎和花豹骨頭的高昂價格，我不禁懷疑收容機構能否抵擋將無期徒刑改為死刑的誘惑。

在美國，有些人因為反對政府政策，會想自行處理問題；這裡也有這樣的人。加州有人會將熊從魚類與野生動物部設下的涵洞陷阱放走，不過在保里加瓦爾，憤怒的民眾是採取相反作法。村民希望「食人獸」被處死，不想等到第二個或第三個被害者出現。出現暴民心態的群眾往往很快就會採取行動。我們路上經過的某個小村莊最近有兩個人被花豹殺了。居民沒有聯絡森林管理部門，自行設置了鐵籠陷阱捉豹。有位會講一點英文的年輕人帶我們來到那頭花豹落網的地點。「大家怒氣衝天，」他說，「憤恨難平之下，就把那頭花豹燒了，關在籠子裡直接燒死。」他沉默片刻，我本以為是因為難過的緣故，結果他突然舉起智慧型手機。「我可以自拍嗎？」*

席薇塔知道這個案例。她在印度野生動物研究所的鑑識實驗室工作，會收到相關證據以及遺體 —— 以這個案件來說，遺體是「骨灰和沾了血的石頭」。森林管理部門的人員會盡力確認沒有捉錯豹，然而村民們會不由分說地殺死落入陷阱的花豹。「他們並不曉得捉到的是不是殺人的那隻花豹，」席薇塔說道，「他們只想伸張自己的正義。」在正常程序下，政府人員會先比對落網花豹與被害者皮膚上或指甲裡的殘餘物ＤＮＡ是否吻合。（所謂的關聯性！）

納哈環顧咖啡店。「這裡不太適合討論這個。」雖然這裡會說英文的人不多，但他們知道那個「關」開頭的詞。今天早上我就注意到，擋風玻璃上那個政府告示牌不見了。

在美國實行兩犯畢業或三犯畢業規定的州，野生動物管理單位也面臨類似的難題。如果該州要採行零死刑政策，牧場主人可能會像過去一樣自行殺掉危害牲畜的掠食動物；野生動物專家將這種作法稱為「開槍、挖洞、閉上嘴巴」（shoot, shovel, and shut up）。

關鍵是人們的憤怒。「如果你是牧場主人，羊就是你生活的全部，」在亞斯本時，布雷克這麼說過。「牽涉到很強烈的情感因素。」布雷克養了六隻駱馬，沒有人會說駱馬是他生活的全部，但他永遠忘不了他走到後院，看到鄰居養的兩條狗咬住其中一隻駱馬脖子的那一天。而在喜馬拉雅山區，被殺的不僅是居民養的牲畜，還有他們的家人。

納哈拿起掛在椅背上的外套。「走吧。」

到了中午，我們已經深入花豹之鄉。納哈指著車窗外，曾有個十一歲的孩子放學走路回家時，在那個地方遭到攻擊死亡。最後這八公里的路程，在納哈單調平淡的聲音中，鋪成了一篇斷斷續續的死亡敘事。

在科爾坎迪村（Kolkhandi）附近一條偏僻小路的公車候車亭：「有位老人坐在裡面時，遭到攻擊。」

＊ 印度在靠近西藏／中國邊境的地區紮駐了大量軍力，因此有軍方出資設立的行動通訊基地台，還有現代印度的矛盾現象：村民沒有室內廚房，卻有智慧型手機可用。

在通往下一個目的地埃克什瓦爾（Ekeshwar）的路上：「這裡發生過兩起攻擊事件。其中一個案例是位老太太，在清晨五點遇襲。三年前，也是在這個地方，有個三十八歲的男人遇害，事情發生在他從草原回來的路上。」

在埃克什瓦爾附近，馬利塔（Maletha）某座森林旁的草原：「當時有十五、十六個人在這裡，全都在割草。那隻花豹肆無忌憚，直接把一個女人咬走了，還是在大白天。」

索邯把車子停在路肩。進入埃克什瓦爾的路對我們的車來說太窄了，所以必須把車子停在這裡。納哈從後座拿出背包，關上車門。他指著綿延通往村莊的下坡說：「有個女人在這裡遭到攻擊，被吃掉了。事發時間是傍晚，那是二〇一五年的事。」

在不到一公里的步行路途中，我們跟一個拿著鐮刀的女子錯身而過。「看看那個女人，」納哈說。他沒有指向對方，而是把頭朝她的方向歪了歪示意，彷彿是要分享村里間茶餘飯後的八卦。「她要去森林裡，獨自一個人去割草，這樣很冒險。」但是她沒有別的選擇，冬天的風雪就要來了，得要準備給牛吃的乾草。

保里加瓦爾的地方政府是「首領制」。只要取得村長和／或祭司的信任和支持，做事就幾乎無往不利。納哈已經往返這個地方很多次，跟村長和祭司雙方都建立了不錯的關係，這番心血沒有白費。我們首先來到埃克什瓦爾村長的家，雖然村長不在，但他的弟弟納倫德（Narender）熱情歡迎我們。納倫德是個齒縫很寬的高大男子，儘管很冷，卻穿著夾腳拖鞋，一腳是紅褐色，另一腳是灰色。他邀請我們進去，或者該說是上去。這個時節很少下雨，因此當地人會把屋頂當成主要的生活空間。在屋頂上可以看到攤開曬乾的紅辣椒，還有一個碟形衛星天線架在一堆石頭上。

席薇塔幫我翻譯。「他很喜歡花豹，就算牠們有時候會偷吃牲畜。他說牲畜在自然界本來就是牠們的獵物，他可以接受這種情況。他不支持任何人殺花豹。」去年我在美國遇過一位牧場主人，雖然難以置信，不過他也是山獅保護論者；當時他說過：「養『牲』畜，就免不了會有『死』畜。」

納哈已經拜託納倫德和他哥哥提名幾位村民組成野生動物應變小組，跟納哈先前在北孟加拉協助建立的幾個現場應變小組類似，不過在這裡，應變小組需要控管的不是動物，而是人類。被提名的大多是退役軍人，因為他們在村內有名望，此外，納哈更進一步解釋：「他們有能力壓制住憤怒失控的人。」我看了應變小組成員的裝備清單，內容包括「三到五公釐厚的聚碳酸酯防暴盾牌」以及「警用竹棍」。

席薇塔指出，民眾的憤怒不光是針對花豹，同時也是針對政府。如果有校車，孩子們就不必在花豹攻擊風險最高的黃昏時分步行三公里回家。如果有醫院和救護車，遭到攻擊的傷者或許不會只有死路一條。但這些都沒有。花豹只是人們最容易宣洩怒氣的對象。

納哈在許多像這樣的村莊舉辦過認知營，他鼓勵家長讓孩子結伴步行回家，呼籲村民不要將死亡的牲畜拖到路上給禿鷹吃，因為花豹也會被屍體吸引。在這樣的小村莊，人們的心態和行為改變得很慢。納哈回憶說，二十年前，保里曾有不少婦女晚上到灌木叢如廁時被花豹攻擊。最後當地終於蓋了室內廁所，但是剛開始大家都不肯用。「他們後來才慢慢接受在室內大便。」

納哈去檢查他上次來時安裝的一盞燈。那盞燈是對照研究的一環，實驗目的是評估「狐狸燈」（fox light）能否讓花豹遠離人類住家。這種太陽能燈具會不定時亮起、熄滅，從遠處看起來，就像人類拿著手電筒巡邏時的燈光。經過不斷改良，這種燈可以有效防範掠食動物，前提是要短期使用。為了避免掠食動物習慣這些燈光，每使用一段時間就應該要停用一陣子。納哈表示，要讓人們理解這一點相當困難。他們會想讓狐狸燈一直開著。布雷克在跟某些嘗試裝設警示旗（fladry）的牧場主人溝通時，也遇到同樣的問題；警示旗是綁在牲畜圍網上的帶狀旗幟，會隨風飄揚，能嚇跑郊狼和狼。牧場主人看到警示旗有作用之後，就會繼續留在圍網上，而不是只在牛羊生產季和其他掠食動物較多的時期使用。

今年，納哈鼓勵各村長向聖雄甘地國家農村就業保障計畫（Mahatma Gandhi National Rural Employment Guarantee Scheme）申請經費，村子可用這筆錢雇人清除太靠近房屋的灌木林，並為牲畜建造牢固的夜間欄舍。美國農業部野生動物管理局若接到因山獅獵捕牲畜或寵物而想殺死山獅的業主來電求助，較具進步概念的專員也會建議這些作法。如果野生動物管理局不只把這些作法當成建議，而是列為要求事項呢？甚至，如果野生動物管理局能夠安排清除灌木或建造欄舍，並且負擔這些費用呢？若是本來沒那麼進步的專員也被規定要採取進步的作法呢？我回到家後打電話給布雷克，詢問他對這件事的看法。在他看來，這些作法還不會列入政策。「那比較像是一種理念。」

我十分不以為然地長吁一口氣。「野生動物管理局就只是口頭上支持而已嗎？」

「這就好比一艘大船，要轉向很慢，不過已經在轉向了。」

一日將盡之時，我們已經來到基爾舒（Khirsu）的一座山上小村，野生動物研究所在這裡租了一間房子。沒有家具，也沒有暖氣，不過能飽覽山谷景致，在坐了好幾個小時的車之後，這番風光讓人心曠神怡。房子後面的坡地林木蓊鬱，在放養牛隻咬不到的樹枝上，有一束束牧草綁在上頭風乾。我在露臺上眺望，站在我身旁的阿悉達全神貫注地看著那些彷彿穿上草裙的樹木。他聽到了某個聲音。

納哈看著他的表弟。「阿悉達擔心那裡藏了一隻準備跳下來的花豹。」他指著屋旁的沙地，「如果附近有花豹遊蕩，那裡應該會有腳印。」

這時，一隻很大的葉猴從樹上跳了下來，牠有張黑黝黝的臉，壯得像隻狒狒，一溜煙跑過山坡。這突如其來的動靜嚇得我和阿悉達魂飛魄散。「你們看，」納哈故意一本正經地說，「那隻就是阿悉達的『花豹』。」他說完後就進屋幫忙席薇塔準備晚餐。

為了欣賞美景（也因為沒有桌椅），我們在屋前一塊水泥地上用餐。席薇塔生火並架起樹枝做的烤肉扦，有人開了一瓶Godfather Super Strong啤酒。吃完晚餐已經超過十點。席薇塔讓火繼續燒著。納哈談起印度教中的阿格里教派（Aghori），該派僧侶有吃人的儀式。他說到一半時，響起一陣淒厲的慘叫聲，比尖叫更響亮、更尖銳，幾乎不像人類發出的聲音。那種聲音，正是恐怖電影觀眾想聽到但難以製作出來的音效。

「花豹！」阿悉達說，「**花豹！**」他並不是說那聲音是花豹發出來的，而是指有人正遭到花豹攻擊。我確定他的意思是如此，因為那也是我想像中人類被花豹殘殺時會發出的聲音——夾雜著恐懼、痛苦，還有聲帶被雙顎咬住壓迫的叫聲。事情就發生在我們下方的山腳處，通往村內店家的路上，那裡有好幾間房子。「起來，快起來！」我們站了起來，但仍在原地，又驚又怕地聽著，想聽出發生了什麼事。是花豹嗎？還是瘋子？或是醉漢？又或者是阿格里教徒？山腳下有其他聲音加入了，聽起來不像是有人看到鄰居被花豹殺害，或是在試圖阻止慘劇發生。聲音很快就漸漸消失，被害者應該是被帶走或拖走了。

時間已晚，下山的路又黑又陡，我們要等到明天早上才能弄清楚。

早餐過後，我們收拾妥當，帶著行李和不安的心情沿小路走回停車處。下方的住家飄出裊裊炊煙，還有喜馬拉雅山村早晨的日常聲響：女人打掃的聲音、男人咳嗽的聲音，以及牛鈴的聲音。納哈停下來跟一位站在家門口的女人攀談，詢問昨晚發生了什麼事。

他隨後到車上跟我們會合。既不是花豹，也不是醉漢。「是有人被惡魔附身。」我聽到納哈以他慣常那種輕描淡寫的語氣說道，彷彿這比有人扭傷腳踝還稀鬆平常。

這一帶常發生這種事嗎？

阿悉達站在索邯的掀背車後面，將我們那堆睡袋塞到後車廂的更深處。「每個月至少會有一次吧。」他想了一下之後回答。

我想起魯德拉普拉耶格祭司對納哈說的話：殺人三次的花豹，就會被視為惡魔。所以，昨夜來的說不定真是花豹。

我們今天的目的地是德拉敦市，納哈和席薇塔的家以及印度野生動物研究所都在那裡。惡魔已經被我們拋在遙遠的後方，不過花豹未必。二〇〇九年，德拉敦出現了一隻瘦弱的花豹。在牠遭到射殺之前，總共有十九個人被攻擊受傷。

印度的花豹大多是在夜間進入城裡，捉隻流浪狗或在垃圾堆翻找食物，天亮前就返回森林，人們不太會注意到牠們這些小小的城市遠足。然而，黎明後花豹仍逗留在城市裡，麻煩就出現了。H．S．辛格在書中概述了四十三個「在城市裡遊蕩花豹」的案例，人類會做的事情，牠們也做。牠們造訪廟宇，在大學校園裡溜躂，還會去醫院。某天下午，有一頭花豹出現在中央棉花研究所（Central Institute for Cotton Research）。在昌第加（Chandigarh）附近的某個小鎮，有個女人回到家時，發現一隻花豹睡在她的床上，前面的電視還在播放節目。二〇〇七年，古瓦哈提市內和市郊接連多日有人目擊到花豹出沒，最後終於在一家高檔購物中心被捉，當時有人看到牠「悄然走近一台提款機」，好像牠沒錢了要去領錢一樣。

在一切順利的情況下，花豹很快就會被注射鎮靜劑，並放回附近的森林裡。不過，情況往往是像那頭翻牆跳進寶萊塢女星希瑪・馬連尼（Hema Malini）深宅大院的花豹：

1. 第一個發現花豹闖入的人逃跑或躲起來。（「園丁和警衛躲進房間，把門鎖起來。」）另一種常見狀況則是花豹被鎖在臥室或浴室裡。
2. 警方獲報來到現場，但是在沒有麻醉槍且缺乏相關訓練的情況下，無法發揮多少作用。（「有一名員警嘗試進入屋內，花豹一陣咆哮，他們便決定等待森林管理部的人員抵達。」）不過要說句公道話，有些警察堪稱技巧高超的即興表演者。德里郊區有間合板工廠因花豹闖入報警，警方來到現場後，將板球打擊練習網箱吊起來，丟到花豹身上。
3. 在森林管理部人員抵達之前（希瑪・馬連尼家當時等了四個小時），花豹早就一溜煙逃走了。闖入馬連尼家的花豹毫髮無傷地脫身。

印度野生動物研究所坐落在一小片森林外圍，不過納哈對於德拉敦那隻花豹並沒有印象。在他們研究所周圍出沒的是恆河獼猴（*rhesus macaque*，又稱普通獼猴），數量多達幾十隻。這裡還有獼猴研究專家，我預計明天會和其中幾位見面。

我們正在返回德拉敦途中。席薇塔戴著耳機，隨音樂輕輕點著頭，阿悉達正在嘗試向我介紹印度教。車子下山之後，先前在屋頂和樹上看到的那些黑臉棕灰毛的葉猴已不復見，取而代之的是另一種體型較小、臉部粉紅、毛色帶點淡紅的猴子：恆河獼猴。這些獼猴會跑到馬路邊，坐在水泥護欄上面，等待從車窗丟出來的食物或垃圾。

住在印度北部的人多少都有跟獼猴交手的經歷。納哈某天早上醒來時，發現有隻獼猴坐在他的胸口。經過短暫緊張的對視，他一把掀起雙方中間的毯子，猴子便一溜煙地跑了。還有一次，獼猴從他們家公寓後面的樓梯爬上來，跳到廚房流理台上。「牠本來可以吃點東西就離開，但是沒有。牠把電磁爐拿起來，丟到地板上。牠闖進來只做了這件事，然後就跑了，完全就只是為了好玩。」

我聽說過獼猴會搶太陽眼鏡。「沒錯，」納哈說，「或是搶手機。搶到之後，牠們還會從樹上丟下去。牠們的生存目標就是騷擾人類。」

席薇塔摘下耳機。「牠們會這樣，是因為這種行為可以得到獎勵。被獼猴搶走手機的時候，人類通常會追過去給牠食物，好讓猴子為了拿食物而放棄手機。」

納哈不以為然。「席薇塔，記不記得有一次牠們跑到露臺上，把花盆整個翻過來？」他轉頭對我說，「然後牠們就在那裡大便。騷擾到你，牠們就覺得很開心。」

席薇塔重新戴上耳機。

納哈看著車窗外。「牠們就是這樣。」

5

「猴」你在一起
獼猴作亂與生育控制

印度野生動物研究所由斜頂的水泥建築群組成，建築之間以戶外廊道相連。由於這些廊道沒有牆壁，不時可以看到來自鄰近森林的恆河獼猴走在人類後面或旁邊。無論人還是猴，都不太理睬對方，彷彿獼猴們也跟人類一樣有會議要開、有文件要印。這種彼此漠不關心的共存狀態，和印度其他地區的人猴關係形成了明顯對比。

在我抵達印度的那一天，《印度時報》（*Times of India*）上就出現「猴群為患亞格拉」這樣刺眼的標題。這則報導是全版特刊的其中一篇，搭配雙色印刷的經典猴子恫嚇圖片，其中的字母O變成了齜牙咧嘴的猴臉。頭條報導是關於一起恆河獼猴從母親胸前搶走嬰兒，導致嬰兒傷重不治的事件。《印度時報》另一段報導寫著：「本月稍早，還有一位七十二歲的長者遭猴群扔擲石頭致死。」《國家先驅報》（*National Herald*）則提到亞

格拉的獼猴「成群結隊，猖狂遊蕩」。從我十一個月前針對德里和亞格拉的獼猴新聞開啟Google快訊通知以來，印度報紙已經報導過八起致命的獼猴「攻擊事件」。

近十年來，似乎有越來越多因獼猴而從陽台上失足墜落的案例。光是過去三年間，我就找到六起死亡案件的相關報導，而最有名的，莫過於二〇〇七年德里副市長S．S．巴吉瓦（S. S. Bajwa）的墜樓案。當時巴吉瓦去陽台透透氣，結果有群獼猴一擁而上，想衝進屋子裡找東西吃，把他嚇了一大跳。不知他是試圖阻止猴群還是努力要擺脫牠們（沒有目擊者），一時沒站穩，不幸翻到欄杆之外摔落。

雖然我對於「攻擊」一詞所暗示的敵意有所質疑，但猴子闖進家中確實會令人緊張。我前不久造訪過烏代浦（Udaipur），那裡有很多屋頂餐廳，每天傍晚我都會坐在這種餐廳裡，看著葉猴和獼猴出現在暮色中，展開當晚的劫掠行動。牠們會沿著屋外的消防逃生梯衝上頂樓，像湯姆．克魯斯在追逐壞人，從一棟建築物跳到另一棟建築物。某天晚上，我正在喝一道沒什麼特色的扁豆湯，一抬頭發現有隻葉猴跳上桌子上方的裝飾樑，要不是服務生在伸手可及之處放了一根用來趕猴的棍子，這頓飯很快就會變得讓人畢生難忘了。假如有一隻十八公斤重的猴子突然從天而降，你一定還來不及思考就會反射性地動作；如果地點剛好是在陽台或頂樓，確實可能很快就換你從天而降了。

根據我看到的幾篇相關新聞，印度野生動物研究所正在研發一款可以避孕的疫苗。根據《印度時報》的報導，只要打一針，就能「在短短幾分鐘內幫動物『絕育』」。這種容易操作，可對過度繁殖、引發問題的野生動物使用的長效型節育方法，豈不就是大家夢寐以求的東西！我在啟程來到印度之前，還沒能透過電子郵件跟印度野生動物研究所的研究主任卡姆・庫雷希（Qamar Qureshi）敲定會面日期，他就休假去過排燈節了。納哈答應回到德拉敦之後帶我到所內參觀，這樣我就可以當面向主任討教。

星期一早上九點十分，我在正門口等待納哈。警衛推來一張辦公椅，讓我坐在陽光下。他身穿制服，繫流蘇腰帶，戴著有羽飾的紅色華麗貝雷帽，彷彿他要護衛的是皇室貴族，而不是野生生物學家。過了大門之後有一座小型建築，周圍有鐵絲網圍欄，上面還有刀片蛇籠。一隻獼猴泰然自若地穿梭在帶有利刃的籠圈間。

納哈穿過研究所的草坪來迎接我。走向主建築途中，他告訴我庫雷希正在開星期一的晨間會議。他陪我走到庫雷希的辦公室，表示會告知庫雷希我在等他。

庫雷希桌面上的裝飾品都跟野生動物有關，有一個斑馬條紋的筆筒，還有虎斑條紋的水壺。我的左手邊有一扇玻璃拉門，沒錯，它曾兩度被獼猴當作入口，跑進來弄得漫天紙張飛舞、遍地文具用品，搞得辦公室一團混亂，最後發現這裡沒東西可吃，又沿原路跑出去了。告訴我這些事件的，是坐在庫雷希辦公室最裡面桌子旁的一個男人，我們基本上是用比手畫腳的方式溝通，因為他不會說英文，至於他是什麼人，我也搞不清楚。他穿著短袖條紋襯衫，還有一件背心，同樣是條紋的。這裡到處都是條紋。

祕書走進來，將兩個文件夾打開放在庫雷希的桌上，裡頭的表格貼了幾張便利貼做記號。「要不然，他會隨便亂簽！」她笑著說，「主任知道你在這裡嗎？」

「喔，知道，他在開會。」

她發出不祥的咯咯笑。「他的會議是開不完的，祝你好運。」在她背後，條紋男歪著頭打瞌睡。中庭的另一邊，有一隻獼猴煞有介事地沿著屋頂邊緣走過去。

大約十一點左右，庫雷希和幾位研究人員一起走了進來。他身材瘦高，態度親切，聊起天來十分熱絡。一般人打招呼致意會說「你好嗎？」他對我說的是：「你覺得印度怎麼樣？肚子還好嗎？」

在深入討論科學話題之前，我們先聊了印度的整體情況和動物問題。「整個印度幾乎就是一個保護區，」庫雷希一邊說，一邊在便利貼標示的位置簽名。「因為我們這方面的法律相當嚴格。」在一九七二年野生動物（保護）法案通過以後，除非取得許可證，或是政府宣布特定物種為「害獸」，否則任何人都不得獵殺或捕捉野生動物。庫雷希從老花眼鏡上方瞄了一眼。「而且，民眾支持這樣的作法。」

印度教神祇要不是擁有動物的形象，就是半人半獸、融合多種動物特徵、配偶是動物，或是以特定動物為坐騎。我提起第一次到德里時遇到的事情：有一隻活生生的老鼠從人行道上方某處掉下來，落在我的腳上。「你很有福氣！」跟我走在一起的男子大聲喊著，「老鼠可是象神甘尼許的坐騎。」

庫雷希的研究同仁在一旁專心聽著。「萬物皆神祇啊！」一位名叫兀達拉・賓達尼（Uddalak Bindhani）的專案研究員大笑著說，「就連**羅勒**也是神！祂是毘濕奴的其中一位妻子。」

「仔細想想就會覺得，」說話的是年輕的行為生態學家迪薇亞・拉梅許（Divya Ramesh），她臉上浮現一抹淡淡的笑容，有一邊眉毛穿了眉環。「這樣其實挺不錯，人類與自然之間有著很強烈的連結。」

不過，就算是印度教，也有容忍的限度，尤其當遇到問題的人是農民時。印度的頭號農業害獸，剛好也是聖獸。大象是象神甘尼許（Ganesh）的形象來源，猴子則是神猴哈努曼（Hanuman）的代表。就連野豬，也是毘濕奴的化身之一。還有藍牛羚（nilgai），其實是羚羊的一種，但是名稱中的「gai」意指牛，而牛是神聖的動物。當各邦政府想要減少藍牛羚的數量時，得先推動更名。現在藍牛羚被稱為「roj」，意思是「森林羚羊」。

儘管關於「猴患」的媒體報導層出不窮，但無論是亞格拉還是德里的地方政府，都沒有將獼猴列為害獸。即使政府這麼做，也會在徵聘撲殺人員時面臨強大的阻力。「政府是找不到人來撲殺猴子的。」我前不久見過的德里記者妮蘭佳娜・布瑪克（Nilanjana Bhowmick）這麼說。德里市政府的動物醫療部目前採行的策略是將獼猴異地野放，為此要找人捕捉獼猴，光是這樣，就已經很難找到捕猴人了。一般人即使不是印度教徒，也會避免從事這種工作，因為捕猴人很容易受到騷擾及威脅。

還有一個因素讓問題變得更加棘手：供品。每到星期二和星期六，就會有許多信徒來到供奉哈努曼的寺廟參加「普祭」（puja）。對於寺殿內的神像，信徒會獻上椰子和金盞花做的花圈；至於活生生在戶外遊蕩的猴神代表，則有咖哩餃和 Frooti 芒果氣泡飲可享用。如大家所知，餵食野生動物，是最快引發人獸衝突的行為。穩定的食物來源，會讓原本對人類退避三舍的動物開始鋌而走險。當動物發現冒險可以獲得回報時，牠們的行為就會逐步升級，從畏懼怯避變得大膽無畏，再從大膽無畏變成挑釁攻擊。如果你不把身上的食物交出來，猴子就會主動來搶。庫雷希說，若你抓著食物不放，或是想把猴子推開，牠可能會賞你一巴掌，或是咬你一口。根據《印度時報》報導，二〇一八年德里共有九百五十起人類被猴子咬傷而送醫的案例。

庫雷希回想起他到喜馬偕爾邦（Himachal Pradesh）參加一場野生動物相關會議時，造訪一間供奉哈努曼的寺廟。接待他的人提醒他不要把任何值錢的東西帶在身上，因為很容易被獼猴搶去，用來勒索食物。於是，庫雷希將手機和皮夾鎖在車內的置物箱裡。「猴子一靠過來，就直接——」庫雷希站起身，將口袋整個翻出來。「真的！牠們可以伸手到你的口袋裡，徹底搜刮乾淨！」

我也有一次跟獼猴交手的經驗，地點是在拉賈斯坦邦（Rajasthan）的班迪（Bundi）附近，有一條穿過灌木叢的小徑，可以通往山上一座十四世紀碉堡的遺跡。我知道遺跡那裡有猴子出沒，因為黃昏時可以看到碉堡胸牆上有猴子的身影。我選在早上去，帶著香蕉。我是故意的，我想知道被猴子搶劫是什麼情況。我的朋友史蒂芬跟在我後面，用緊握在手中的 iPhone 拍攝犯案過程。在一開始的畫面中，可以看到我低頭專心看著腳下要踩的位置，一隻手拎著橘色的蔬果塑膠袋。不過仔細看看就會發現，前方路旁的一塊大石頭後面，冒出了一個棕色的小腦袋瓜。而在鏡頭畫面之外，還有一隻猴子正鬼鬼祟祟地接近。這完全是歹徒埋伏暗處，等待打劫驛站馬車的景象。當我走近大石頭時，第一隻獼猴跳了出來。我們還在互相打量時，另一隻像子彈般飛快地出現在我身後，一把搶走了香蕉。手法巧妙至極！在我看來，這不算是攻擊，倒比較像是被搶錢包，因為實在結束得太快，還來不及產生什麼恐懼感。

二〇〇八年，德里市政府立法禁止餵食野猴，不過根據新聞報導，政府至今沒有為此開出半張罰單。我曾在德里康諾特廣場（Connaught Place）的哈努曼神廟外頭，看到一個男人接近獼猴群。那男人一邊走，一邊鬼鬼祟祟地四下張望，彷彿他要接近的對象不是猴群，而是妓女。他快速遞上一袋番茄，然後看著一隻臀部碩大的肥胖母猴坐在那裡，熟練俐落地取出果肉，搞得人行道遍地是果皮和濕滑的黏液。一名廟方人員在旁邊目睹全程，但沒有任何反應。

對此，庫雷希強調，是因為廟方人員很清楚這個舉動的重要性。「你想要上天堂嗎？那就給牠們東西吃。你希望死後在天堂有一席之地，有舒適的房子可住？那就餵吧。」

「然後，會吵嚷『把猴子趕走！』的，同樣是這些人。」拉梅許補上一句。

庫雷希闔上資料夾，放下手中的筆。「有很多人在受訪時會說『別殺猴子！』他們希望猴子憑空消失。」這就是舉世皆然的野生動物鄰避情結（wildlife NIMBYism）[譯註4]。公園裡的松鼠很可愛，但是在你家花盆裡挖洞的松鼠就是可恨。

庫雷希還提到政府執行撲殺（指的是射殺野豬和藍牛羚）的另一個問題，在於政府雖然允許撲殺這些動物，但法律上禁止食用牠們的肉。「而在這裡（指印度），人們不會只為了殺死動物而獵殺，那是精神病患者才有的行為。」

目前最能寄予希望的，是透過科學找出幫問題動物節育的方法。庫雷希團隊確實在研發獼猴的免疫避孕疫苗，不過並非如《印度時報》描述的那樣能「在短短幾分鐘內」達到絕育功效，也並非其他新聞媒體報導的口服疫苗。庫雷希將手肘靠在桌面上。「讓猴子使用口服避孕藥，只是遙不可及的夢想。」要這樣做，得確保有一定數量的猴子確實定期服用口服避孕藥，並且設法避免其他物種誤食＊。

口服避孕藥在物種單一的受控環境下效果最好，例如下水道。為了抑制褐鼠增加，美國有些城市已經開始使用一種叫做 ContraPest 的口服避孕藥。這種藥主要包含兩種有效成分，第一種是ＶＣＤ（4-乙烯基環己烯二環氧化合物），能消耗掉卵巢中的卵子。ＶＣＤ一開始是當成工業性塑化劑使用，但在人體健康與安全試驗中，研究人員發現ＶＣＤ是內分泌干擾素，就開始改用於為齧齒動物絕育。由於ＶＣＤ需要一段時間才能發揮作用，研究人員又加入了另一種能夠同時影響雌雄兩性的化合物：雷公藤內酯（triptolide）。只要動物吃進這種化合物，就會影響精子與卵子的存活力。目前還不清楚這兩種成分能否有效

＊譯註4　鄰避情結（Not In My Backyard，簡稱 NIMBY），直譯為「不要在我家後院」，通常指某些設施或建設可增加民眾福祉，但鄰近地區居民認為可能損及自身生活品質、安全健康或房地產價值，因而產生的反彈心態。

＊英國研究人員已準備全面使用口服避孕藥，不過當然不是用在猴子身上。英國數十年來一直想方設法要撲滅灰松鼠，曾推動過全國減少灰松鼠運動（National Anti-Grey Squirrel Campaign），英國議會還有一份議事錄提及要消滅「這令人深惡痛絕的外來種」（引用曼斯菲爾德伯爵在一九三七年六月二十九日上議院會議中的發言），但始終未能成功。然而現在，科學大為進步，研究人員已開始進行測試，將含有免疫避孕藥的餌食放在樹上的餵食箱裡，由於箱子的特殊設計，灰松鼠可以進入，而在英國廣受喜愛的紅松鼠進不去；紅松鼠是原生動物，但牠們的棲地已被外來的灰松鼠蠶食鯨吞。研究人員靠著加入餌食中的生物標記物判斷，到目前為止，測試區森林中大部分的灰松鼠都已經吃下口服避孕藥。希望不列顛尼亞順利如願，目前松鼠界的英國紅衫軍只剩十二萬隻，而美洲來的侵略者則有數百萬隻。

讓特定老鼠群落永久絕育，但美國某些城市已經開始嘗試了。不過，這對於到處晃蕩又有許多食物可吃的印度猴群來說，似乎不會是有效的解決之道。

印度野生動物研究所正在測試一種針劑式的免疫避孕疫苗，稱為ＰＺＰ（porcine zona pellucida，豬卵透明帶）。透明帶是包覆在卵子外面的蛋白質結構，上面有精子受體。如果為雌性動物注射以異種動物（例如豬）透明帶製成的疫苗，會使牠的免疫系統開始產生攻擊自身透明帶的抗體。這些抗體會緊密包圍受體，使得精子無法進入卵子中，導致無法受精。

不過，這在執行上困難重重。和許多疫苗一樣，ＰＺＰ也需要施打追加劑，才能讓免疫系統保持警戒狀態。這要用在逍遙亂跑的動物身上，無疑是一大挑戰。光是將整個族群集中起來施打第一劑，就已經很耗時花錢，若要施打追加劑，又會花費更多時間及成本，此外還需要用某種永久性的記號（像是刺青）讓追加劑施打人員判斷哪些動物已經施打過第一劑，哪些動物還沒有。

美國已經有人開始嘗試一種合成的透明帶，主要用於活動範圍受到地理限制的族群。像阿薩提格島（Assateague Island）的野馬就是不錯的選擇，因為牠們集體行動，而阿薩提格又是個小島，要一口氣為全體施打疫苗相對容易。接著，只要在三到六週後施打第二次，之後每年施打追加劑，應該就能達成絕育目標。然而，對於在印度城市裡到處遊蕩的數萬隻野生恆河獼猴，這種作法似乎連嘗試都沒必要。

對獼猴使用透明帶疫苗，還會產生另一個問題。沒有懷孕的雌猴很快會再次進入發情期；當雌猴發情時，雄猴也會跟著出現繁殖季的行為，也就是說，牠們攻擊性提高的時期會比以往更多，而且專家認為不光對其他獼猴如此，雄猴攻擊人類的可能性也會提高。這種情況在美國對白尾鹿所做的ＰＺＰ試驗中就發生過。公白尾鹿並不會攻擊人類，但是更常遊蕩、到處尋找交配對象，為此牠們穿越馬路和高速公路，對鹿和汽車駕駛雙方來說都不是好事。也因如此，美國的免疫避孕研究主要集中於一種阻斷性荷爾蒙效果的疫苗，稱為 GonaCon。這種疫苗能讓雌性停止繁殖週期，北達科他州的西奧多・羅斯福國家公園（Theodore Roosevelt National Park）原本野馬數量過多，在施打一劑基礎疫苗與一次追加劑之後，有百分之九十二的母馬在七年過後仍無法生育。這項研究仍在進行中，研究人員希望這種疫苗能達到永久絕育。

有沒有施打一次就能達到永久絕育的免疫避孕疫苗呢？美國國家野生動物研究中心與美國內政部土地管理局（U.S. Bureau of Land Management）正鎖定一個數量已超過棲地負荷的野馬族群，對其中部分野馬試驗一種疫苗。這種疫苗包含兩種有效成分（BMP-15 和 GDF-9），注射後產生的抗體可讓卵子難以與周圍的支援細胞傳遞訊號，進而使卵子無法成熟。由於這種疫苗不需要對動物做記號並追蹤施打追加劑，似乎更有希望用於處理都市裡的獼猴。

對於免疫避孕，或是任何要用於猴子的節育方法，庫雷希還看出一個更為全面性的問題，那就是民眾認為只要開始著手節育，人猴問題就會馬上消失。「然而節育並不是撲殺，」他說道，「牠們還是會活到老死。」都市裡的獼猴可以活上十二到十五年。庫雷希估計，大約需要七到八年，才能讓族群數量下降到對獼猴氣憤填膺的一般印度人會注意到的程度。「人們會說：『都花了這麼多錢，怎麼問題還是沒解決？』」

庫雷希禮貌地致歉，說他得去開另一個會議了。拉梅許和我一起走到外面招了一輛嘟嘟車（autorickshaw），上車陪我回飯店。我們經過一條乾涸的河床，上頭堆放了許多垃圾。每次我經過這個地點，都會看到豬或是猴子在垃圾堆裡翻找東西吃。我問，這裡有沒有人在推動像科羅拉多州那樣的垃圾控管措施？

拉梅許說現在正在推動垃圾清運，以前只有社區垃圾場，現在市政府規劃了垃圾車，會開到各處大樓收集垃圾。每到一個清運地點，垃圾車就會播放好聽的音樂通知民眾。

我問她成效如何，拉梅許笑了。「這些大樓的樓層數非常多，大家都嫌下樓倒垃圾麻煩，常常直接從窗戶丟出去。」

人類啊。

印度的「猴患」問題有一個還算不壞的特點，那就是受此困擾的通常是上層階級。都市裡的猴子喜歡有栽種林木的公園和庭園空間，也就是富裕人家所住的地方。牠們很快就從枝葉間跳到屋頂和露臺上，再從敞開的窗戶進入建築物。猴子在律師和法官的宅邸與辦公室裡大肆搜刮，還出現在總理官邸，甚至是國會大廳，成了新聞媒體大作文章的題材。

「牠們在房間裡走來走去耶！」米拉．巴蒂亞（Meera Bhatia）大聲說道。她是律師，曾經處理過猴患案件。我跟巴蒂亞約了某天下午喝咖啡。她告訴我她是某家高級健身俱樂部的會員，印度總理納倫德拉．莫迪（Narendra Modi）也是會員。「新的游泳池才剛開幕，猴子就去泡澡了！」

巴蒂亞代表她的社區居民當事人提起公益訴訟，最後在二〇〇七年，德里高等法院宣判德里市的動物醫療部門必須負責採取行動。目前，這個重責大任主要落在動物醫療部長R．B．S．提亞吉（R.B.S. Tyagi）肩上，而我預計在半小時後會見到他。

德里的市政中樞是南德里市政機構（South Delhi Municipal Corporation），提亞吉的辦公室位於十八樓。不過，光等電梯就要花上十分鐘，彷彿是要讓人在進去之前有充裕的時間調整心境。想必常有不耐久候的公務員狂按上樓鍵，導致按鍵故障，牆上貼著提醒告示：**請勿重複按壓**。我靜靜等待。一位警衛推著靜電拖把穿過大廳，直直往前走，走成一條完美的直線，充滿了儀式性，彷彿走在紅毯上的新娘。另一名男子則在大門外的黑色大理石磁磚上用靜電拖把拖地。無論大家怎麼評論德里政府，至少他們的地板一塵不染。

提亞吉招手請我進去。他示意我在辦公桌前的一張椅子坐下，另一張椅子上還坐著一個男人，他跟提亞吉顯然還沒談完，又或者是覺得再多坐一會兒也沒關係。提亞吉身後的牆面上掛著裱框的無尾熊照片。我還沒自我介紹，提亞吉就說話了。「我們都有按照德里高等法院的指示捕猴。目前我們有兩位捕猴人，捉到猴子之後會移置到阿索拉巴提（Asola Bhatti）的礦坑區。關於這方面的詳細資訊，可以詢問德里市政府的野生動物主任保護官伊什瓦爾．辛格（Ishwar Singh）博士。你見過他嗎？」

我嘗試過。出發來印度之前的幾個星期當中，我照著森林管理部網站上的號碼，撥了很多次電話給伊什瓦爾．辛格。我日復一日地打電話，但從來沒有接通過。後來我才知道，只有傻瓜才會試圖透過印度政府網站上的電話號碼聯絡政府官員。

分屬南德里市政機構和森林管理部的提亞吉與辛格，多年來一直在互踢皮球。南德里市政機構始終認為猴子是野生動物，管控責任應該歸於森林管理部。森林管理部則堅稱在城市裡仰賴人類餵食生存的猴子已經不算野生動物，因此不屬於他們的權責範圍。

我曾聽說有一項為德里市獼猴實施絕育手術的計畫，便向提亞吉問起相關細節。

「這個議題要問德里市政府野生動物主任保護官伊什瓦爾．辛格先生。」

雖然已經知道答案，我還是詢問提亞吉為什麼政府從來沒有對在寺廟餵食猴子的人開出罰單。

「如你所知，與猴子議題有關的事情往往與宗教脫不了關係。這個問題建議你去請教野生動物主任保護官……」

我替他講完：「……伊什瓦爾．辛格先生。」

「沒錯，他會為你說明的。」

「餵食猴子是違法的，沒錯吧？」

「這個議題屬於野生動物主任保護官的權責。」**請勿重複按壓。**

在提亞吉與辛格互推責任之時，德里的富裕居民出面了。商業大樓和有錢人家會聘請馴猴人，也就是帶著拴有頸鍊的葉猴巡邏的人。印度的葉猴，就是我在保里加瓦爾和拉賈斯坦邦看到的壯碩黑面猴，體型比恆河獼猴大，因此獼猴對牠們敬而遠之。我在班迪那條通往山上堡壘的小徑上沒有看到半隻獼猴，想必就是因為有隻葉猴坐在路邊的緣故。我跟牠四目對望時，牠揚起上嘴唇，露出尖尖的犬齒。這動作就像撥開外套露出腰間的手槍，足以讓我乖乖移開視線，繼續往前走。

「按照法律，是禁止使用葉猴的。」坐在另一張椅子上的男人開口了。他自我介紹是提亞吉的下屬，是獸醫。「這是違法行為。」野生動物（保護）法案禁止這種方式。米拉．巴蒂亞告訴過我，儘管如此，還是有人在低調地使用葉猴驅趕獼猴。「我不曉得有沒有辦法知道總理官邸中**到底**有多少葉猴，不過……」＊她話鋒一轉，說起曾經有隻獼猴闖入全印度醫學研究院（All India Institute of Medical Sciences），拔掉病患手臂上的靜脈注射針頭，然後像小孩用吸管喝汽水似地喝起葡萄糖注射液。

在馴猴人被罰之後，南德里市政機構聘請了十個人，訓練他們模仿葉猴的叫聲。大家可以上網找他們工作時的影片，聽他們如何學葉猴叫，但他們並沒有像某篇報導中描述的裝扮成葉猴的樣子。（在薩達爾·瓦拉巴伊·特爾國際機場〔Sardar Vallabhbhai Patel International Airport〕，倒真有請人裝扮成熊的樣子去嚇走停留在跑道上的葉猴，以免造成航班延誤。）

「那些學葉猴叫的人呢？效果如何？」我已經改為直接向旁邊那位獸醫提出疑問。

「問題並沒有解決，頂多只能把獼猴趕去其他地方，這並不是一勞永逸的辦法。」其他的驅猴方法，像是 Avi-Simian 猴類驅避膠帶、驅猴彈弓隊、擺在窗台的塑膠假蛇、葉猴尿液（有名男子在接受《紐約時報》訪問時表示，他「曾讓六十五隻葉猴在地方顯要的房屋周圍撒尿」），還有等身大的「葉猴娃娃」，都有同樣的問題。

提亞吉摘下老花眼鏡，從我坐下以來，他頭一次將所有注意力放在我身上。「告訴我，對於印度這樣的情況，你有什麼解決方法？」我相信他是誠心希望能聽到一個高明絕妙的建議、一個前所未有的想法，什麼都好，什麼都行，只要能夠安撫那些對猴子又愛又恨、令人傷透腦筋的民眾。

我告訴他美國有些城鎮努力宣導民眾鎖好垃圾桶，而且已經看到成效。但就連我都清楚知道在德里這般龐大混亂的城市裡，這麼做可能只是白費工夫。提亞吉移開視線。「牠們通常不會去翻垃圾桶，狗才會。」狗，提亞吉接著提到更多關於狗的事情。管理流浪狗確實是他的工作。在德里，狗咬人的案例比猴咬人更多，而且狗跟猴子不同的地方在於，狗傳染狂犬病的風險很高。然而，犬隻攻擊事件不像猴類攻擊事件的新聞那麼容易吸引大眾注意。（猴子的新聞熱門度，就連印度致死人數第一高的蛇也比不上。印度每年約有四萬人遭蛇吻致死。但是，我以「蛇」和「德里」兩個關鍵字設定Google新聞的快訊通知以來，只收到過一部熱門影片：獼猴搶走弄蛇人養的蛇，隨即逃之夭夭。）

提亞吉重新戴上眼鏡，拿起桌上一份文件。「我今天早上在整理有關美國流浪狗的資料。」他大聲唸出文件內容：「『流浪狗已經成為美國各城市最頭痛的公共管理問題之一。』」我想了想我所熟知的幾座城市，以及困擾當地人的種種問題。

「你說**流浪狗**？」

＊二〇二〇年，時任美國總統唐納・川普（Donald Trump）和夫人梅蘭妮亞（Melania Trump）造訪泰姬瑪哈陵，現場維安部署陣容包括準軍事部隊、武裝警察部隊、國家安全衛隊突擊隊員，以及五隻葉猴。

他繼續唸。「『野狗成群結隊，在美國市區街道上遊蕩。』真的是這樣嗎？」

這份文件中提到的是北達科他州《大福克斯先驅報》（*Grand Forks Herald*）關於幾個美洲原住民保留區共同問題的報導。這樣的說法是牽強了點。這讓我不禁開始想：印度媒體對於猴子攻擊事件是否有誇大報導，甚至是編造故事？就以《印度時報》那篇「猴群扔擲石頭」的新聞來說，另一家報紙提到有位警方調查人員表示死者當時是在一堆磚塊旁睡覺，猴群跳上導致磚塊崩落，砸到他身上。要說是猴群害他被砸死也沒錯，但說是猴群砸死他，就不符實情了。

我懷疑媒體對某些案例有所誇大，不過獼猴對於某些社區來說肯定是大大影響生活品質。只要在印度的國家消費者投訴論壇（National Consumer Complaint Forum）搜尋「猴子」這個關鍵字，就可以找到八百多則對主管機關的請願，懇請當局「盡力幫忙解決問題」。下面是一則典型的請願貼文，來自家住四十六區的拉維．喬德里（Ravi Choudhary），他「舉出我們每天都會碰到的幾個困擾，這還只是其中一部分」：

1. 打破花盆
2. 弄斷柵門、路燈柱
3. 咬傷孩童
4. 引起居民恐懼

5. 弄斷電線、汙染水塔

希望能暫時允許葉猴在這個區域活動，謝謝。

我詢問提亞吉，一年內有九百五十人被猴子咬傷這個統計數字是否準確？

「被猴咬傷的案例是由醫院記錄，歸另一個部門管轄。」

他到底可以回答什麼問題？「提亞吉博士，您喜歡猴子嗎？」

「當然喜歡，我可是個獸醫。」

「我以為您喜歡無尾熊。」

提亞吉轉動辦公椅，看向那張無尾熊照片。「無尾熊很可愛，**非常**可愛。我在二〇一〇年去過澳洲，這張照片就是那時候拍的。」那段回憶似乎為他帶來了一些撫慰。他低頭在便條紙上寫了一些字，撕下紙張對半摺好，遞給了我。這個舉動感覺是出於善意，他似乎有點心軟了。我打開那張紙，上面寫著德里市政府野生動物主任保護官伊什瓦爾．辛格博士的電話號碼。

在過去十二年，提亞吉的捕猴人已經將兩萬一千隻獼猴移置到德里南部一座廢棄的石膏粉礦場，並取名為阿索拉巴提野生動物保護區（Asola Bhatti Wildlife Sanctuary），設有玻璃纖維牆阻隔。當局原本要種植果樹給猴類居民食用，但最終沒有執行，所以現在是用卡車運送食物進去。我想像中的畫面，是一大堆猴子擠在貧瘠的土地上吃著腐敗蔬果。

那裡的猴類區沒有對外開放，必須經過冗長的文書申請作業或靠人脈才進得去。我坐在離開南德里市政機構的嘟嘟車上，傳訊息給先前見過的記者妮蘭・布瑪克：「要不要來場公路旅行？」

她對這項挑戰躍躍欲試，我們決定直接前往，見機行事。

保護區管理人員對我們入內的要求百般推諉。「你們得先去大廳另一邊找森林管理員談。」「你們得去見自然史中心的普拉薩德夫人。」「路面太泥濘，道路封閉了。」布瑪克毫不氣餒，坦然迎戰需要面對的每一個人。回到行政大樓外面時，停車場有個女人對我們指了指一位儀表堂堂的白衣男子：白色短袍和束口褲、白色頭巾，還有尾端像花體字般捲起的白色小鬍子。他說他名叫古爾吉（Gurji），需要有人載他去苗圃，那裡離猴類區不遠。就這樣，我們進去了。布瑪克在這段車程中幫我們翻譯。

古爾吉在苗圃工作，曾擔任獼猴飼育員三年。提亞吉不願說明的事情，古爾吉倒是很樂意告訴我們。這座城市每天要花四萬盧比（約合新台幣一萬五千元）買食物給獼猴：蘋果、玉米、黃瓜、甘藍菜、豆芽菜，還有香蕉。「香蕉是一定要有的。」

到猴類區要開將近十公里的車，路面凹凸不平，真的相當泥濘。這座保護區十分廣闊、景致優美，相當具荒野風情，有許多低矮的牧豆樹和灌木類的金合歡，還有藍牛羚和花鹿。這裡看起來很適合猴子生活，雖然目前一隻也沒見到。古爾吉說他很懷念照顧獼猴的時光。

「牠們算是朋友了吧。」布瑪克說。

古爾吉笑出聲來。「猴子才不跟任何人交朋友，牠們只是來拿食物，就是這樣。」

我們停在一個簡陋的架高平台旁，那裡就是餵食獼猴的地方。有六隻獼猴坐在平台邊緣，吃著玉米和甘藍菜。

保護區的圍牆設計不良，無法確實阻止猴子翻越。牠們輕而易舉就能爬到牆外，惹得周圍的居民十分不滿。既然已經有這麼多的食物、這麼大的空間，為什麼牠們還要出去亂跑？這就是異地野放常見的問題。異地野放的動物並不是被移置到沒有同類的地方，而是被釋放到其他同類的地盤上。

「牠們會跟新來的打架，」古爾吉說道，「把對方趕走，打不過的只好離開。」

我們將古爾吉送到苗圃。苗圃只有一間棚室，由一隻葉猴看守。此刻正好是餵食時間，食物是玉米和黃瓜。那隻葉猴對黃瓜視而不見，猛啃玉米，嘴邊頻頻噴出玉米粒。古爾吉陪我們走到馬路另一邊的平房區，這裡曾經是礦工的居住區，如今已形成一個小村落。一隻強壯的公獼猴連跑帶跳，衝上原該擋下牠的玻璃纖維牆。牠的眉毛長得很低，神態不怒自威，讓我想到瓦昆・菲尼克斯（Joaquin Phoenix）。牠看起來並不虛弱，為什麼想離開保護區？

「牠們都這樣進進出出。」古爾吉說，「在我的村子裡，連吃個烤餅都會被猴子搶。」他聳聳肩。「牠們是猴子，你能怎麼辦呢？」

伊什瓦爾・辛格博士在電話鈴響第三聲時接了起來。我問起森林管理部門打算怎麼處理德里的獼猴，他答道：「腹腔鏡結紮手術！」他的語氣隆重，好像在介紹特別來賓，隨後他就掛電話了。這是我做過最短的一次訪問。我打電話回去、傳訊息、寄電子郵件，全都沒有回音。我就像精子，而他是受到免疫避孕疫苗影響的卵子，所有受體都被阻隔了。

我聯絡了我在印度野生動物研究所的熟人，專案科學家薩納斯・穆利亞（Sanath Muliya），他給了很有意思的答案。他沒聽說過德里有替猴子動手術結紮的計畫，不過喜馬偕爾邦和北阿坎德邦的八個猴類絕育中心（Monkey Sterilization Centre）一直斷斷續續在進行輸精管切除術，還有雌性的輸卵管結紮術。自從二〇〇六年猴子危害達到「害獸」的程度（官方並未公開宣布），至今共有十五萬隻獼猴被綁起來、縫合好、紋上印記——我猜是編號，也說不定是勾號，或是別的記號。十五萬隻猴子，聽起來很多嗎？森林管理部門並不這麼認為。二〇一三年三月，喜馬偕爾邦森林管理部主任保育官給了猴類絕育中心的工作人員一份備忘錄：「據悉，猴子絕育工作的執行速度並不理想。」根據工作人員收到的指示，絕育速度必須提升到「每間猴類絕育中心每日約處理九十到一百隻猴子」。

根據喜馬偕爾邦猴類絕育中心發布到網路上的照片，中心內有兩張手術台可同時開刀。假設一天開刀八小時，每張手術台上每小時必須完成六隻猴子的手術和紋印，也就是每隻猴子只有十分鐘！

然而拖慢進度的並不是獸醫。森林管理官員在備忘錄上要求將捕猴人的人數增加三倍，而不是增加醫務人員。即使冠上「捕猴隊」的名義，這份工作還是沒人要做。政府官員只好試圖鼓勵一般大眾捕猴，並祭出一隻獼猴五百盧比的懸賞獎金。此舉引發了反彈，一位抗議人士向英國廣播公司（BBC）記者表示：「這樣會導致有人使用殘忍的方式捕捉猴子……會有很多猴子因此受傷。」

穆利亞說，民眾甚至對實施輸精管切除術也有意見。「他們認為這樣很不人道。」除此之外，猴子在術後會去抓傷口，容易扯到縫線。「這就是為什麼我們希望能使用PZP。」他在給我的電子郵件中寫道。

在我回到家的六個月之後，《印度斯坦時報》宣布有新的方法出現。「為了控制猴患，德里市政府森林管理部將所有希望寄託在一種針劑式避孕藥上。」不過那並非PZP，也不是其他疫苗，而是RISUG（可逆性精子抑制避孕方法，reversible inhibition of sperm under guidance），只要將這種凝膠注射到輸精管，就可以阻止精子通過。報導中引用了一份宣誓書，「由德里市政府野生動物主任保護官伊什瓦爾・辛格呈交德里高等法院，在嘗試讓非政府組織實施腹腔鏡結紮手術失敗三次之後，他聲明 RISUG 是可行的方案」。**腹腔鏡結紮手術！**這回提起時，他沒有再使用驚嘆語氣了。

根據《印度斯坦時報》的報導，RISUG 的優點在於採針劑注射，所以不需縫合，也不用擔心動物抓搔而扯出縫線。然而，實情並非如此。穆利亞寄了森林管理部的手術流程說明給我，最後一個步驟寫著「縫合手術部位」。RISUG 比輸精管切除術更具優勢之處，在於可逆性。這點對於處理印度的獼猴問題當然沒什麼好處，但是對於男人（以及目前還不想跟男人孕育孩子的女人）來說，則是大有好處。我們之所以會知道 RISUG 對恆河獼猴有效，是因為科學家在牠們身上實驗人類要用的 RISUG。

執行這項實驗的是加州國家級靈長類實驗動物中心（California National Primate Research Centers）生殖內分泌科主任凱瑟琳・范德沃特（Catherine VandeVoort）。我透過電話聯繫，她也證實這項手術是需要開刀的。雖然我致電是為了討論獼猴的情況，但我同時也很好奇（人類）男性節育的未來發展。研究人員即將在美國進行另一種 RISUG 的臨床實驗，這種避孕藥真的可靠嗎？范德沃特認為成功的機會相當大。「只要能讓公猴失去生育能力，那就十拿九穩了。」她說，男人一次射精頂多幾千萬個精子，但是獼猴一次可以射出幾億個精子。「而且跟人類的精蟲相比，獼猴的精蟲簡直就像裝了噴射引擎。我曾經邀請專門做人類精蟲評估的人員到實驗室來，他們看了猴子的那些東西*之後說，**天哪，你們怎麼數得出來有多少，它們游得也太快了吧！**」也就是說，如果 RISUG 可以用在獼猴身上，想必也對人類有用。

但是話說回來，想要減少野生動物族群的數量，光靠任何一種雄性絕育方法都是不夠的。即使幫再多雄性動物結紮，只要有一隻沒結紮的勤奮公獸，就能代替牠的眾多同類繁衍後代，效率驚人。如果要靠雄性絕育讓野生動物族群數量明顯減少，得要讓百分之九十九的雄性都結紮。但是只要將百分之七十的雌性絕育，就能達到同等效果。

所以，抑制性荷爾蒙的疫苗 GonaCon 僅註冊使用於雌性。此外，在〈對雄性白尾鹿使用 GNRH 疫苗 GonaCon™ 的觀察〉這篇報告中還提到，公鹿在睪固酮受到抑制之後，發生陰囊萎縮、鹿角變形的情況，而且不會出現「成年公鹿在發情期肌肉健壯發達的外

*為了弄到猴子的那些東西，范德沃特團隊開發出一款低強度的陰莖電激取精器。為什麼不用振動器？「喔我們試過，天哪，我們試過了。振動器很容易讓牠們勃起，但是射不出來。」他們還試過有人造陰道的假人，結果什麼也沒發生。「猴子沒有聰明到能知道我們想要牠做什麼，但也沒有笨到會跟假人交配。」她強調電激取精器不會造成疼痛或燒灼等負面感受，而且剛好相反。她告訴我，某隻猩猩一聽到她的聲音就會馬上跑過來，那情況實在有夠令人不自在：「準備器材的時候，會有隻猩猩一直含情脈脈地望著你的眼睛。」

觀」。從照片上看起來，比起脖頸粗壯的正常對照組，這些公鹿感覺不堪一擊。鹿會有屈辱這種感受嗎？我向美國國家野生動物研究中心生育控制研究計畫副主任道格·艾克里（Doug Eckery）提出這個疑問，他理智地回答：「我不曉得。」

我詢問穆利亞，距離為喜馬偕爾邦人猴衝突區的七成母獼猴完成絕育還要多久？他說不知道，因為沒有人長期追蹤獼猴的族群數量。我試著想像，在無法登門訪查或寄送調查表格的情況下，到底要如何完成人口普查。要怎麼確定沒有重複計算單一個體？就像舊金山居民在普雷西迪奧（Presidio）的樹林裡多次目擊郊狼*，就以為有幾百隻郊狼，但實際上只有一對足跡廣闊的郊狼與牠們生的幼狼。人類要如何統計野生動物的族群數量？

---

* 此外，他們也可能是以聽到的聲音推測郊狼數量。R·凱爾·布魯斯特（R. Kyle Brewster）與研究同仁在二〇一七年做了一項研究，他們請受試者聆聽一到四隻不等的郊狼嚎叫和「狺狺吠叫」的錄音，聽完之後猜測共有幾隻郊狼。結果，無論錄音的地方是在哪裡（都市、鄉村或郊區），受試者推估的郊狼數量都比實際上多一倍。這可能就是導致居民「誤以為郊狼很多」，而頻頻要求地方當局和州政府處理的原因。

6

美洲獅數學題

看不到的怎麼數？

過去曾有五十七年的時間，美國加州的山獅頭上都掛著標價牌。牧場業者投訴山獅偷吃牲畜，獵人則抱怨山獅殺鹿。對於這些怨言，州政府做出了回應。從一九〇六年到一九六三年，民眾只要將山獅的毛皮、頭皮或成對耳朵帶到加州各郡法院或寄到漁獵委員會（Fish and Game Commission），加州政府就會給予獎金。經管人員將支付的獎金金額以原子筆記錄在皮面的橫格登記簿中，這些紀錄如今存放在沙加緬度的州立檔案館裡。每本登記簿的封底都寫著當年度的獎金總額，還有一份摺頁地圖，標示著各郡的獎金數字。加州政府很擅長計算死亡的山獅數量。

不過，若要計算活著的山獅數量可就複雜多了。有些計算方式是飛到空中去拍照，例如計算成群結隊的牛羚或在沙灘上爬行的海象就是用這種方法；有些是號召大批志工進入森林，像是計算鹿隻數量所用的驅趕計數法、計算樹懶的穿越線取樣法，或是美國奧杜邦學會（The National Audubon Society）舉辦的耶誕數鳥活動（Christmas Bird Count）等等。但是這些方法很難找到山獅，牠們是行蹤難以捉摸的獨行俠。我們主要是透過牠們的「記號」來判斷該地有山獅活動，包括足跡、排遺，以及留在地面的其他獨特痕跡。在懸賞山獅的那段時期，加州歷史上最出色的山獅獵人傑．布魯斯（Jay Bruce）曾獵殺超過五百隻美洲獅，但那段期間他只看過一隻不是被他的獵犬追著跑的活山獅。在一九七〇年代之前，獎金紀錄和各郡獵殺數量地圖就是加州最接近全州山獅數量調查的東西。死亡山獅數量越少的郡，山獅分布數量越少，就這樣了。

諷刺的是，時至今日，如果野生動物管理機關想知道轄區內有多少美洲獅，可能需要用到曾讓美洲獅數量大為減少的那些專業本領。這就是為什麼全美唯一禁止獵殺山獅的州，也就是加州，如今政府發薪名單上仍然有獵犬馴養人，為的不是獵殺，而是計數。兩者需要的技巧其實很雷同：尋找記號，若發現新鮮的足跡，就放出獵犬去追蹤氣味，將山獅趕到樹上。不同以往的是，獵犬不會繼續追獵山獅，而獵人會射出麻醉針，將山獅弄下樹。加州政府不僅要估算各地的山獅數量，也希望評估山獅的基因健康程度並監控棲地大小，因此會在每個地區對部分個體裝上GPS定位頸圈，並進行DNA採樣。

加州魚類與野生動物部正在推動加州山獅計畫（Statewide Mountain Lion Project），更精確地說，推動的人是賈斯汀・戴林格（Justin Dellinger）。戴林格名片上的職稱，很像是問熱愛動物的十歲小孩長大後想做什麼時會聽到的回答：山獅與灰狼研究員。戴林格擁有野生生物學博士學位，不過他能得到這份工作除了靠學術成就，還有他的成長經歷，他對森林的深入了解。戴林格在南卡羅萊納州長大，平常不是在森林裡，就是在祖父的馬廄。他的家鄉是個非常小的小鎮，小到他如果對哪個女孩心動，得先去「問問老爸老媽」他和對方有沒有血緣關係。戴林格是家中第一個上大學的人，這點既讓父母引以為傲，也讓他們有些憂傷。他安慰父母說，他得要「去遠一點的地方，以遺傳學來說這樣比較好」。

我第一次見到戴林格是在加州魚類與野生動物部的野生動物調查實驗室（Wildlife Investigations Laboratory），他偶爾會在這裡辦公，但他不是很喜歡坐辦公桌。我到時他並不在位子上，所以我在等待區坐了一會兒，有幾個剝製標本相伴，我已經越來越習慣在名稱有漁獵、野生動物或森林等字眼的政府單位辦公室裡看到這種東西了。在接待櫃台上方，有一隻齜牙山獅蹲伏在突出的假石上，還有一隻飛鷹準備降落在擺放狩獵資訊的架子上，雙爪張開，彷彿要抓起一本手冊。有人來帶我回到戴林格的辦公室，空間並不寬敞，亞麻油地氈上還放了一堆鹿角，更顯得擁擠。這些鹿角和其他「來自野生動物的小擺飾」，都是他在山獅獵殺現場找到的，也就是山獅享用獵物的地點。戴林格會撿拾戰利品，但不會為了這些戰利品去打獵。對於有人為了取得鹿角而獵殺公鹿，他表示：「不太能理解。」他打獵是為了在野外追蹤動物以及「幫冰箱補貨」。身為讓屠宰場工人負責宰殺禽鳥牲畜給我吃的人，我尊敬這點。

下午四點半，我們坐進阿爾圖拉斯（Alturas）唯一有營業的餐廳，戴林格點了義式臘腸披薩。之所以會在這個時間吃晚餐，是因為他凌晨三點半吃早餐，午餐只有一根燕麥棒和一顆橘子。他的衣服和臉上滿是今天早上追蹤一頭美洲獅穿過一片燒焦松林時沾上的黑灰。倒也不是沒時間清洗和換衣服，我猜他只是沒想到要這麼做而已。

儘管戴林格習於住帳篷（他可能最喜歡住在帳篷裡），但他不是什麼隱士。他並不排斥文明產物，只是不受吸引罷了。他家離舊金山車程不到兩個小時，但他幾乎都不在家。

等餐點送來時，我請戴林格說明如何計算數量。為了面對數學大魔王，我已經做了一些準備。最經典的動物族群數量估算方法，就是標記再捕捉法（capture-mark-recapture），這種方法主要是靠比例還有一些煩人的公式代號進行估算。舉例來說，有位生物學家想知道森林裡有多少隻北美土撥鼠，於是設置陷阱，並為捕捉到的所有北美土撥鼠裝上腳環（數量代號為M）。假設捉到50隻，然後全部放回森林，一星期之後再次設下陷阱，這一次捉到41隻（代號為C），其中27隻有腳環（也就是再捕捉的數量，代號為R）。接著拿出計算機，將剛才的數字帶入公式*M×C/R，這樣就可以估算出森林裡有多少隻北美土撥鼠。以這個例子來說，答案是76隻。（這個方法還有更高科技的版本，就是使用偵測動作啟動的自動相機拍攝動物照片，並分析重複拍攝到的動物。）

由於加州山獅計畫偏向質性調查，戴林格用的方法比較特別，他稱之為「頸圈與追蹤」（collar and foller，「foller」是南卡羅萊納州人講「follow」時習慣脫長尾音的口音）。他一邊吃，一邊說明計算方法。

「比方說，我們在這裡發現一隻山獅，一隻公山獅。」他將手指放在桌上，假想那裡有一張地圖。公山獅裝上追蹤頸圈。「假設我們發現另一個屬於公山獅的蹤跡，我們拿出測距設備，檢查第一隻公山獅的位置，發現牠不在附近，所以這些痕跡應該是另一隻公山獅留下的。隔天，我們發現一個屬於母山獅的蹤跡，這樣就可以知道至少有三隻山獅。」以此類推。

「坦白說，只要有幾位分析記號的高手，加上基本的推理能力，根本不用替任何山獅裝頸圈。假設你在這個山脊找到一隻公山獅的蹤跡，」這個想像的山脊在油醋瓶罐與桌子邊緣之間。「現在，獵犬馴養人在相隔五道山脊的地方——」也就是我的椅背，「發現另

＊土撥鼠的英文名稱 woodchuck 是由 wood（木頭）和 chuck（啃咬）組成，因此英文中有句繞口令：「How much wood would a woodchuck chuck if a woodchuck could chuck wood」（如果土撥鼠能啃木頭的話，可以啃多少木頭）。若真要算，計算公式就是 C × 土撥鼠數量。其實 woodchuck 這個名稱的來由，是當地使用阿岡昆語（Algonquian）的原住民稱土撥鼠為 wuchak，流傳到英文之後就變成了 woodchuck。

一隻公山獅的蹤跡，這兩個蹤跡不是往同一個方向，而且都是昨晚留下的，這樣就可以判斷痕跡很有可能來自兩隻不同的公山獅。」

對於擅長分析記號的人來說，找不到記號也是一種線索。抵達一個地方沒多久，戴林格就可以知道當地有沒有山獅。如果沒有，他就往別處繼續找。即使如此，他還是得花上八年才能將整個加州調查完。我問他，為什麼不請更多人手來幫忙？女服務生來收拾沙拉盤。

「你說什麼？我分心了。」因為他忙著去拿剩下的披薩。「我可不想錯過這個。」

加州政府之所以沒有聘請更多追蹤師，是因為沒有適合的人選。除了目前已經加入的一位獵犬馴養人之外，戴林格在加州只認識兩位能夠勝任的人，但他們都已經八十幾歲了。至於野生生物學家，他的反應是：「他們當中或許只有百分之二的人做得了這份工作吧。」

我對於「這份工作」有許多疑問。怎麼從山獅的蹤跡判斷公母？怎麼知道從哪裡開始找？怎樣才能確定蹤跡是前一晚留下的，而不是前一天或前一週？

這些事情與其用說的，不如用看的，這就是為什麼我明天也要在凌晨三點半吃早餐。

我以為追蹤野生動物要躡手躡腳、躲躲藏藏。在我的想像中，追蹤人員應該是屏氣凝神，在茂密的森林中一邊走，一邊低頭留意腳下，不時停下來檢查斷掉的樹枝，或是蹲在水坑旁查看，可能還要穿走起路來悄然無聲的鹿皮靴。

目前看來，實際情況比我想像中吵嚷得多，環境也不是那麼林蔭密布。戴林格駕著越野全地形車緩慢駛過運木材用的林道，一邊尋找記號。比起步行，開車可以更快搜索整個區域，而且這裡土壤顆粒較細，可以清楚顯示出足跡。（冬天的雪地更像乾淨的畫布，能襯托出足跡。）我們雖已深入森林，但周圍的松樹看起來一片焦黑，光禿禿的。莫多克國家森林區（Modoc National Forest）去年發生火災，燒掉八千多公頃的林木，而這片區域就是戴林格本週要尋找山獅的地方。

我看到的是死氣沉沉有如月球表面、遍地焦黑樹幹的地方，但戴林格看到的是大火之後猶如雨後春筍般到處竄出的鮮綠新芽，在直接灑落的陽光下蓬勃生長。鹿喜歡吃新鮮的嫩芽，而山獅最愛吃鹿。戴林格形容牠們是「鹿的專家」，山獅要是有名片，這就是**牠們名片上的頭銜**。

想要找到山獅，引用戴林格的話，就得去會吸引牠們的地方。山獅喜歡待在（對牠們和獵物來說）有食物和水源的地方，而且最好有路線能輕鬆穿越牠們的地盤。公美洲獅為了狩獵及調查母獅的動靜，一晚可以移動超過十五公里。位於兩山之間的鞍部（又稱隘口）或是稜線，可以讓牠們更輕鬆快速地往來。戴林格先是說美洲獅很懶，後來又改口說，牠們是**講求效率**。尤其母美洲獅，是絲毫不能浪費一點熱量的。大致上來說，母山獅不是在懷孕，就是在育幼，而小公山獅長到可以離開媽媽自立門戶時，體型大概已經跟母獅差不多，甚至更大。「根據每胎所生的數量，母山獅有可能每天都得去獵食，」戴林格說道，「相當消耗體力。」他每到一個郡就會拿出地形圖，找出鞍部、山脊和淺谷（有河床的小山谷）。

此外，還有國家森林區的林道。他轉頭對我說：「這樣的路很直，可以讓牠們很快從一個地方到另一個地方，牠們很喜歡這種路。而且，這條路下面就有水源，也是打獵的好地方。」為什麼國家森林區會有林道？因為國家森林區以前是林場，在某種程度上，現在也還是。根據一八九七年通過的《組織管理法》（Organic Administration Act），成立國家森林區的宗旨，有一部分就是「作為可持續提供木材的來源，以供應美國公民之使用與必需品」。（還有給人民放牧牲口的地方。今天早上到目前為止，我只在這片森林裡看到一種動物，就是牛。）

右方的山脊上逐漸透出曙光，再會了，薄薄彎月與鬱藍天空。在鳥鳴啁啾之中，我們即將迎來加州曠野的燦爛破曉。然而戴林格無暇欣賞，他的心思全都在地面上。今天他比平時更常停下車子，好為後座的城市居民介紹有趣的蹤跡。剛才他就放著引擎空轉，指出美洲獾的足跡給我看。美洲獾雖是鼬科，但作風自成一格，牠們擅長闖進地松鼠的洞穴，吃掉裡頭的居民。為了掘地，牠們演化出又長又結實的爪子，因此腳印看起來細細長長的，讓人想到剪刀手愛德華[譯註5]。如果花一個早晨來分析記號，你會驚嘆於動物界各種超乎現實的腳型和舞步。稍早，我們看到一隻騾鹿四腳彈跳時留下的痕跡，「四腳彈跳」（stotting）是指動物的四隻腳同時躍起，又同時著地。（關於鹿和羚羊為什麼會四腳彈跳，有許多解釋，這個動作本身也有許多名稱，其中我最喜歡使用的是直腿四足彈跳〔pronking〕。）

戴林格再次停下來，這次是要給我看地松鼠細齒梳般的腳爪痕跡。從痕跡看起來，牠當時到處亂竄，或許是察覺到動物界的剪刀手要來了。地松鼠會做出一種類似四腳彈跳的動作，跳起來之後，以四腳併攏的姿勢著地，在地面留下看似大獸爪的痕跡。有人會誤以為是山獅的足跡。他的主管定期會派「助手」來幫忙，戴林格大多是默默將他們安排到他認為沒有美洲獅的區域去尋找記號，以免他們非但沒認出足跡，反而輾到或踩到。我第一次寄電子郵件給戴林格拜託他讓我跟著去工作時，他在回信中問我：「你的追蹤能力如何？」信中附了兩張地面照片，其中有他期望我能認出的山獅足跡，旁邊擺著萊瑟曼

＊譯註5　《剪刀手愛德華》（*Edward Scissorhands*）為一九九〇上映的電影，導演為提姆．波頓，主角愛德華由強尼．戴普（Johnny Depp）飾演，是一名半完成的人造人，雙手是剪刀。

（Leatherman）多功能工具鉗作為比例尺。但我完全看不出任何足跡，當下非常困惑，還以為那就只是萊瑟曼工具鉗的照片呢。

根據今天學到的知識，我現在可以分辨出鹿和貛的腳印，也可以追蹤牛的足跡，我還能區分郊狼跟狐狸的蹤跡與短尾貓和美洲獅的蹤跡有何不同。犬科動物的足印比較長，通常帶有爪痕，因為牠們不像貓科動物可以縮回爪子。美洲獅和短尾貓的足印，特徵在於腳掌中間的大肉墊後方有一對明顯的內凹，追蹤師稱之為「防滑凹」（cleat）。在碎石較多的路段，腳印往往不完整，但即使是不完整的腳印，通常還是看得出防滑凹。我們要找的關鍵特徵就是防滑凹。

戴林格減速停下，叫我待在車上，這表示他發現了山獅的足跡，怕我匆忙下車會踩壞痕跡。他單膝跪在地上，低頭靠近路面，工作褲口袋被裡面的橘子撐得鼓鼓的，像個腫瘤。

確實是山獅腳印。戴林格在旁邊放了一把短尺，要從腳印判斷美洲獅的性別，只要量一量就可以了。如果寬度大於四十八公釐就是公的，反之則是母的。那要怎麼知道是母山獅，還是亞成體的公山獅？這就要看看周圍還有誰了。如果是小山獅，附近應該會有母獸的足跡。我們這次發現的是公山獅的足印。

戴林格握拳在足跡旁邊的泥土上壓了一個痕跡，用來對照。「看看這個——」非常新鮮的拳印，「是不是比原本的鬆散很多？」土壤潮濕時黏性會比較高，簡單來說，就像堆沙堡用的沙跟沙漏裡的沙那樣的差異。在炎熱的夏季，到了早上十點或十一點，夜間露水帶來的濕氣大多都已蒸發，前一晚留下的足跡就會變得沒那麼清晰，這是凌晨三點半就要起床的原因之一。此刻，清晨的陽光斜照，讓腳印的突起處後方出現一些陰影，勾勒出腳印的輪廓。如果我們中午才來，即使是戴林格也會錯過這個足跡。

戴林格認為，這個腳印應該是來自他上週在附近捉到後裝上頸圈的公山獅。今天的目標是要找出昨天躲過戴林格的那隻母山獅，幫牠裝頸圈，所以我們又回到車上，繼續盯著地面前行。戴林格指著前方的路說：「我們要在這邊轉彎，你看牠的足跡是怎麼走的？有看到牠是如何縮短路程嗎？牠走了捷徑。」只要懂得分析記號，就能從足跡的排列方式解讀動物當下的想法。如果山獅在追獵物，足跡會凌亂不清，有些腳印會重疊。如果牠是在移動，有特定的目的地，足跡會很清楚，腳印間距也比較大。這隻山獅的步伐看起來比較短。「牠只是在漫步閒晃。」戴林格說道，也就是牠在找東西吃的意思。

我得承認，儘管從數據上可以確定美洲獅極少攻擊人類，但這些足跡還是讓我有點緊張——坐在越野全地形車的後座時還不會，但是半小時後，當我離開路面到樹林間小便時，就感到有點不安。戴林格對此毫不擔心，他的說法是：「我們根本不在牠們的菜單上。」他也不相信有越來越多人遇到美洲獅。「加州人就是一副『現在到處都是美洲獅！』的樣子。」實際上，是居家保全監視器越來越多，對野生生態學研究來說，門鈴監視器就有如乳房X光攝影技術。戴林格減速駛過顛簸不平的路面。「追根究柢，其實是科技帶來的變化。」有人將門鈴監視器拍到的美洲獅影像傳到網路上，經過再三轉貼，變成爆紅瘋傳的內容，就開始有新聞媒體來報導，也成了街坊鄰居的熱門話題，很快就會從一個人看到變成五個人目擊。

前方道路筆直，戴林格切換到高速檔。「一直都有美洲獅，只是大家都沒看到而已。」他說他敢用自己的薪水打賭，不論什麼時節，加州每天至少有十二個人曾經踏入山獅只要一撲就能碰到的距離內，自己卻渾然不知。

現在將近早上十點，雖然有微風，但已經熱到足以讓我拉開外套拉鍊。即使我們找到新鮮的足跡，熱度和風勢也會讓上面的氣味變得太淡，使獵犬難以追蹤。（獵犬馴養人今天走的是另一條林道，他跟戴林格用手機保持聯絡。）隨著太陽升起、氣溫升高，氣味分子變得更具活性，分子會脫離群體擴散，變成一陣淡淡的氣息。風再一吹，氣味就更淡了。即使是在最有利嗅聞的環境條件下，獵犬在追蹤過程中還是隨時有可能找不到氣味，沒錯，就是所謂的「追丟」。為了重新找出氣味，優秀的獵犬會沿著之字形大範圍地左右來回嗅聞，直到再次聞到味道為止。我曾經在辦公室附近的街上試過這個技巧。那時有個年輕男子經過身旁，傳來一陣Axe香體噴霧的味道。我等他轉過街角、消失在視線中，又過了幾分鐘，才開始學獵犬沿著之字形尋找那股香氣，最後成功跟著他抵達目的地：下一個街區的牛肉起司三明治店。

戴林格準備打道回府。我本想明天再跟著來碰碰運氣，不料他明天得開車到雷丁（Redding）去參加一場「狼的會議」。我腦中浮現許多大型犬科動物身穿商務休閒裝的畫面。戴林格察覺我的失望，提議示範他是如何用工具爬到樹上，將被麻醉針射中的山獅弄下樹。但是少了主角山獅，大大降低這件事的吸引力。他又提議載我去看他昨天發現的「共同刨地區」（community scrape）。在公山獅地盤重疊之處，或是通過隘口穿山越嶺的必經之地，山獅們會各自留下自己的記號。就像我家附近有好幾隻狗會對院子裡某棵倒楣的灌木噴尿一樣，美洲獅會用後腳掌將「半腐植層」往後踢，讓氣味留在松針堆和其他地面碎屑。戴林格會在大樹下尋找這類刨地痕跡，因為樹越大棵，半腐植層就會堆得越高。

我們來到他說的地方，看了幾個刨地痕跡。雖然乍看之下不明顯，但對於懂得箇中奧妙的人來說，刨地痕跡透露出來的資訊相當有意思。山獅刨地時，通常是面向牠們準備前往的方向，這個特性在尋找山獅時很有用。還有，就像足跡，我們也可以透過上面有多少新掉落的松針等線索，推測刨地痕跡是多久以前留下的。戴林格還說明了如何「從刨地痕跡判斷性別」。母山獅是用兩隻後腳同時往後踢，在半腐植層上留下兩道平行的爪痕；公山獅則是用兩隻後腳輪流刨地，爪痕會分別朝外側傾斜，「生理結構的關係。」他指的是公山獅的「蛋蛋」。戴林格前陣子才因為在接受媒體採訪時用詞不妥而受到批評，他描述如何將中了麻醉針而昏昏沉沉的美洲獅弄下樹時，就像「要扶喝醉酒的朋友上計程車，但他兩手撐在車門旁邊不肯進去」。

我很羨慕能用這種方式理解自然世界的人。我走在森林裡時，就跟翻閱我自己著作的中文版一樣，只看到各種線條和符號，但完全不明白是什麼意思。稍早之前，戴林格指給我看地面上的一條線，那條線從路的這一側延伸到另一側，很像小孩拖著樹枝在地上畫出來的痕跡。那確實是一道「拖痕」，不過沒有小孩會經過這裡。那條線是山獅殺死幼鹿、要叼去更隱蔽的地點享用時，晃動的鹿蹄在地面留下的痕跡。當然，山獅和鹿的痕跡我都沒有注意到。

第一次見到戴林格時，我對他說，我認為加州山獅計畫最有意思的地方，就是將現代的野生生物學與它在自然史上的根源結合在一起。早年的博物學家會花好幾個星期在野外追蹤、觀察、解析行為模式，發現新的物種。從他們在期刊上發表的文章標題，就能感受到他們的興奮之情，像是「野兔對決軼事」（Anecdote of a Combat Betwixt Two Hares）、「來自桑吉巴的新物種麂羚」（A New Duiker from Zanzibar）。我相信「閉殼龜屬（Geoemdidae, Cuora）之保育親緣關係研究：粒線體滲漏、粒線體DNA核內插入序列以及根據多個核基因座所做的推論」（Conservation Phylogenetics of the Asian Box Turtles (Geoemdidae, Cuora): Mitochondrial Introgression, Numts, and Inferences from Multiple Nuclear Loci）的作者也同樣興奮，但他們不曾獨自在野外體驗那樣漫長而榮耀的時光。

戴林格懂得新的那一套，不過他打從心裡喜歡老派作風。稍早，戴林格站在一頭鹿的骨骸旁說起從前的發現：加州某些沒那麼乾燥的地區，山獅會先把鹿的瘤胃扯出來才將鹿屍拖到其他地方吃掉，而在較乾燥地區的山獅就沒有這樣的習性。有蹄類動物的瘤胃中有許多細菌，有助於分解牠們吃下的植物纖維；戴林格認為，潮濕的氣候會讓肉比較快腐壞，而山獅這個舉動可以減緩屍骸腐爛的速度，提高自己在這種環境中存活的機率。

博物學家是最早的生物學家，獵人與捕獸人則是最早的博物學家。關於特定物種的知識，像是牠們隨著四季更迭在陸地上活動的範圍、時機和原因，還有牠們與獵物、競爭對手及配偶的關係，沒有誰比倚賴這些知識生存的人更熟稔。世上第一間自然史博物館，看起來頗像戶外休閒用品店坎貝拉（Cabela's）店內陳列的立體模型。隨著自然史成為一門正式的學科、科學研究變成一種有償的職業，競爭與怨言也增加了。一九四一年，前面提到的獵人傑・布魯斯寫了一封信給漁獵部的上司，要求不得披露他的新報告〈美洲獅的鄰居關係〉（Cougar in Relation to His Neighbors），信上寫著：「博物學家竊取了很多我的發現，對於我的功勞卻隻字不提，還把那些他們本該知道卻根本不了解的事情，統統當成自己的研究成果。」

野生生物學一向與窺探有關。早在科學家開始用攝影機偷偷觀察動物或是用無線電頸圈追蹤動物之前，他們就已經在翻找動物的排遺了。就如同人類的諜報活動*，之所以要做這些事情，是因為問也問不出答案。你沒辦法問動物都吃什麼、健不健康或是壓力大不大，但有時可以從排遺中找到答案。

「糞便分析」於一九三〇年代興起，後續十年間，越來越多富有學識之人在常見森林動物的廁所埋頭深究，像是調查棕蝠食性的漢彌頓（Hamilton）、研究郊狼的穆里（Murie），觀察狐狸、水貂和郊狼的迪爾伯恩（Dearborn），以及另一位鑽研臭鼬的漢彌頓，還有研究獾及黃鼠狼的艾靈頓（Errington）。在此之前，如果想知道某個物種都吃些什麼，得先打開幾百個胃看看。不難想像，要找到那麼多器官來得出可信的結論，對於大多數生物學家來說是件苦差事，動物本身一定更不喜歡。艾伯特・肯里奇・費雪（Albert Kenrich Fisher）在一九〇〇年發表的《兩百五十五隻鳴角鴞胃部的內容物摘要》（*Summary of the Contents of 255 Stomachs of the Screech Owl*），讀來讓我又累又哀傷，不過也有一點點趣味感，因為作者以類似歌曲〈聖誕節的十二天〉（Twelve Days of Christmas）那種細細數來的方式呈現：「九十一個胃裡有小鼠……一百個胃裡有昆蟲……九個胃裡有小龍蝦……

兩個胃裡有蝨子……」相較之下，糞便分析在當時是比較簡易輕鬆的替代方案。

即使到了現在，也還是如此。戴林格的碩士論文主題就是灰狼的食性，他曾提過：「我那時花了很多時間，到處找牠們的便便。」（「便便」！加州魚類與野生動物部要是聽到又有話說了。）人就是舊習難改。我們走到某具鹿骸陳屍處時，戴林格彎腰撿起某樣東西說：「這裡有短尾貓的排遺。」他本來要遞給我，但略為思索後很快鬆手，任它掉到地上。

最後，有人想出利用排遺量來估算該物種的族群規模：計算糞便，進而算出製造糞便

---

* 蘇聯最高領導人尼基塔・赫魯雪夫（Nikita Khrushchev）訪美期間，曾下榻接待總統貴賓的布萊爾賓館（Blair House）。已故的中央情報局科學技術局局長塞爾・史蒂文斯（Sayre Stevens）當時在賓館的馬桶管道中動了點手腳，將採集到的糞便交給隸屬中情局醫學情報計畫的醫學專家，看看能否從中獲得什麼資訊。埃及國王法魯克一世和印尼總統蘇卡諾的樣本（來自飛機上的廁所）也曾送交檢驗。考慮到這個手法比臨床DNA分析技術更早出現，不免令人好奇，便便究竟能提供什麼情報？我向強納森・D・克萊門特（Jonathan D. Clemente）提出這個問題，他是執業醫師，也是《情報與反間諜活動國際期刊》（*International Journal of Intelligence and Counterintelligence*）的撰稿人，最近在考究醫療人員支援祕密情報行動的歷史。答案是，沒什麼情報。「他們是想在糞便裡找血液樣本，可能要靠寄生蟲之類的。至於這樣能不能得到有用的資訊，我是有點懷疑。」克萊門特說還有更有效的辦法，曾有隸屬中情局的醫生使用假名，進入外國元首醫療度假時會去的頂級醫療中心工作。要是可以直接接觸到目標對象跟對方的病歷資料，何必為糞便費心呢？就克萊門特所知，從敵營馬桶獲得重要資訊的情況只發生過一次。曾有一個美軍聯絡代表團（U.S. Military Liaison Mission）負責監視俄軍的野戰營地，結果俄軍士兵因為衛生紙用完了，開始把暗號本的紙張撕下來用。美軍聯絡代表團的特務翻遍俄軍士兵的垃圾桶，最後得意洋洋地將沾上棕色汙漬的暗號紙頁交給美國國家安全局。

的動物數量。這種方法稱為糞粒普查（pellet census），讓更多有志生物學研究的人走進荒野林地，盯著地面找糞便。只要你的普查員可以區分新鮮糞便與舊的糞便，又能確定該物種每天平均的排便次數，就有可能算出特定地區的糞便量大約代表多少個體。雖說有可能算得出，但並不容易，而且可能不太準確。

首先，普查員得辨認出要找的糞便。舉例來說，浣熊的排遺和負鼠的排遺通常不難區分，因為負鼠糞便有一股難聞的味道。但若是有蹄類動物則會有個難題，牠們常常集體行動，而且會邊走邊「拉」，這樣一來就很難確定，你找到的糞便究竟是來自兩隻個體，還是如排遺專家歐尼斯特・湯普森・西頓（Ernest Thompson Seton）所形容，是來自一隻「巡迴排便的動物」？

要分辨出糞便的新舊也並非那麼容易。關於這點，大鼠捕鼠員比誰都更有體會。這些人是「受過特殊訓練、熟知大鼠習性」*的專家，他們的工作之一，就是在英格蘭的港口登船計算新鮮糞粒的數量，以此評估船上的「鼠患」嚴重程度。說起來容易，實際上並沒有那麼簡單。在高溫的引擎室，新鮮糞便很快就會縮皺變乾；而在潮濕的甲板上，舊的糞便往往看起來仍然飽滿新鮮。此外，一九三〇年利物浦港口助理檢疫員的研究也證實以黴菌作為指標並不可靠。某些食物（像是葵花籽和麥麩）會讓動物的糞便二十四小時不到就發霉，「但動物吃了其他食物後排放的糞便，在幾乎相同的環境條件下，即使過了好幾天仍沒有發霉的跡象。」依貨艙中的食物類型不同，也可能讓捕鼠員難以判斷糞便是來自大鼠還是其他動物。大鼠吃了稻米之後會排出又小又硬的黑色糞團，很容易跟小鼠的糞便搞混。儘管有這麼多棘手問題，大鼠捕鼠員估算出來的數字跟燻蒸後清出的大鼠總數相比，倒是驚人地精準，而且還「促使捕鼠員之間出現良性競爭」。

要掌握某個物種的每日排便頻率，本身就是一件難事。有研究人員嘗試做了「糞便背帶」，裝在幾隻代表動物身上（糞便背帶是用來固定「糞便袋」，很像裝在後面的飼料袋），結果卻完全超出預期。某位研究人員幫吃灌木葉子的山羊裝上背帶，但背帶妨礙到牠們的行動，使牠們無法以兩腿站立姿勢吃到位置更高的樹葉。後來另一位研究山羊食性的學者提出改良版背帶，雖然有多達十九條皮革扣帶，卻總算能讓山羊用後腳立起來吃葉子。不過還是出了一些小岔子：有幾隻沒裝上背帶的山羊，明明身為山羊，卻把同伴身上的皮革扣帶給吃掉了。科學研究這回事，實在大不易。

另一個方法是花時間監視野外的動物。這件事同樣沒有想像中簡單。大衛・韋爾奇（David Welch）在一九八二年〈以糞便量評估棲地占據率〉的研究報告提到，排便頻率會

＊而且，他們工作時的穿著出乎意料地體面。網路上有張一九三〇年英屬西印度群島捕鼠員的照片，身穿有八個黃銅鈕釦的雙排釦夾克，戴著帽子，看起來比較像是民航機的機師。他手上有個精緻的金屬箱，裡面裝的若不是大鼠就是三明治，我也不曉得是哪一個。

隨時間和季節而異。威爾斯地區的兔子在食物充足的四月，平均一天可排出四百四十六顆糞粒，但在一月時，平均一天只有三百七十六顆。吃什麼食物也會影響排便頻率，關於這點，佐證的不光是糞便袋的內容物。在利物浦那篇研究中，詳細說明了不同食物會讓大鼠的排便量「大大不同」。吃稻米的大鼠一天平均排出二十一顆糞粒，而吃麥麩的大鼠一天平均可排出一百二十八顆「非常大的暗黃色圓柱形」糞粒。

就在我研讀這些資料的時候，筆電螢幕上跳出了學術期刊資料庫網站JSTOR的彈出式廣告：「想跟糞粒研究方面首屈一指的專家聯絡嗎？」我還真有點想。他們是什麼樣的人？這樣的專家有多少？我現在算不算是呢？

糞便學的未來發展十分令人期待。從排遺分析個體基因，可以達到類似標記再捕捉法的效果，而且速度更快、成本更低。這種方式不是計算捕捉到多少做過標記的動物，而是計算收集到的排遺當中，有多少重複出現的遺傳指紋。不久之後，就會有受過訓練、能分辨山獅排遺氣味的工作犬進入戴林格調查的地區，協助研究人員找出排遺，採集後帶回加州魚類與野生動物部野生動物調查實驗室進行基因分析。從排遺當中，還可以了解個體的健康狀況以及不同地區的美洲獅基因多樣性。

如果基因分析的結果顯示族群資料與戴林格透過追蹤及頸圈回傳資料掌握的狀況相符，就表示排遺偵測犬和基因定序可以有效運用在日後的調查上。假若一切順利發展，賈斯汀・戴林格的職位就會被一堆糞便取代。

我覺得到時候他應該會懷念在野外調查的日子，但他說不會，他將會把更多時間用在研究嚇阻驅離技巧，以及其他讓山獅遠離人類的方法。因為每當人類遇到山獅，就會掀起爭議，至少在加州是如此，「有些人覺得十隻山獅就已經太多，有些人覺得一萬隻都不夠。」有意思的是，向加州政府申請山獅獵捕（獵殺）許可證的，絕大多數並不是商業性牧場。有百分之七十到九十的獵殺許可證是核發給後院農夫（backyard farmer），也就是飼養動物數量為二到十隻的人。（加州的大型商業性牧場並不多。）從某方面來說，對於加州的許多人而言，殺死美洲獅是種冒犯。**幫自己養的動物蓋個安全的夜間欄舍吧！天黑後就讓寵物好好待在家裡！野生山獅的性命，難道就不如小獵犬或山羊的性命來得寶貴？**由於大量媒體披露某群美洲獅因為加州高速公路系統面臨棲地破碎化的問題，許多民眾以為美洲獅處於危險之中，對於有人獵殺美洲獅更是義憤填膺。加州的美洲獅並非瀕危或受威脅的物種，不過牠們是美麗的大型動物，許多人願意為牠們奮鬥發聲。具備王者魅力的巨型動物，就是有這樣的優勢。

巨型植物亦然。樹越大棵，半腐植層就堆得越高。可能還有別的風險會隨之增加。

7
樹倒之時
當心「危險樹木」

一棵花旗松（*Pseudotsuga menziesii*，又稱北美黃杉或道格拉斯冷杉）無論做什麼事情，都非常緩慢，包括死亡。在長達九百年的生命歷程中，最不討喜的階段，就是長達一、兩個世紀的緩慢死亡過程。死亡之後的腐爛過程，還要持續一百年左右。樹木是極少數經常需要用到「更死了一點」這種比較級形容詞，還顯得恰如其分的有機體。針葉樹在剛死亡不久時的狀態，稱為「堅硬枯木」（dead hard），接著會慢慢進入「綿軟枯木」（dead spongy），然後是「腐爛枯木」（dead soft）；到了這個階段，主幹和樹頂都會腐爛掉落，直到最後屹立的一段樹幹也倒下，這棵樹就進入最終階段：「倒塌枯木」（dead fallen）。一棵生長於馬路邊、小徑邊或建築物旁的樹，在這漫長的暮年時期當中，隨時可能會被歸入另一個新的分類：「危險樹木」。若是這棵樹倒下來，被砸到的人不用多久就會死透了。

被危險樹木傷及的被害者，與肇事的樹木剛好相反，往往很年輕。根據《澳洲戶外教育期刊》（*Australian Journal of Outdoor Education*）發表的案例分析摘要，自一九六〇年以來，在學校露營活動中被樹枝或樹木壓死的兒童案例如下（其中兩例隨行老師也同時遭遇不幸）：六人在帳棚裡睡覺時死亡、一人在桉樹林旁游泳時死亡，另有六人在登山時身故，其中兩位青少年是因一株花楸樹的上部斷裂滾下山坡，閃避不及而死在山道上。

風常常是幫兇。根據《自然災害》（*Natural Hazards*）期刊的報告，從一九九五年到二〇〇七年，美國有將近四百人被強風吹倒的樹木壓死。我和丈夫艾德有一次去露營，清晨時颳起強風，吹斷了一棵橡樹的粗壯枝幹，我們被樹枝砸下的聲音驚醒，只差六公尺，我們就會跟那些受害者有同樣的命運。

有些樹，在正常的生命階段就有可能殺人。大果松（*Pinus coulteri*，又稱考爾泰松）落下的毬果，可跟保齡球一樣重。根據「椰子樹相關傷害的最大規模調查」，從一九九四年到一九九九年，共有十六位索羅門群島居民被掉落的椰子砸到。近年來，峇里島當地的新聞媒體已報導過三起在榴槤樹下發現屍體的案例。榴槤果實看起來就是完美的凶器：又大又重，還布滿堅硬的利刺。由於「嫌犯」是一棵樹，沒辦法藏匿凶器，現場可以看到被害者的頭部旁邊就有一顆沾了血的榴槤。然而，主管機關很難喚起民眾的警覺心，一般人即使看到「常有毬果掉落，通行自負風險」的警告標語，大多還是會照走不誤。

「危險樹木」這個詞本身就有點滑稽，就跟「危險貓貓拳」一樣沒什麼說服力。不過，這對溫哥華島麥克米蘭省立公園（MacMillian Provincial Park）的工作人員來說可不怎麼好笑，因為這座公園裡有不少「神木級」的針葉樹。最老邁虛弱的樹木，也正是最高、最壯觀的，觀光客願意付費登山或開車前來一睹它們的樣貌，民眾也非常不希望它們被砍伐，這就產生了難題，在極少數狀況下，還可能釀成悲劇。

二〇〇三年，有一對來自亞伯達省（Alberta）的夫妻來到麥克米蘭省立公園，在經過滿是數百年巨大針葉樹的聖殿森林（Cathedral Grove）時，遇到一場猛烈的暴風雪。他們將車子停在路邊，想等到風雪平息，結果一棵古老的冷杉因為枝幹承受不住積雪的重量，加上內部腐朽變得脆弱，整棵倒在他們車上，將車內的兩人當場壓死。

自此之後，麥克米蘭省立公園就與危險樹木評估師狄恩．麥格夫（Dean McGeough）長期合作；十五年來，他固定一年進行兩次評估，每逢大風雨過後也會前來檢查，在森林裡到處尋找樹木衰老腐朽的危險跡象。今天正是半年一次的檢查時間。麥格夫會標記出哪些樹木需要減輕負擔，像是剪除樹枝、修剪樹冠，或是處理其他風險更高的部位。數據顯示，多半都是因為這樣的枝幹掉落或倒塌而致人於死。最常死於樹木的受害者，正是試圖砍倒或修剪樹木的人。這一帶習慣將使用鏈鋸伐木的工人稱為「倒樹人」（faller），倒樹人在工作中死亡的機率是一般工人的六十五倍。這些男人的口袋裡都塞著彈性繃帶，就像我祖母會在口袋裡放衛生紙那樣稀鬆平常；他們挑選衣服時，會特別找棉混 Kevlar[譯註6] 材質的衣物。不過，殺人的往往不是鏈鋸的利刃，而是樹。有時是他們要砍下的那棵樹，但更多時候是旁邊的樹。樹木倒下時可能會壓彎鄰樹的樹枝，導致樹枝用足以致命的速度彈回來。從其他樹上掉下來卡在樹枝上的東西（「晃動的斷枝」或「未固定的垂掛物」）就可能因此鬆脫，打在倒樹人身上。

今天有兩位卑詩省林業安全委員會（Forest Safety Council）人員在現場，他們名片上的職稱是倒樹安全顧問（Falling Safety Advisor）。稍早還遇到一位倒樹隊長（Falling Supervisor）。倒樹這個聽起來有點搞笑的詞，對於伐木從業者來說稀鬆平常。若有誰提起某個很久以前共事過的人，旁邊的人會問：「他還在倒嗎？」

以鋸倒樹木來說，最容易造成危險的就是危險樹木（廢話）。如果是木質狀況良好的健康樹木，很容易控制倒下的方向。比方說，倒樹人不會將樹幹直接鋸斷，而是鋸一鋸之後繞到樹幹的另一邊，在對面鋸出一個三角形缺口，接著再從原處繼續鋸，鋸斷時樹幹就會往缺口的斜面傾斜，最後倒向那個方向。若是腐朽的樹木就很難用這種方式控制，無

＊譯註6　美國杜邦公司推出的一種有機纖維，韌性高、耐切割，常用於製作防彈衣或補強結構。

法準確預測它會往哪一邊倒。一棵針葉樹如果已經從樹頂開始往下腐爛，當樹開始傾斜的時候，軟腐的部分可能會斷裂，砸向倒樹人。腐朽的樹幹也有可能會「疊縮」，意即直接向下塌陷。此外，樹幹腐朽的部分可能會突然碎裂，改變墜落方向。這就好像有些老人家骨質疏鬆太過嚴重，骨頭出現很多空隙，身體重心一改變就有可能導致髖關節骨折。（從「高齡」樹木數量如此龐大這點，就能明白原本擁有這片林地的木材公司當初為什麼會將森林捐給省政府：這裡太多沒有價值的木材了。）

在理想情況下，危險樹木要倒下時，周圍不應該有任何人。因此，對於太高、太老、太危險的樹木，處理方式並不是用鋸的，而是用炸的。炸藥不是嬰兒玩具，當然也有危險性，不過操作者可以在安全距離外引爆炸藥。這樣一來，不管有什麼東西從什麼方向掉下來，都不會害得倒樹人跟著倒下。

在麥格夫完成檢查後，就輪到綽號「戴西」的爆破倒樹專家戴夫威默（Dave Weymer）上場（戴西〔Dazy〕這個綽號從他二十幾歲就有了，不過由來跟雛菊〔daisy〕無關，而是跟哈草嗑暈〔daze〕有關）。戴西今年六十八歲，已經炸樹炸了三十五年。他的父親和祖父都是伐木工人，他在伐木場長大，說自己幾乎是「注定要成為伐木工」。我第一次看到戴西是在 YouTube 上，影片集結了各種炸藥爆炸和鏈鋸切割的精采畫面，還有絃樂器與定音鼓演奏的配樂，充滿驚心動魄的氛圍，光是看影片，都得戴上耳塞才行。

聖殿森林的地面其實不該稱為地面，該說是個障礙賽訓練場才對，遍地腐爛的樹枝和木頭，表面長滿潮濕鬆軟的苔蘚和蕨類。在這裡，很難預測你的腳什麼時候會真的踩到東西，踩到的時候又會發生什麼事。你踩上的可能是一段木頭，也可能是看起來像木頭但其實是快要碎掉的木頭狀軟糊物體。你會被絆住或跌倒，但不會受傷，只是搞得身上有點濕，狼狽得很。

麥格夫巡視時，和戴西一起幫我上了一堂樹木結構學入門課。我從這堂課了解到，樹木跟人類其實有幾分相似。樹幹中央比較老、比較堅硬的木頭是支撐整棵樹的骨架，稱為「心材」；像肌肉一樣包圍骨幹的則是「邊材」，邊材可以運輸樹木的血液，也就是樹液，不過樹液**流動**得非常、非常、非常緩慢，慢到應該要另創一個動詞來表達。

樹皮，自然就是樹木的皮膚了。除了有保護肌肉的作用，樹皮也跟人類的皮膚一樣，既是病菌的入口，也是免疫系統的一環。針葉樹的樹皮會分泌樹脂，樹脂是一種黏黏稠稠的物質，能夠封住傷口、困住蠹蟲及殺死病原體。樹木還有一個特點也跟我們很像：隨著年齡增長，樹冠會越來越薄，周長最大處即是根端。不過接下來，我對樹木與人類的類比想像頓時消散。

「那棵是我炸掉的。」戴西的聲音很低沉，必要時可以傳得很遠，他也確實常常需要隔空喊話，因為他很多時候是隔著一片樹林或在鏈鋸運轉聲中跟別人交談。他指著一棵花旗松。花旗松與周圍其他樹木最明顯的差異在於樹皮，它們的樹皮很厚實，表面有很深的垂直裂紋。

從三公尺外平視這棵被炸過的松樹，感覺和周遭其他未受損傷、還活著的老樹並沒有什麼不同。這棵樹只有頂端的三分之一不見了，它原本高達五十五公尺，所以若想看到頂端那三分之一，得要把頭抬得非常非常高。只除去頂端三分之一的作法，可以減輕樹木負擔的重量，讓樹木更穩定、降低危險性，同時保留了這片林地猶如雪伍德森林（Sherwood Forest）的中世紀氛圍，也就是旅遊專家口中的「觀光魅力」。從視線高度放眼望去，活著的、死去的跟炸過的樹，看起來並沒有差別，全都是長滿青苔的粗壯樹幹。正如戴西所說：「你根本不會發現，那棵樹並不只是另一棵壯觀的老樹。」

其實年邁的樹木本身有一種現象，作用跟戴西的工作類似，只不過遠看沒有那麼明顯，我們稱之為縮減現象（retrenchment）。樹幹會繼續變粗，根系也會繼續生長，但是樹木不再長高，樹冠的枝條則會枯萎掉落。這樣樹木比較不會上重下輕，更重要的是能減少「受風面積」；承受風力的表面變少，連帶降低了樹冠隨風搖晃的程度。如此一來，林業人員口中的「風倒」（windthrow，指強風吹倒樹木並連根拔起）風險也就降低了。

我往後仰，想看看戴西在那棵花旗松上的傑作，沒想到失去平衡，被一根木頭絆倒跌坐在地，這下成了「樹倒」作家了。戴西伸手扶我，以他的年紀來說，他的手細嫩得出奇，大概是因為他在戶外時通常都戴手套。如果讓其他倒樹人看到我這樣寫，恐怕會讓他難為情吧，不過我相信他身為綽號跟雛菊英文同音的男人，一定有辦法處理的。

之所以不將危險樹木直接砍到只剩樹樁，還有一個原因。比起生氣蓬勃的年輕樹木，瀕死和腐爛中的樹木能為野生動物提供更多棲息地。腐爛中空的樹幹可以讓熊當作巢穴；枯樹的枝條是猛禽守候獵物的暫棲之所；而柔軟腐爛的邊材，對於啄木鳥和其他鑿木成巢洞的動物來說比較輕鬆。因此，「危險樹木」往往也歸類為「野生動物棲息樹木」（wildlife tree）。炸掉樹木頂端三分之一的作法有助推進這個過程，因為雨水可以從炸裂處的鋸齒狀開口滲進殘餘的樹幹內部，加快樹幹腐爛的速度。戴西留了一段樹枝給我。「生物學家都很喜歡炸過的樹頂。」他在我穿過樹與樹之間的空地時這麼說，不過前提是炸樹時並非任何動物的繁殖季。

麥格夫已經在一株需要處理的巨大花旗松上做了標示。他折下樹皮上六個看似皮革質地的片狀突出物中的一片，「這是靈芝。」他遞給我，露出隱約的微笑。麥格夫的臉上經常有一抹淺笑，但看起來都不是真正高興的樣子。以腐爛這件事來說，靈芝就是冰山一角。真菌感染通常不明顯，等到出現明顯症狀時，往往病入膏肓了。樹皮上出現真菌，表示樹木內部已經腐爛得很嚴重。

話雖如此，卻也還不到真的需要採取行動的時候。早在麥格夫監控的這十五年之前，這棵樹就已經長了靈芝。不時有直條狀的樹皮從樹幹落下，就像蠟液沿著蠟燭側邊滴落一樣。麥格夫剝下一塊樹皮，一捏就碎了。質地鬆脆的樹皮讓昆蟲更容易鑽入產卵，進而使剩餘的部分更鬆脆。「看到這些白色粉末了嗎？」麥格夫說，「這是蟲糞。」蟲糞（frass）就是昆蟲的排泄物，這是我今天學到最喜歡的新詞，把「鋸口」擠下第一名寶座（鋸口〔kerf〕是指鋸片切口的寬度，這詞在拼字遊戲裡很好用）。

麥格夫走到樹冠滴水線，也就是樹冠範圍最寬的一圈，這個範圍通常也表示地底下樹木根系的範圍。他指出根系鬆動的地方，因為這棵樹已經在傾斜了。這是棵危險樹木！麥格夫在明天的工作清單中加上這一株。

近來，聖殿森林有不少樹木死於蜜環菌（*Armillaria*）造成的根腐病；這種疾病是在地底下蔓延，病原真菌會從已經感染的植株根部侵染其他鄰近樹木。不過，雪松沒有受到影響。雪松含有某些化學物質，能避免感染多種病原真菌（因此是屋瓦和戶外家具的常見木材）。這座森林目前的情況對雪松來說非常理想，雪松需要大量光照，當周圍不耐根腐病侵犯的樹木紛紛死亡、倒伏之時，雪松就能從它們讓出的空間獲得更多陽光。麥格夫的意思是，這是週期性現象。等到某天發生旱災，雪松會大量死亡，其他樹種就會從它們消亡的地方長出來，取而代之。

麥格夫不斷地敲擊、聽音，藉此評估樹木內部的腐爛程度。他接連拋出一堆拉丁文名稱，速度快到我連勉強拼音記下來都來不及。戴西的講法比較簡單：心腐病、基腐病、根腐病。麥格夫和戴西以前曾經共同開過一門倒樹安全課，戴西主要講專業技巧，麥格夫負責管理事務。戴西會在第一堂課爆幾句粗口，逗樂學生；麥格夫則很少講髒話。麥格夫把裝備保養得乾淨無瑕，填寫紀錄時迅速又清楚，若要找人記錄幾十棵重達兩噸又可能倒下來壓到人的樹木，交給他準沒錯。

儘管兩個人作風大不相同，但有一點是相似的，那就是都不符合我對伐木工的刻板印象。幾分鐘前，他們一群人在比較各自的飲食方針。麥格夫說他有兩個朋友靠著生酮飲食減掉十八公斤，「一天到晚猛吃培根。」

「超讚的，這個我可以。」其中一位倒樹安全顧問一臉嚮往地說。

戴西說他正在進行低醣高脂飲食，因為對他的心臟比較好，但他不敢吃太多培根。「我是盡量多吃酪梨啦，還有吃魚。」

「吃魚，」麥格夫表示同意，「沒錯，吃魚很好。」

麥格夫總共標出六棵明天要炸掉的樹木，我們約好隔日集合的時間，就解散了。沒人去喝啤酒，啤酒含有醣類跟那些有的沒的。

炸藥存放在樹林中一座銀色小屋裡，要沿著林道走八公里才能抵達。說是「小屋」

其實不太正確，嚴格來說，存放炸藥的建築物是個「彈藥庫」。* 這座彈藥庫的外牆厚達十五公分，牆體內填滿礫石，以免槍法太差的粗野之人和獵人誤射到裡面的炸藥，把周圍的森林化為灰燼。

此刻是清晨五點，天空還是一片漆黑，銀河看起來無比璀璨。六個男人在卡車頭燈的照射下來來回回，搬運一袋袋由奧斯汀粉末公司（Austin Powder Company）生產的炸藥。我看著戴西將五「條」紅色炸藥放進卡車車廂，這些炸藥裝在塑膠長管裡，看起來與其說是火藥，更像是做餅乾的麵團。和加拿大許多商品一樣，奧斯汀粉末公司的產品外觀也有兩種語言的標示：「*Explosifs, Explosives*」——法文比英文來得短，實在少見。我曾在市區的超市看到一包寫著法文的「*nourriture pour oiseaux sauvages*」（野生鳥類食物），英文就只是「birdseed」（鳥食）。戴西將一塊用 Day-Glo 螢光漆料寫的告示牌綁在卡車駕駛艙外，上面寫著：載運危險物品。這下子，如果我們在森林裡發生嚴重的撞車事故，救難人員就會知道要離遠一點了。我們抵達目的地時，已經有一群人聚集在不曉得是誰的卡車車頭前，開起了晨間會議。在這裡的，除了麥格夫、倒樹安全顧問，還有好幾個人負責切割炸斷的樹頂部分，也就是「造材」。因為這些樹的位置很靠近公路，也有人帶著三角錐和警示旗，準備阻擋並引導車輛改道。

戴西穿上攀樹吊帶，準備攀爬第一棵樹，是一棵松樹。他將攀樹鞋釘的束帶綁在小腿上，然後一腳踩上樹幹側面，利用鞋釘固定，再換另一腳，就這樣左腳、右腳、左腳……一步步爬上樹幹。支撐上半身的是環繞樹幹一圈並綁在他吊帶上的挽索。他每往上爬幾步，就會用挽索將自己的身體往樹幹拉近一點，將變得沒那麼緊繃的挽索往上拋到幾十公分高的地方，再重複先前的動作，直到抵達他要鑽孔放炸藥的位置。戴西不怕高，也從來沒有摔下來過，「這對我來說，好像生下來就會一樣。」他說。

天氣很冷，飄著毛毛雨，天色也不太明亮。有位安全顧問借給我工作用夾克，我在口袋裡摸到木屑。麥格夫的無線對講機傳來拿警示旗的人在閒聊的聲音。他們分別站在單向通行的道路兩端，輪流請一邊車輛暫停，指揮從另一頭過來的車子通過。「嘿，」其中一人透過對講機對另一個人說，「你女朋友來啦。」

戴西垂下一根繩索，讓倒樹安全顧問綁在鏈鋸上。「可能有個特殊的打結方法，但我們沒有要用。」

鏈鋸被拉上去，戴西解開繩索，示意他要把繩子丟回地面了。鋸樹的木屑和噪音開始從他待的樹枝上噴湧而出。鑽好洞之後，鏈鋸像長髮公主一樣降到地面，然後換成一個裝

* 如要了解這類建築的結構，可造訪 www.explosivestoragemagazine.com。我看到「magazine」，原本還以為這是有關炸藥存放方式的線上期刊，結果是一字多義（譯註：「彈藥庫」與「雜誌期刊」英文皆為 magazine）。不過，這個產業確實有自己的專業期刊，像是《爆破工程師期刊》（*Journal of Explosive Engineers*），光看刊名我就想訂閱了。

了炸藥的背包升上去。

十五分鐘之後，戴西完成工作，帶著長長的引信爬下樹。麥格夫拉著引信到將近一百公尺外的引爆地點，全部人都跟著。雙邊的警示旗手讓所有車輛都暫停通行，接著麥格夫吹響氣笛喇叭，響亮的十二聲。身為特別來賓的我負責開場，我踩下「引爆器」，隨即引起一連串小型的爆炸，轉瞬間就沿著震波管引信一路綿延過去。我聽到一聲巨響，接著是樹頂斷裂落下時壓到鄰樹樹枝的兩次刺耳斷裂聲，然後是撞到地面的轟隆聲，最後響起一陣歡呼，來自現場除了麥格夫之外的每一個人。如果森林裡有一棵樹倒下，卻沒有人聽見，就太可惜了。

戴西帶領我們回到爆炸現場，四周都是碎枝殘片。一組造材工人開始切割掉下來的頂部枝幹。那棵樹剩餘的部分，以我們在地面的視角而言，在同樣長滿苔蘚和蕨類的林木當中看起來並沒有什麼不同，雖然它是真的不同於以往，變得安全一些了。

安全顧問仍一臉愉快地笑著，我也是。不知道為什麼（受到控制的）大型爆炸會讓人類如此欣喜，我們似乎很容易受到極端的事物吸引：巨大、高聳、響亮。這些事物能勾起敬畏之心，讓我們深有所感。這就是我們關心鯨魚卻不太在乎鯡魚的原因*，也是人類擁抱巨木卻又隨意踐踏三葉草的原因。

難怪戴西的炸樹工作不時遭到批評。他曾經嘗試向一位抗議者解釋這些樹已經奄奄一息，就算不處理也很快就會倒下來。結果對方回答：「我們相信樹木知道自己何時該倒下。」當然，讓樹木倒下的不是它們自己的知覺，而是致命的風力、引力、損傷和腐爛。

我無法判斷。在地球萬物之中，我們總會對某些生物懷有特別情感，而某些人格外珍視的就是樹木。人對於自己特別鍾愛的物種，都很難理性平等看待。我認識一個人，他不吃章魚，原因是章魚有思考能力；但他吃豬肉，也會買黏鼠板捕鼠，即使老鼠和豬也相當聰明，甚至可能還比章魚更聰明（我猜的，畢竟我沒看過牠們的大學入學考試成績）。既然如此，憑什麼用智力來決定放誰一條生路呢？我們又憑什麼用體型決定呢？簡單渺小的生物就沒有生存的權利嗎？

樹木，尤其是老樹，似乎很容易喚起人們保護及捍衛的衝動。或許是因為樹木無法自衛，或者說，無法用顯而易見的方式保衛自己。樹木無法逃跑，即使對手小如甲蟲，樹木也無法反擊。樹木是脆弱、和平、無辜的。嗯，可別被騙了。

---

* 阿勃勞棱鯡（*Clupeonella abrau*）名列四百五十五種極度瀕危的魚類之一，但沒有任何保育募款活動是為了拯救這些魚類發起的。誰會來保育八鰓黏盲鰻（*Eptatretus octatrema*）？又有誰在乎銳項亞口魚（*Xyrauchen texanus*）和越洋公魚（*Hypomesus transpacificus*）呢？

8

恐怖「豆」子

成為謀殺幫兇的豆科植物

就像聯邦調查局（FBI）一樣，美國農業部也有通緝要犯名單。在研究聯邦有毒雜草清單和其他嚴重入侵物種清單時，我看到一種叫做雞母珠的植物（印度稱為幸運豆），學名 *Abrus precatorius*。吸引我注意的是種子照片，帶有黑色斑塊的鮮紅豆子，我一看就覺得眼熟，因為家裡的書桌上就有兩顆。那是我在千里達參加雨林散步行程時，一位導遊送給我的。他說這叫驅靈豆，當地人會配戴在身上，可以趕走惡靈。不過他沒講（可能也不知道）的是，雞母珠的豆子雖然美麗，卻含有雞母珠毒素（abrin），這種毒素堪稱地球上最致命的植物毒素。雞母珠毒素名列美國衛生及公共服務部的管制性病原與毒物清單中，與蓖麻毒素和伊波拉病毒並列。

持有超過一公克的雞母珠毒素，就是觸犯美國聯邦法律的犯罪行為。不過，持有雞母珠的豆子並不違法。在網路上，可以找到數千種雞母珠種子製成的項鍊和手鍊*，還有手工藝材料網站販售大量的雞母珠種子，賣給想製作這類飾品的人。我看了看我的雞母珠種子，想到我家孫輩經常在旁邊玩耍。要是有幼兒把這些豆子吞進肚裡，會怎麼樣？

可能不會怎麼樣。雞母珠的種子外殼很堅硬，經得起胃酸的考驗，能夠安然通過腸道。幸運的是，處於「口腔探索期」的幼兒雖然很喜歡把碰到的任何東西都塞進嘴裡咬咬看，但還沒有長出臼齒。如果小孩吞了別人的雞母珠種子，家長大概要到孩子把這些串珠素材大出來時才會發現。

維吉妮亞．洛克薩斯－鄧肯（Virginia Roxas-Duncan）是美國陸軍傳染病醫學研究院主任生物學家，這間研究所的主要研究領域就是生物戰應變對策。她為《生物恐怖攻擊與生化防禦期刊》（*Journal of Bioterrorism & Biodefense*）寫過有關雞母珠毒素的專文，小時候在菲律賓玩過雞母珠種子。她提到當時有位玩伴吃了幾顆雞母珠種子：「他那天拉肚子，但是隔天就又跟我們玩在一起了。」

即使咬碎雞母珠種子，也有可能安然活下來。在印度南部，試圖用雞母珠自殺的

＊奇怪的是，沒有人賣雞母珠種子製的念珠。我在網路上只找到一款一九三一年製的幸運豆皮夾，賣家在商品資訊中寫著「誤食會中毒」。

案例時有所聞，因為當地很容易找到雞母珠，但其他能用來自殺的藥物很難取得。二〇一七年，《印度重症醫療期刊》（*Indian Journal of Critical Care Medicine*）發表了一篇針對一百一十二起嘗試自殺案件的綜述型論文，其中有六個案例身亡，但有百分之十四的人食用之後未出現任何症狀。

有種毒素比雞母珠毒素更出名，那就是來自蓖麻種子的蓖麻毒素，不過情況也差不多。蓖麻種子和雞母珠種子很容易合法取得，因為種苗園常將這兩種作為觀賞植物出售。（但若有人大量收購，業者可能會通報聯邦調查局，華盛頓州某位可疑男子掃貨後就遭到調查。）《臨床毒物學期刊》（*Clinical Toxicology*）回顧了美國中西部某間毒物控管中心十年來吃下蓖麻種子的紀錄，總共有八十四個案例。其中四成是試圖用蓖麻種子自殺，食用顆數的中位數為十顆。其餘六成是誤食，食用顆數的中位數為一顆——可能都是那些穿著尿布、愛把東西往嘴巴塞的勇敢探險家。所有案例中，約六成有把蓖麻種子咬破或咬碎，結果沒有人因此死亡或受重傷，主要症狀都是嘔吐和腹瀉。

奇怪的是，吞食純蓖麻毒素還不如直接吃掉蓖麻種子來得致命（根據小鼠的實驗結果）。蒙大拿州立大學生物化學家瑟斯．平卡斯（Seth Pincus）專門研究這種毒素的醫用潛力，並且正在開發治療中毒病患的方法。根據他的實驗，小鼠攝取的濃縮蓖麻毒素劑量要達到相當於人類喝下一瓶可樂的程度才會致死。平卡斯推論，可能是口腔細菌吸收了主要的毒素，胃酸和酵素則會降解剩餘的毒素。不過，如果是吃下磨碎的蓖麻種子，種子本身會發揮某種緩釋機制，讓蓖麻毒素不會在口腔和胃裡釋出，而是完整地輸送到腸道。

順便一提，蓖麻油之所以是強力瀉藥，並不是因為含有蓖麻毒素。正如國際蓖麻油協會（International Castor Oil Association）在網站上力圖向大眾澄清的，在從蓖麻種子提煉出蓖麻油的過程中，就已經去除蓖麻毒素。除非你想讓人腹瀉*並脫水致死，否則蓖麻油並不是謀殺的好工具。在二〇〇五年夏天跑去亞利桑那州某間艾伯森超市（Albertsons'）購買蓖麻油的凱西・卡特勒（Casey Cutler），就是沒先看過國際蓖麻油協會的網站說明，才會以為可以從蓖麻油中提煉出蓖麻毒素。美國全球安全網站（GlobalSecurity.org）資深研究員喬治・史密斯（George Smith）在 theregister.com 網站上寫出了此案的細節：卡特勒欠藥頭一筆錢，於是想出將蓖麻毒素偽裝成娛樂性用藥的點子，打算等債主來要錢時給對方使用。在卡特勒試圖從蓖麻油提煉毒物的過程中，他的室友開始感覺不適。室友擔心是蓖麻毒素引起中毒，跑去急診室就醫，結果只是得了流感，但由於他向醫護人員提到蓖麻毒素，醫院向警方通報可能發生恐怖攻擊行動，特種部隊隨即突襲了卡特勒所住的公寓。卡

* 這是墨索里尼手下的法西斯組織小隊慣用的招數。根據「真實訊息」（The Straight Dope）專欄，他們會強迫政敵吃下大量的蓖麻油，最多可達一毫升。**是誰這麼做的？**又是為了什麼？想讓人脫水致死嗎？還是要羞辱人？我找不到令人滿意的答案，甚至也沒能從國際蓖麻油協會得到解答，對方雖然收到大量詢問的電子郵件，卻未置一詞。

特勒被判刑三年，定罪的理由是持有瀉藥意圖用於犯罪。

不過卡特勒有一點是對的：直接在手臂上注射蓖麻毒素（如果針筒裡確實有毒素的話）幾乎絕對會致命。注射的致死劑量（以小鼠而言）大約是一百萬分之一克。一九七八年，保加利亞異議份子喬治．馬可夫（Georgi Markov）在倫敦某個人潮眾多的公車站等車時，被人用帶有隱藏式氣動裝置的雨傘在腿部注射了少量的蓖麻毒素，因而身亡。

透過注射雞母珠毒素進行暗殺的作法，至少可以追溯到十九世紀。那時印度南部曾經發生一連串與皮革工人有關的殺牛事件。在《印度藥事典：英屬印度時期常見植物製藥物的歷史》（*Pharmacographia Indica: A History of the Principal Drugs of Vegetable Origin, Met With in British India*）一書當中，詳細記載了這套手法。有心人將磨碎的雞母珠調成糊狀，塑造成尖錐形，稱為「蘇塔里」（*sutari*），然後在太陽下曬乾後磨利，黏在牧牛杖上面。當牛被牧牛杖打到時*，蘇塔里的尖端會在牛皮下粉碎，幾乎不會留下犯罪證據。

這下子，我就明白國安單位攔截到的恐怖份子通訊內容中，為什麼有時會提到要引爆含有蓖麻毒素或雞母珠毒素的自殺炸彈了。炸彈碎片就像是細小的「蘇塔里」*，能將毒素注入皮肉上的傷口，導致原本有機會存活的傷者死亡。「如此可讓普通的炸彈變得更具殺傷力。」《外交家》（*The Diplomat*）雜誌的一篇網路報導提供了以上解釋。不過，這段文字至此戛然而止，緊接著出現訂閱提示：「喜歡這篇報導嗎？……」我不知道，而且我得問，有人會**喜歡**描述無辜之人被用帶有毒藥的炸彈碎片大量屠殺的文章嗎？

或許你會想到，這些恐怖份子會不會是故意要讓無辜大眾吸入毒素？是有這種可能。吸入蓖麻毒素的致死率，跟注射蓖麻毒素差不多。「那會導致嚴重的肺水腫，」我還沒問，平卡斯便說：「你會被自己的體液淹死。」不過，恐怖份子若想用這種方法殺死很多人，必須有足夠的設備和專業能力，才能製造出極為細小的蓖麻毒素氣溶膠——粒子大小最好不超過一到二微米，否則毒霧在空中停留的時間會不夠長，無法對群眾構成威脅。（細小的氣溶膠也比飛沫更能深入肺部，因此更加危險；這個發現對於COVID-19疫情期間的我來說，實在一點也不**喜歡**。）無論如何，阿拉伯半島的蓋達組織（al Qaeda，使用蓖麻毒素）和印尼的神權游擊隊（Jamaah Ansharud Daulah，使用雞母珠毒素）都沒有那麼

＊有些製作「蘇塔里」的工匠改行接受謀殺委託。一八九〇年，印度的《警察公報》（Police Gazette）報導了「投毒者」杜利・查瑪（Dooly Chamár）的事件，他落網後被判處「終身運輸」之刑。以刑罰來說，終其一生都要搭乘印度大眾運輸工具似乎是挺殘酷的刑罰，不過事情不是這樣的。「終身運輸」（transportation for life 的字面直譯）是終身流放的意思。此外，流放地點乍看之下也頗讓人困惑，他被判流放到安達曼尼科巴群島（Andaman and Nicobar Islands），那裡可是有白沙遍布、悠然寫意的美麗沙灘。這是因為在旅遊業興起之前，這座群島乃是流放之地，英國殖民者在這裡測試各種慘無人道的酷刑，折磨人的程度遠遠超出印度鐵路公司提供的任何運輸服務。

＊西方各國軍隊先後實驗過類似的東西，但不叫「蘇塔里」，而是稱為「飛鏢彈」（flechette）：在一顆炸彈中裝入多達三萬五千個沾有毒素的細小鏢型投射物。加拿大和英國都曾在動物身上測試過飛鏢彈，儘管效果卓越，但兩國都沒有將這種武器正式納入軍火庫，或許是覺得這種投射物聽起來太像某種女性生理用品，威脅性不高。

精密的氣溶膠散布系統。這兩個恐怖組織都是派人攜帶炸彈執行恐怖攻擊，而這些炸彈燒光毒素的可能性，或許還比散播毒素來得高。

這些組織也有可能純粹是為了製造恐慌，才計畫在炸彈中加入蓖麻毒素或雞母珠毒素。畢竟他們是恐怖份子，無論蓖麻毒素攻擊行動能傷害到多少人，都會帶來百萬倍以上的恐懼。

「了解真相，保護自己。」這句語帶不祥的話，就是常見的公眾認知倡導標語，在各種主題的網站上都看得到，像是HIV、登革熱、茲卡病毒、鉛中毒、盜用身分、約會強暴，以及**有毒豆類**。

這裡用來強調的粗體不是我自己加上去的，猶他州某個食物處理人員測驗及認證網站上就以醒目的大寫字母顯示這個詞。這詞所指的，並不是雞母珠或蓖麻的豆子（雖然蓖麻的英文名稱 castor bean 中有 bean〔豆子〕，但其實根本不屬於豆科，而是大戟科植物）。帶有風險的常見可食豆類是腰豆（包括紅腰豆和白腰豆）、蠶豆和皇帝豆，若沒有烹煮十分鐘以上，食用後可能會引發嚴重的腸胃不適。日本曾有一個電視節目推薦用磨豆機將白腰豆磨碎，烹煮三分鐘後灑在米飯上。根據期刊論文〈日本「白腰豆事件」〉（The 'White Kidney Bean Incident' in Japan）所述，有一百名觀眾因此住院。

如果想知道腰豆還能給人類帶來什麼麻煩，可以讀一下〈膀胱中的異物（腰豆）：罕見案例報告〉（Foreign Body (Kidney Beans) in Urinary Bladder: An Unusual Case Report）。二〇一八年，印度齋浦爾有名年輕男子為了「追求性愉悅」，將四顆腰豆塞進自己的尿道。正如其他類似案例，由於塞得太深，男子無法自行取出，儘管羞於啟齒，最後還是因難忍疼痛而求醫。超音波影像顯示那些腰豆「漂浮」在男子的膀胱裡；就跟任何乾燥的豆子一樣，在浸泡一整晚後膨脹軟化，因此更難取出。報告中的圖三底下寫著「取出後的腰豆碎片」，在這張照片中可以看到裝在手術用不鏽鋼彎盆裡的零碎豆子——看起來比醫師在手術室裡用鑷子取出的大多數東西都來得促進食慾，但考慮到這些豆子泡過尿液，恐怕不會好吃到哪裡去。

豆子是否特別危險？我向剛從加州大學戴維斯分校退休的植物學家安・菲爾莫（Ann Filmer）提出這個疑問。她在回信中給了我一個網址，可以連到她彙整各種有毒庭園植物名錄的網站。我很驚訝地發現，在第一類（劇毒：可能造成嚴重不適或死亡）的一百一十二種植物中，我家院子現在種植或是以前種過的就有九種：夾竹桃、馬纓丹、夜來香、半邊蓮、山躑躅、杜鵑花、柳葉石楠、海桐和聖誕玫瑰。另一種榜上有名的植物是變葉木，種在我辦公室的一個橘色陶盆裡。

換句話說，並不是豆子特別危險，而是某些植物本身就有危險性。如果你沒辦法逃跑、撕咬或開槍，演化機制就會幫你找出另一種比較安靜的方式來避免被吃掉。幾千年以來，天擇對於那些能用口喙吸食你的食客較為有利，但最終牠們都懂得對你敬而遠之了。

既然有這麼多種致命的庭園植物，為什麼蓖麻毒素的媒體報導最多？為什麼恐怖份子和刺客們不從其他有毒植物萃取毒素？第二個問題的答案，或許就在第一個問題裡：因為蓖麻毒素的媒體報導最多。馬可夫謀殺案使得蓖麻毒素在恐怖份子圈人盡皆知，成為無名殺手和生存主義狂熱者的首選毒藥。想知道如何從蓖麻種子萃取蓖麻毒素，不需要上暗網，只要 Google 搜尋一下就找得到。不過，除非你像《絕命毒師》（*Breaking Bad*）第四季中從鈴蘭萃取出毒素的華特．懷特（Walter White）是罪犯兼化學專家，否則應該沒有將這些植物變成謀殺工具所需的設備和專業知識。

蓖麻毒素惡名遠播，使其形象比起其他植物毒素更為邪惡。如果你想在恐怖份子的圈子裡建立一點名氣，說自己在製造蓖麻毒素，聽起來總比說你在嘗試從杜鵑花萃取出東西來得好。這一點，是《輻射與核子恐怖攻擊》（*Radiological and Nuclear Terrorism*）作者、也是反恐專家安迪．卡拉姆（Andy Karam）告訴我的。

但是凡此種種都無法解釋為什麼美國衛生及公共服務部的管制性病原與毒物清單中，只有蓖麻毒素和雞母珠毒素是植物毒素。對於這個問題，瑟斯．平卡斯在談話過程中告訴我，蓖麻毒素和雞母珠毒素都屬於「雜亂結合」（promiscuous）的毒素。蓖麻毒素會與半乳糖結合產生毒性，而半乳糖是一種存在於所有活體細胞表面的碳水化合物。（皮膚最外層的細胞已經死亡，所以接觸蓖麻毒素製成的粉末不會造成危險。但若把毒粉沾在郵票背面，你就會變成利用郵票行兇的暗殺者了。）反觀其他致命毒素（例如霍亂毒素和肉毒桿菌毒素），大多只作用於特定範圍，像是結腸細胞或神經細胞等。

我把一個中國化學品供應商的網頁轉寄給平卡斯，網頁上寫著：「蓖麻毒素現貨供應，市面最低價。」（真的，純度百分之九十九的蓖麻毒素，一公斤只要一百五十美元。）這個網頁也有賣雞母珠毒素，價格差不多。只要用這些毒素登記在美國化學索摘服務社（Chemical Abstracts Service）的編號搜尋，就能輕鬆找到五、六個類似的網站。其中一家供應商號稱可以提供多款商品的樣品，包括「馬脾臟」在內（但不包括蓖麻毒素和雞母珠毒素）。

平卡斯不知道這個網站。他以前都是透過德州大學的一位學者取得蓖麻毒素，但是在蓖麻毒素列入管制性病原與毒物清單之後，要使用這種物質變得非常麻煩，那位學者於是決定要清掉手邊的存貨。她聯絡了生物防禦和新興感染研究資源庫（Biodefense and Emerging Infections Research Repository），表明願意捐出自己持有的蓖麻毒素，份量大約是十克到二十克。「對方說：『太好了，我們會派人過去收。』確實有人來收，不過呢，」平卡斯回想當時的情況，「來的是一輛運鈔車，還有警車沿途護送。結果你居然說，可以在網路上買到一百倍的份量？」

我說，看起來是這樣，我來問問看吧！隔天，我的電子郵件信箱收到了兩封來自中國的信件。第一封信充滿了紅色的文字，寄出這封信的是化學物品供應商搜尋平台LookChem的服務人員：「LookChem不允許使用者在本站發布任何違反國際或國內法律的資訊。一旦發現這類資訊，我們將依法向主管機關檢舉。」不過信箱中的第二封郵件，讓第一封信的影響力下降了一些。

「您好，」寄件者是凱莫斯化學公司的業務經理凱西，想必是LookChem服務人員把我的電子郵件轉寄給這間公司。「我們希望藉由這個機會與您建立業務關係。」凱西很抱歉地表示，公司目前已無庫存的蓖麻毒素，不過可以代為訂貨。「我們產品採用相當成熟的技術製作，品質良好、價格公道，而且已經銷售到海外各地，廣受好評。」她向我這樣保證，並詢問我需要多少份量，以及希望何時收到貨。

我給平卡斯看了郵件內容之後，他說：「我不確定你再試探下去會不會出事。」聯邦調查局探員經常造訪他的辦公室（其實他在角落種了一株蓖麻，不過聯邦探員都沒有注意到），就只是來聊聊天。

我問喬治．史密斯，聯邦調查局會不會監控這類網站的流量。他說會，不過他認為聯邦調查局早就把這個網站從名單上劃掉了。他特別指出凱莫斯公司網站的蓖麻毒素商品頁面寫著「需存放於陰涼乾燥處」。史密斯說，經過純化處理的蛋白質需要冷藏保存，「他們在賣的，充其量是只經過最低限度處理的蓖麻糊。」我在打交道的對象，很可能是那種「會用一公斤一百美元的價格賣你任何白色粉末的人」。

既然製作蓖麻毒素氣溶膠有難度，傳統的「蓖麻籽推桿」（史密斯說的）又不太方便，我以為聯邦調查局應該不必太擔心蓖麻毒素被當成大規模殺傷性武器。

不過根據平卡斯的說法，確實值得擔心，但不是怕蓖麻毒素被散布到空氣中或混進食物裡，而是：「有人將蓖麻毒素的基因轉移到流感病毒等高傳染力的病毒上。」如此產生的新病毒，能夠感染並造成數百萬人死亡。（當然，這麼做的人應該會想先研發出疫苗，好保護他們不想殺死的數百萬人。）我曾聽過國土安全部的關係人士說：「我們對所有為了商業利益開發出來的合成基因都有嚴格控管……」但平卡斯不以為然。

「為了治療所需，我們曾想合成編碼中帶有蓖麻毒素毒性的基因，這種基因會在人類細胞上表現出來，也就是產生毒性。如果有人想找這種東西，應該會引起管制單位的警覺，結果我們不但訂到這種基因，而且兩個星期後就收到貨了。所以，如果你以為管制性病原清單可以防止狡詐的恐怖份子攻擊我們……」讓我幫平卡斯把話說完，他收到的是一批馬脾臟。

話又說回來，只有恐怖份子會用到嗎？想想某些流氓國家的軍隊，想想美國。美軍從第一次世界大戰開始，一直到第二次世界大戰期間，都積極進行蓖麻毒素的實驗。他們把蓖麻毒素與手榴彈裡的彈片混在一起，將蓖麻毒素裝在將近兩公斤的航空炸彈中，還曾經用溶解的蓖麻毒素（有時候只是蓖麻籽粉末）製作噴霧器。但效果全都不如預期。

最後，美軍將蓖麻毒素送到位於科羅拉多州和馬里蘭州的國家野生動物研究實驗室，在大鼠身上進行實驗。

軍事戰爭與害蟲防治常常同時發展，畢竟兩者的目標都在於盡可能有效毀滅成群結隊的敵人。一直到進入核子時代之前，凡是計畫用於人類身上的新式致命武器，也都會在長有皮毛或羽毛的另類敵人身上做實驗。就像聯合國對於紅嘴奎利亞雀（*Quelea quelea*，又稱「有羽毛的蝗蟲」）列出的防治措施摘要，看起來彷彿是軍備武裝時間表：「槍、炸藥、火焰噴射器、凝固汽油，以及接觸性毒素」。

在第二次世界大戰期間，化學戰研究人員與農業害蟲防治人員聯合起來對抗一個共同的敵人，那就是褐鼠（*Rattus norvegicus*）。褐鼠又名挪威鼠、溝鼠，在丹佛野生動物研究實驗室（Denver Wildlife Research Laboratory）當時的一篇新聞稿當中，還被稱為「希特勒在美國的王牌特務」。戰爭期間，既有的滅鼠藥供應管道因戰事中斷，導致鼠輩橫行：「……破壞工廠、毀壞我們盟軍所需的糧食，還在軍隊中散播疾病。」齧齒動物被描繪成與敵方同一陣線，已經不是頭一遭。第一次世界大戰期間有一張宣導消滅加州地松鼠的海報，圖中畫的地松鼠就戴著有小尖刺的德軍頭盔。一旁的「松鼠太太」戴著掛有鐵十字勳章的項鍊，而鐵十字勳章正是德意志帝國象徵最高榮耀的軍事徽章。

一九四二年六月時，出現了一個罕見的作戰聯盟。美國科技研究發展辦公室（U.S. Office of Scientific Research and Development）國防研究委員會中主管化學武器的第九組，與丹佛野生動物研究實驗室（即現在的美國國家野生動物研究中心）展開合作，要研發新款的滅鼠藥。前者從軍火庫中選出幾種可能有效的毒素，後者則將這些毒素用在危害人類的脊椎動物身上。代號「化合物W」*的蓖麻毒素在候選名單上，與沙林毒氣並列。效果最優異的滅鼠藥是一種植物毒素，一九四四年六月首度試驗，第九組稱之為1080。這種滅鼠藥不但成本低，而且能讓鼠類快速斃命。早在國防和農業部門發現以前，非洲鄉村就已有人會用1080，不過是以原始自然的植物形式使用。而且，齧齒動物和人類同樣都可能

* 除疣產品 Compound W 的製造商在為商品命名的時候可知道這件事？我不曉得，因為 Compound W 所屬的聲望品牌公司（Prestige Brands）始終沒有回電，線上媒體提問表單提交之後石沉大海，官方 Twitter 也無人經營。不過，既然我們談到命名不當這個議題，不妨想想這家公司的名稱「聲望品牌」，因為該公司旗下還有好幾個富有聲望的品牌：樂利灌腸液、Nix 除蝨產品、Beano 脹氣藥、URISTAT 止痛藥、Nostrilla 鼻塞藥、舒摩兒陰道灌洗液、Boil-Ease 疔瘡藥、Efferdent 假牙清潔錠，以及 Boudreaux's 屁屁膏。

成為毒害目標。因為這種毒素幾乎沒有味道，侵略者只要將植物壓碎，丟進敵方的水井裡就可以了。雖然我有點懷疑植物原料的致毒功效，但最後從毒藥中分離出來的毒素（代號ＴＷＳ的一種氟乙酸）確實有不少致命的紀錄。

ＴＷＳ是一群波蘭化學家意外之下發現的，後來他們將這種毒素交給盟軍的情報單位。根據一九四五年四月二十日的第九組備忘錄解密文件，相關單位曾考慮使用另一種類似的氟乙酸來「汙染供水系統」，但從未真正實行。備忘錄中提到，曾看過毒狗實驗影片的人員表示「過程看起來讓人極度難受」。（1080 用在狗身上的致死率是大鼠的十七到三十五倍。）合作雙方都強烈感受到這種藥劑的致死方式「駭人至極」，「無論敵人再怎麼殘暴惡劣，任何文明國家都不可能用這種藥劑對付敵人」。

於是，輪到丹佛野生動物研究實驗室在褐鼠身上試驗這種毒素的效果。實驗室的一份新聞稿中，提到研究人員在紐奧良某間飽受鼠患之苦的穀倉塔公司使用 1080 進行實驗，他們將藥劑溶在水中，裝在約十五毫升、彷彿老鼠茶會用的小杯子裡，放在確定有大鼠出沒的地方。新聞稿中寫著，在二十四小時之內，總共死了三千六百九十隻大鼠＊。相較之下，國防研究委員會中的鼠患防治小組委員會在一九四五年編製的《1080 田野報告摘要》（Summary of Field Reports on 1080）中提供的數字沒有那麼驚人，但仍令人印象深刻。孟山都公司（Monsanto）的化學家製造了四百六十八公斤的 1080，送到鼠患嚴重的陸海軍單位以及公衛部門進行田野實驗。

除了大鼠死亡數之外，這份摘要也詳盡記錄了每個實驗地點所使用的餌食。不僅有大麥、燕麥、地瓜、椰子、巧克力、花生醬等標準的老鼠誘餌，還有更新奇的創意料理。關島海軍基地的人員將 1080 與蛋粉、Mazola 玉米胚芽油和新鮮培根油混在一起，第九勤務指揮部（Ninth Service Command）用馬肉和麵包屑做成 1080 美式肉餅，第一勤務指揮部則將 1080 混入C式口糧（C-ration）的馬鈴薯碎肉裡。至於德州衛生部（Texas State Board of Health）的祕密武器呢，是爆米花和雞飼料。這份摘要的作者們分享了自己最喜歡的誘餌食譜，並列出作法步驟。（「將 1080 與麵粉混合，再將混入毒藥的麵粉撒在切成塊狀的蔬菜上，同時不斷攪拌。」）

不過，並非一切盡如人願，因為狗會吃這些毒餌，或是死亡或垂死的大鼠。別忘了，1080 對於狗的毒害性極高，有一項測試的結果是死了五十隻狗。政府機關共謀對策：既然得到了酸澀的檸檬，那就做成毒檸檬汁吧[譯註7]。於是，1080 被註冊為牧場業者可以對郊狼

* 這個鼠患嚴重程度實在有夠誇張，穀倉塔與加工產業協會（Grain Elevator and Processing Society）的發言人也表示：「非常驚人。」（該協會的網頁介紹寫著「穀物處理和加工領域的知識資源」。）穀倉塔與加工產業協會的人員在一封電子郵件中寫道，就算在開發程度較低、儲存設備較簡陋的國家，「這個老鼠數量還是多得異常。」

* 譯註 7　此處化用英文諺語「如果生活給了你檸檬，那就做成檸檬汁」（If life gives you lemons, make lemonade）。

使用的害獸毒殺劑。

這下子，牧場業者遇到新的難題：要如何避免這種毒藥誤殺人類最好的朋友？而且，因中毒而痛苦不堪的郊狼會逃走，鼠患防治小組委員會主席傑斯塔．沃德（Justus Ward）表示：「牠們會吐出大量還沒消化的有毒食物，而且吐得到處都是。」牧場業者的狗會找到這些反芻的毒餌，並且吃掉。

為此，沃德求助於美國國防部埃奇伍德兵工廠（Edgewood Arsenal）的化學武器專家C．P．羅茲（C. P. Rhoads）上校。他針對害獸毒殺劑版本的1080，客氣地提出要求：「說不定你們可以找出能加在1080裡面降低郊狼嘔吐機率的藥物。」至於毒鼠配方的1080，是不是可以反過來，加入會引起嘔吐的催吐劑？「萬一狗吃到毒餌，在中毒嘔吐之前，就會因催吐劑而把毒藥吐出來。」這麼做會不會也讓老鼠把毒藥吐出來而留下一命？答案是不會，根據美國科技研究發展辦公室國防研究委員會的柏德西．倫索（Birdsey Renshaw）當時寫下的保密備忘錄，「老鼠不會嘔吐。」

二戰結束了，但毒素篩選計畫仍然持續進行。四十五年中，丹佛野生動物研究實驗室大約測試了一萬五千種具有實用潛力的毒藥和驅避劑。在環保人士和動保人士施加的壓力之下，化學家們的挑選標準變得更加嚴苛，他們要找的毒藥，不僅要成本低、致命性高，還得要能專門針對需要防治的動物。DRC-1339這款毒藥似乎正好符合所有條件，許多會成群劫掠農作物的害鳥，例如黑鸝、椋鳥、牛鸝和擬八哥，都對這種毒藥的成分極為敏感。這對美國葵花油協會（National Sunflower Association）來說，可真是天大的好消息。

四十年來，美國葵花油協會致力維護向日葵花農的利益，而美國向日葵農場大多位於南達科他州和北達科他州，正好在數千萬黑鸝和其他危害較低的候鳥遷徙的路徑上。可想而知，花農面臨的挑戰相當艱鉅：**試圖阻止鳥群吃掉鳥飼料**。二〇〇八到二〇一〇年對北達科他向日葵花田做的黑鸝危害情況調查顯示，農場平均損失大約百分之二的作物。

美國國家野生動物研究中心在北達科他州的法哥（Fargo）設有分處，專門研究存在已久的向日葵農損問題。研究中心的專家曾開發出驅避劑，但在應用上有些問題。由於向日葵的花朵會呈現獨特的「垂頭姿勢」，噴藥機只能噴灑到花朵的背面，噴不到種子的位置。於是，專家研發出種子排列緊密、鳥兒難以拔出的品種。然而，這個品種的葵花籽脂肪含量很低，對於花農來說十分不利，因為向日葵最賺錢的用途是榨油，而不是做鳥食。（在大多數的混合鳥飼料，葵花籽所占的比例都不多；這點其實不是壞事，畢竟以只有愛鳥人士才用得到的產品來說，很難忽視生產者要設法殺鳥這件事有多諷刺。）

長期以來，美國葵花油協會都提倡用藥毒鳥。二〇〇六年，菲多利公司（Frito-Lay）宣布計畫讓旗下幾個知名的馬鈴薯片品牌開始採用努桑（NuSun）向日葵所生產的油，因為這個品種的葵花籽不含反式脂肪；這使得解決鳥害問題變得更加迫切。為了滿足需求量，向日葵花農需要增加幾十萬公頃的田地種植新品種。美國葵花油協會試圖要求提高黑鸝每年合法獵殺的「許可數量」，不過遭到南達科他州漁獵與公園管理部（Game, Fish and Parks Department）反對，因為身為熱門供獵禽類的環頸雉也很容易受到 DRC-1339 的毒性傷害。美國國家野生動物研究中心在二〇〇三年公布了數十種非防治目標鳥類對於 DRC-1339 的敏感程度詳細數據；原本的篩選計畫沒有這些數據，或是在某些情況下並沒有公布出來。不只是環頸雉而已，紅雀、冠藍鴉、旅鶇、山齒鶉、草地鷚、嘲鶇、麻雀和倉鴞也都對 DRC-1339 極為敏感。這件事讓我對那些袋裝鹹味零食的喜愛減低不少，原來很多洋芋片都是**鳥血洋芋片**！

從每年降落在北美平原的七千萬隻黑鸝當中殺掉一、兩百萬隻，就好像試圖用製冰機解決全球暖化問題一樣。毒鳥行動與其說是為了防治害鳥，更像是出於惡意的行為，只宣洩了挫折感與憤怒，卻沒有實質成效。美國國家野生動物研究中心的研究團隊在二〇〇二年透過族群模型做出結論，即使將每年獵殺遷徙黑鸝的許可數量增加到兩百萬隻，向日葵花農最終獲得的利潤「可能也不會提高多少」。即使如此，殺鳥行動依然持續著。二〇一八年，美國農業部野生動物管理局共消滅了五十一萬六千隻紅翅黑鸝、二十萬三千隻擬八哥，以及四十萬八千隻牛鸝。

諷刺的是，向日葵花農早就知道什麼方法最有效。早在一九七〇年代，美國葵花油協會的會員雜誌《向日葵》（*The Sunflower*）上，就有撰稿人建議非致命性的有效手段：「主要是棲地和作物管理。」比方說，可以在經過精心選擇的位置種植成本較低的「誘鳥作物」，為鳥類提供同樣好吃的食物。與其在收成後的植物殘梗中犁田，不如將這些殘梗留給鳥兒，降低牠們飛去其他田地的機率。還可以使用乾燥劑來提早採收，趕在鳥群來之前把葵花籽採收完。此外，不要在長滿香蒲的濕地或其他適合黑鸝的棲地附近種植向日葵。換句話說，就是要採納那位格言經常被引用、名字很像向日葵新交種的將軍＊給的建議：「知己知彼」。

近年來，棲地管理與消滅香蒲被畫上了等號。這次供應毒藥的正是當年提供 1080 的孟山都公司，而用於清除香蒲的是爭議性很大的除草劑嘉磷塞（glyphosate，為農藥年年春〔Roundup〕的有效成分）。我才在二〇一二年由美國國家野生動物研究中心四位研究人員發表的一篇論文中看到，嘉磷塞也是用來讓向日葵乾燥並提早收成的化學物質之一。想到這裡，令人不禁長嘆無語。在戰爭當中，總有一個最後選項：投降。喬治・林茲（George Linz）和佩姬・庫魯格（Page Klug）在《北美擬黃鸝科鳥類的生態和管理》

＊ 指孫子（Sun Tzu），向日葵的英文為 sunflower。

（*Ecology and Management of Blackbirds (Icteridae) in North America*）一書中提到：「有一個顯而易見的鳥類管理策略，那就是放棄鳥類愛吃的作物，改為種植其他作物……其他不會受到黑鸝傷害的作物。」另一條路是完全放棄務農、投身政治，就像泰瑞・汪澤克（Terry Wanzek）從北達科他州的向日葵花農變成參議員一樣。「我們投降，」他對美聯社記者布萊克・尼克遜（Blake Nicholson）這麼說，「鳥贏了。」

9

殺鳥焉用槍砲

徒勞無功的驅鳥軍事行動

根據我從那個年代的報紙上看到的，所謂「炸烏鴉」的作法於一九五三年二月六日這一天，在德州阿撒（Asa）小鎮達到巔峰。報導記載，「對烏鴉深惡痛絕」的喬・布勞德（Joe Browder）準備了一百五十磅（將近七十公斤）的炸藥，封裝製成三百枚炸彈。他將半支份量的炸藥連同來自附近鑄造廠的金屬碎片一起裝進硬紙筒中，綁集成串，掛在布拉索斯河（Brazos River）沿岸的矮櫟樹林中，烏鴉每晚都會飛回這片停棲地歇息。根據一套複雜的估算算式，炸彈引爆的那一瞬間，大約炸死了五萬隻烏鴉。

為什麼沒有人通報主管機關？因為主管機關早就在那裡了。烏鴉群白天離巢覓食的時候，當地的狩獵監督官就已加入吊掛炸藥的工作行列；而這些烏鴉的罪名，就是「覓

食」。從當時的報章雜誌，可以看到大眾對烏鴉普遍抱持疑慮，認為這些「黑色的空中盜賊」、「長著羽毛的土匪」、「黑壓壓的凶惡洪水」會襲擊水鳥的窩巢，吃掉鳥蛋和雛鳥，導致野鴨獵人無鴨可獵。基本上，炸烏鴉就是一種政府資助的保育手段。是誰負責監督一九三五年冬季炸死伊利諾州二十五萬隻烏鴉的炸鳥行動？伊利諾州的保育委員。是誰撲殺德克薩斯州庫普蘭（Coupland）附近某座樹林的三千隻烏鴉，然後飛去聖路易斯（St. Louis）參加野生動物保育研討會，星期五又回到克里德莫爾（Creedmoor）的烏鴉停棲地炸鳥？德州野生動物聯盟的祕書。

這就是美國保育史的過往。直到一九八〇年代，「保育」一詞才開始符合現在認知的意義。當時之所以保護野生動物和荒野環境，不是因為本身的價值，而是為了保留給人類漁獵的資源。政府將大片大片的荒野列入保護範圍，禁止農耕和其他開發活動，費心阻止烏鴉捕食鴨子，都是為了確保有充裕的空間和獵物供人類打獵或捕魚。

對於某些鳥兒成群結隊覓食的習性，農民也怨聲載道。一九五二年，政府農業部門首度嘗試使用炸藥。丹佛野生動物研究實驗室在阿肯色州選定一片長約一點六公里的沼澤地，進行了一系列「炸鳥測試實驗」；這片沼澤是整天偷吃稻米的紅翅黑鸝、擬八哥、椋鳥和牛鸝在日落後棲息之地＊。研究目標在於比較不同炸彈材料的成本效益，例如炸藥與導火線、鉛珠與鋼珠，以及郵寄專用厚紙筒、冰淇淋紙筒與罐頭的差別。這項實驗的結果讓我們掌握到許多資訊，像是將炸藥和鉛珠裝在郵寄用紙筒裡製成的炸彈「單彈平均撲殺數」是一千八百二十隻鳥，「單鳥撲殺成本」不到一美分。

這項實驗沒有呈現出來的資訊，是殺死在龐大鳥群中占百分之一、二的個體，對於農損究竟有沒有顯著影響。其實早就有這方面的評估資料了，那就是奧克拉荷馬州在十年炸烏鴉期間收集的數據。從一九三四年到一九四五年，共有一百二十七處烏鴉停棲地遭炸，長期擔任美國農業部鳥類專家的理查·多比爾（Richard Dolbeer）在《北美擬黃鸝科（*Icteridae*）鳥類的生態與管理》中寫道，「這是為了減少水鳥蛋遭捕食以及作物被破壞的情況」。根據估計，約有三百八十萬隻烏鴉因此死亡，但是多比爾在書中寫著：「並無證據顯示這些爆炸對於烏鴉族群總數、農業損失或水鳥繁殖有何影響。」

想用撲殺來控制野生動物造成的損害就會有這個問題。撲殺不只手段殘忍，而且效果不彰（除非全面根除）。某次，我花了一整個早上在美國國家野生動物研究中心查詢檔案

---

* 讓我們來打破一個迷思：據說鳥兒如果吃了婚禮上灑的米，會導致內臟爆裂。這種錯誤訊息在流傳多年之後，不僅出現在知名作家安·蘭德斯（Ann Landers）的專欄上，還傳到康乃狄克州議會。一九八五年，梅·施密德（Mae Schmidle）議員提出了《婚禮禁用生米法》（An Act Prohibiting the Use of Uncooked Rice at Nuptial Affairs）。奧杜邦學會（Audubon Society）對此大表不滿，指出許多候鳥都會吃田裡的稻米。無論如何，仍有不少教堂禁用稻米，只不過原因並非出在生米對鳥類有害，而是對賓客有害；若有人踩到這些又硬又圓的米粒，很容易滑倒，接著就會飛也似地去找律師提告傷害罪了。

庫，讀到一些老前輩口述歷史資料的文字紀錄。其中有一位讓我印象特別深刻，那就是威爾登．羅賓遜（Weldon Robinson）。他原本是跟政府合作的獎金獵人，每殺掉一頭郊狼可以拿到三美元。他很快獲得丹佛野生動物研究實驗室的聘用，此後一路高升。一九六三年時，羅賓遜已經是管轄四個單位的主管，包括鳥害防制組、掠食動物防治組和農業鼠害防治組，可說獨攬有害野生動物的防治工作於一身。根據口述歷史資料，對於當局長期致力於減少某些動物的數量，他最終認為：「大自然自有調節之道。」

羅賓遜這番體悟來自一種稱為補償性繁殖（compensatory reproduction）的現象。族群中一大部分的成員被除去之後，存活下來的個體就能有更多食物。透過各種生理反應（妊娠期縮短、單胎產仔數增加或延遲著床），食物豐足的個體會比經常挨餓或勉強填飽肚子的個體孕育出更多後代。在食物不虞匱乏的情況下，吃得飽飽的親代與被餵得飽飽的子代都更有機會順利存活並繁衍下去。比方說，郊狼在食物稀少的情況下一胎可能只會產下三隻幼狼，但在食物充足時可以多達八隻。這項數據來自麥可．科諾弗（Michael Conover）的學術著作《化解人獸衝突》（*Resolving Human-Wildlife Conflicts*）。科諾弗曾擔任傑克．H．貝里曼研究所（Jack H. Berryman Institute）所長，該機構贊助不少有關人獸衝突解決方法的研究（大部分是致命性方法）。他指出，殺死郊狼等於是幫其他原本沒機會繁殖的公郊狼拓展了地盤。最重要的一點是：如果要讓郊狼數量淨減少，人類每年必須消滅至少六成的郊狼。

關於這件事，羅賓遜有一句名言。「出生率比死亡率更有效率。」他對採訪者這麼說。很好記的一句話，不過有點深奧。採訪者話鋒一轉，他馬上又把話題拉回去。我想像他坐在椅子上，身體前傾，「出生率比死亡率更有效率。」他又重複一次。這時主持人表示沒有其他問題了，於是他們看了幾張舊照片，一起驚嘆某位名叫詹森・奈夫（Johnson Neff）的同事原來曾經有頭髮。

我在口述歷史資料中還發現，有人會故意高估鳥群規模，好向聯邦政府爭取防治害鳥的經費。該中心鳥害防治主任向採訪者說明，他是如何在鳥群從天空中的一點飛到另一點時估算鳥群規模。這個方法並不完美，但他表示，這樣總好過某些州的負責人員隨便捏造，虛報數量。「『有兩千萬隻鳥！我們需要更多錢。』（咯咯輕笑）沒錯，換成農夫，他們也會做一樣的事情。『我田裡有二十萬隻鳥！』我要更多錢！（咯咯輕笑）」

當時的專家甚至沒辦法確定，黑鸝偷吃的米量是否真的讓農民蒙受巨大損失。根據一九七一年魚類及野生動物管理資源出版品上的估計，每英畝的平均稻穀損失大約介於半蒲式耳（以體積計，約四加侖）到略多於一蒲式耳之間。這個損失量還比聯合收割機在田裡移動時掉到地上的稻穀量來得少（通常每公頃會損失一點六到八蒲式耳）。

還有一點：鳥類能幫農夫清除相當大量的害蟲和雜草。在檢驗過五千隻黑鸝的胃部之後，任職於生物調查局（Bureau of Biological Survey，美國國家野生動物研究中心前身）的福斯特．艾倫伯勒．拉塞爾斯．比爾（Foster Ellenborough Lascelles Beal）指出：「單就胃含物來看，基本上可以確定紅翅黑鸝是益鳥。牠們對於清除害蟲和雜草種子的貢獻，遠遠超過牠們吃掉穀物造成的損失。」簽署這份報告的不是別人，正是農業部長。如今，只有到有機農業組織*才找得到這種資訊。（例如野生農場聯盟〔Wild Farm Alliance〕提供的資訊：根據胃含物，「一隻簇山雀在山核桃產業中的價值相當於兩千九百美元。」）

多比爾在《擬黃鸝科》一書中提到，炸鳥這種方式很快就被摒棄了，「有很多顯而易見的原因：耗人力、成本高、危險、容易造成傷殘……而且無法有效解決問題。」奇怪的是，阿肯色州的炸鳥實驗人員卻對這個方法讚譽有加。研究人員詹森．奈夫（是奈夫！有頭髮！）和莫提默．布魯克．明利二世（Mortimer Brooke Meanley Jr.）認為，實驗結果顯示「炸毀停棲地有其效益和經濟價值」。

明利和奈夫兩人，會不會跟喬．布勞德一樣，只是痛恨鳥兒偷吃作物，而且／或是喜歡引爆炸彈？在第二次世界大戰之後，炸鳥似乎越來越多。我開始懷疑這會不會是因為有人仍抱持著戰爭狂熱，滿腔的愛國熱血無處揮灑，才導致這樣的結果。不過，明利的訃聞讓我打消了這個想法。他在二戰服役時，會帶正在養傷的士兵出外沉浸在大自然中，幫助他們恢復健康。「他常說，自己服役時能帶士兵去健行賞鳥，還能以這樣的方式履行職責，實在是不可思議的好運。」實際上，明利和奈夫都是頗有聲望的鳥類學家。

那麼，身為溫柔的愛鳥人，還寫了《白眉食蟲鶯自然史》（*Natural History of the Swainson's Warbler*）一書的明利，怎麼會在阿肯色州的沼澤地炸黑鸝？我猜想，箇中原因或許就跟昆蟲學家最後研發出殺蟲劑、野生生物學家負責將熊人道處理一樣。相關工作很少，不得不另覓出路。對於專門研究鳥的人來說，防治鳥類是少數謀生方法之一。

我不知道明利和奈夫為什麼支持使用炸彈。或許他們從來沒讀到比爾先生那篇關於黑鸝的報告，也沒有讀過奧克拉荷馬州炸烏鴉行動成效不彰的那份資料。不過，可能也沒什麼人去讀奈夫和明利的研究論文，因為黑鸝防治工作的方針很快就從炸鳥轉向化學戰。

五年後，奈夫和明利又來到田野間，在黑鸝與牛鸝的停棲地附近撒下加了番木鱉鹼的穀粒。多比爾在書中寫到，這兩種鳥「幾乎都避開了毒餌」。或許，牠們只是想避開詹森·奈夫和莫提默·布魯克·明利。

對偷吃作物的鳥類「開戰」，有時候不光只是比喻，而是真的演變成軍事行動。

* 或是從摩門教的歷史書籍裡頭。根據記載，一八四八年有一群加州鷗（*Larus californicus*）飛過大鹽湖（Great Salt Lake），接著彷彿上帝之手般降落地面，襲向正在啃食拓荒者作物的成群昆蟲。這就是為何如今猶他州的州鳥是加州鷗的原因。

一九三二年十月，澳洲國防部長同意派出兩名機槍手，由少校G・P・W・梅雷迪斯（G. P. W. Meredith）率領，準備掃蕩在西澳大利亞州入侵農田、大肆吞食小麥的成群鴯鶓。（農民原本請願向軍方借用幾部機關槍，但國防部長拒絕了。）軍方只要求拿走死亡鴯鶓的羽毛作為回報，用來做成澳洲輕騎兵帽子上的羽飾。

然而，梅雷迪斯少校和機槍手發現，鴯鶓這種對手遠比預期的更難對付。鴯鶓雖然不會飛行，卻是優秀的短跑選手，在動機充分的情況下，速度可達每小時五十公里。鴯鶓的外表很容易與周遭環境融為一體，而且在移動過程中隨時保持高度警戒，所以在進入機關槍的射程範圍之前，往往就已察覺危險訊號；一旦發現苗頭不對，馬上奔逃四散，揚起滾滾沙塵。行動第三天，梅雷迪斯少校確認只擊殺了二十六隻之後，決定改變戰略。他要機槍手躲在水壩上方的灌木叢中，等待鴯鶓來喝水。下午四點左右，軍方發現遠處出現一大群鴯鶓。

「牠們不斷伸長脖子張望，小心翼翼地接近水壩，顯然沒有忘記前幾天發生的事情，但實在口渴難耐，不得不繼續前進。」《西澳洲報》（*West Australian*）的特派記者如此寫道。當鴯鶓接近到幾百公尺內時，梅雷迪斯少校下令開火。塵埃落定後，軍方清點現場，竟然只有五十具鳥屍。軍方只好開始找藉口。有人告訴記者是因為機關槍卡彈，也有人推測大部分的子彈都只有擦過羽毛，鴯鶓毫髮未傷，因為鴯鶓「羽毛比肉多」。梅雷迪斯少校則相信，應該還有幾百隻鴯鶓被擊中，只是沒死。他認為鴯鶓擁有幾乎是超自然的能力，能夠「面對機關槍時像坦克般刀槍不入」。他似乎十分欽羡：「如果我們能有一個可以像牠們這樣抵擋子彈的軍團，世界上任何軍隊都不是對手。」

行動第六天，梅雷迪斯少校認輸了。珀斯的《每日新聞報》（*Daily News*）報導：「鴯鶓成群結隊出現在路上，彷彿是在為軍方送別，充滿嘲弄意味。」事情差不多到此告一段落。十二年後，在第二次世界大戰的戰火延燒之時，自視甚高的西澳大利亞州麥農再次要求軍方介入，這次他們希望「用低空飛過的飛機投擲小型炸彈」。軍方並未接受這項要求。

與此同時，在遙遠的太平洋上，中途島（Midway Atoll）的信天翁也成為讓人類束手無策的敵人。

中途島位於北美洲和亞洲的太平洋上，對美國來說具有重要的戰略價值。一九四一年，美國在中途島建立海軍航空站。當時的中途島對於十多種海鳥也很重要（現在亦然），包括數以萬計的黑背信天翁（*Phoebastria immutabilis*）和黑腳信天翁（*P. nigripes*），牠們每年都會回到島上產卵育雛。由於信天翁在島上沒有天敵，對於外來者（包含人類和機器）並不害怕，而是抱著半冷淡、半好奇的態度。牠們在海軍基地的跑道上展翅翱翔，絲毫不顧忌與牠們共享天空的那些又大又吵的金屬鳥兒。碰撞意外，也就是鳥擊，自此成了一大問題。

「有一隻鳥飛進化油器進氣口，」在一九五九年政府拍攝的某部膠捲影片中，一位名叫傑瑞的飛機維修技師對著海軍公關人員手中的麥克風這麼說。「導致三號引擎完全失去動力。」

麥克風轉向採訪者的嘴邊，他的鬍髭修剪成倒V字形，就像信天翁升空時翅膀朝下的形狀。「如果超級星座式（Super Constellatio）預警機的進氣口卡了一隻大笨鷗，會怎麼樣？」（「大笨鷗」〔Gooney bird〕是軍方對信天翁的慣用名稱。）「會不會導致起飛時失事，讓飛機墜毀、機上人員喪命呢？」

「是的，先生，很有可能發生這種情況。」

採訪者轉身面對鏡頭。「大家都聽到了，這就是專業人員的看法，他們很難理解怎麼能讓這些大笨鷗在中途島上繼續生存下去。」

場景換到歐胡島巴伯斯角海軍航空站（Naval Air Station Barbers Point）的一間辦公室，畫面上出現海軍少將班傑明·E·摩爾（Benjamin E. Moore）以及他的指示棒。摩爾少將站在放著一張海報的畫架旁，上面標出了幾項關於大笨鷗的重要成本統計數據。「去年我們遇到五百三十八次鳥擊，」指示棒指著海報上面的文字：**鳥擊五百三十八次**。他接著分析了這些鳥擊事件背後的成本，從修復損壞的人員薪資算起。「工時共計兩千五百二十小時，乘以每小時兩美元，等於五千零四十美元。」摩爾少將走到第二個畫架旁，指向**中止飛行三十三次**。每一次中止飛行，機師都必須放掉三千加侖的燃油，才能讓飛機達到安全降落重量。指示棒引領我們的視線落在**洩放燃油九萬九千兩百加侖**，以及下方的**成本一萬七千五百美元**。少將走回第一個海報架旁，鏡頭外的某個人已經更換了放在上面的海報。指示棒在海報上果斷地敲了最後一下：**總成本十五萬六千美元**。

摩爾少將走向他的辦公桌。左邊有一面美國國旗，如同所有室內旗幟一樣垂掛在旗桿上，顯得憂傷無力。少將坐下，氣氛變得沉重。「我們應該徹底清除中途島上的大笨鷗，讓人員可以安心作業；若是繼續讓牠們留在這裡，遲早會葬送整架飛機上二十二名機組人員。但願我永遠不需要向某人的母親或妻子說明，她的兒子或丈夫是死於……」摩爾少將停頓片刻，拿起畫架小幫手放到桌上的照片。這張放大過的照片中是一隻平靜地站在草地上的信天翁。他從照片上方怒視著鏡頭：「……**這東西**。」充滿戲劇性的交響樂響起，伴隨著畫面淡出，出現**本片終**。這部膠捲影片的標題是《中途島的第二次戰役》（*The Second Battle of Midway*）。這場戰役十分漫長，比首次戰爭（就是第二次世界大戰）打得更久。一開始的戰略是直接殺光，但由於鳥太多、彈藥太貴，少將考量到預算，第一波攻勢並沒有使用槍枝。當時是一九四一年，攻擊行動的細節都記載在魚類及野生動物管理局的特殊科學報告中，標題是「大規模撲殺實驗」。報告中提到總共出動了兩百人，他們帶著長管或木棍，「每天花六、七個小時」敲擊信天翁的後腦勺。根據估計，大約有八萬隻信天翁被殺。「有一小段時間，鳥擊事件減少了，」這一段的結尾寫著，「但是到了下一季，信天翁的數量似乎又恢復到跟以前一樣多。」

軍方的策略於是轉向騷擾信天翁。為了說服信天翁去其他地方築巢，軍方可說是不擇手段。在一九六三年中途島信天翁防治工作的政府審查文件中，列在「干擾」標題下方的項目就有「來福槍、手槍、火箭筒、迫擊砲」。「部分信天翁表現出不適」，然而因此離巢的鳥兒「為數不多」。軍方沿著鳥巢密度最高的跑道邊緣，以四十公尺的間隔放置了十具電土炮，結果「空中的鳥兒數量並未減少」。軍方燃燒橡膠輪胎，並點燃信號彈，想用有毒的煙霧趕走信天翁。軍方還用「超音波警報器」播放警報，因為他們誤以為信天翁聽得見超音波。為此，軍方曾派出一架洛克希德WV-2預警星（Lockheed WV-2 Warning Star）雷達偵測機，在距離信天翁營巢區不到三十公尺的跑道滑行，同時放出高強度的雷達波束。只不過，看不出有什麼效果。

由於無法以騷擾趕走島上的信天翁，海軍研究了將信天翁直接移走的可行性。在另一項測試計畫中，軍方從跑道附近的營巢地抓了十八隻信天翁，分別綁起來裝上軍用運輸機飛往不同地點：日本、菲律賓、關島、瓜加林環礁，還有——哎呀呀，歐胡島巴伯斯角海軍航空站，也就是軍方層級最高的信天翁仇視者、海軍少將班傑明・E・摩爾的大本營。這十八隻信天翁中，有十四隻（在沒搭飛機的情況下）趕在營巢季節開始前回到中途島。當時海軍還不曉得，信天翁儘管能飛越千里，卻總是會回到同樣的地方營巢。

把巢搬走呢？這招海軍也試過了，行不通。信天翁能靠身體內建的GPS定位系統判斷出鳥巢被移過位置，然後返回真正的出生地重建新的巢。接下來，海軍嘗試移走蛋。他們將一萬顆信天翁的蛋搬到鄰近島嶼，把當地的鳥全都趕出巢，再迅速將綁架而來的信天翁蛋安置在巢裡。就像一九七〇年代的Folgers即溶咖啡粉廣告一樣，**我們偷偷把信天翁的蛋換成從鄰近島嶼拿來的鳥蛋**；只不過，即溶咖啡廣告中的顧客沒發現咖啡換了，信天翁卻沒有上當。

惱火的海軍決定尋求科學家協助。一九五七年十月二日，賓州州立大學的動物學教授修伯特・佛林斯（Hubert Frings）接到一通從華盛頓打來的電話，詢問他是否願意在十二月到一月的營巢季節前往中途島。換句話說，他願不願意放棄原本預計在賓州阿爾圖納（Altoona）度過的寒假，前往那座熱帶小島為國效力呢？當然好了。陪同前往的是修伯特的妻子梅布爾（Mable Frings），她是圖書館員，也是生物聲學專家，對於蟋蟀和蚱蜢的「唧聲序列」*特別有興趣。

佛林斯夫婦抵達中途島的那一天，軍方正在進行另一場「大規模撲殺行動」。儘管大規模殘殺早有失敗紀錄，仍然有人想用棍棒將中途島上的信天翁全部打死。梅布爾帶著開盤式錄音機加入了戰局，她希望能錄到信天翁示警和痛苦的叫聲，以後就可以對著鳥群播放，用更符合鳥類學知識的方式嚇走牠們。但是，現場沒有叫聲可以錄。修伯特在回憶錄中寫道：「這些鳥幾乎都是安安靜靜地坐在原地，直到被一棒敲下去。」梅布爾的錄音帶只錄到「頭骨碎裂的聲響」，此外還有某位年輕水手悲痛的心聲：「我加入海軍，並不是為了敲碎無辜鳥兒的腦袋……」

修伯特悄悄指出軍隊士氣方面的問題，同時也提到，要是消息傳出去的話，「美國本土民眾的反應也令人擔心。」不過，他的顧慮沒有受到上級重視。這次的屠殺行動和先前一樣，並未達成目標。雖然有兩萬一千隻信天翁被殺，但修伯特觀察到的情況是：「在跑道周圍遊蕩的信天翁幾乎跟先前一樣多，鳥擊次數也沒有減少。」此外，「就算成功將中途島的信天翁族群全部殺光，或許也只能維持一小段時間，很快就會有新移民發現這片空出來的停棲地。」

修伯特和梅布爾盡其所能提供比較溫和的替代方案。他們建議清除鄰近島嶼沙灘上的海葡萄樹，讓這些沙灘對於尋找營巢地點的信天翁變得更有吸引力。這項計畫在海軍的宣傳影片中出現過一下下。影片中可以看到摩爾少將用指示棒在庫雷島（Kure Atoll）的放大照上敲了敲，表示海軍航空局（Navy Bureau of Aeronautics）計畫將當地的灌木林夷為平地；不過除此之外，我找不到其他相關資訊了。

海軍確實嘗試過「改造地貌」，不過是在中途島上。有人提議說，跑道周圍有一排沙丘，能夠產生信天翁起飛所需的上升氣流，若是夷平沙丘，想必就能解決問題。修伯特不這麼認為。從海上吹來的風加上面積特別大的翅膀，就能構成足以讓信天翁飛起來的氣流條件。儘管修伯特指出這點，沙丘還是被剷平了。要說有什麼差別的話，就是進入跑道區的障礙被清除了，現在有更多信天翁會從跑道起飛。

幾個星期過去了，修伯特必須回校授課。他和梅布爾答應在回到賓州之後繼續做一些相關實驗，希望能開發出某種信天翁驅避劑。對於運送活體信天翁已是經驗老道的海軍，很快就送了兩隻信天翁給佛林斯夫婦。在修伯特的回憶錄中有張照片，圖中的梅布爾穿著短袖洋裝和撞色平底鞋，掀開夾板木箱的上蓋，兩隻黑背信天翁的頭從木箱邊緣探出來；牠們剛結束旅程的最後一段路，也就是前往阿爾圖納的特快列車。這兩隻鳥，一如既往，無論人類對牠們做了多麼奇怪的事情，都顯得泰然自若、無動於衷。

信天翁驅避劑的試驗非常不順利。牠們不討厭樟腦丸，對活生生的蛇視而不見，對於

＊ 民間曆書聲稱可以用蟋蟀唧叫的次數來判斷戶外溫度（若是像佛林斯夫婦有養蟋蟀，則可推斷自己家的室溫），不過這個說法被修伯特和梅布爾證明只是胡說八道。（方法是這樣的：計算蟋蟀在二十五秒內的唧叫次數，除以三，再加上四，試著回想這是攝氏還是華氏度數的公式，然後在你的待辦事項裡面寫上「下載氣象應用程式」。）

同類求救和警告的叫聲也毫無反應。最後一點似乎不怎麼令人意外，因為中途島上的人員為了要引發這種叫聲以供錄音，抓著一隻信天翁甩圈；過程當中，在幾公尺外營巢的其他信天翁「甚至沒有來看看這陣騷動是怎麼回事」。看來，信天翁是一種極度鎮定的鳥類。

隔年一月，佛林斯夫婦回到中途島，他們已經絞盡腦汁，想不出其他辦法。某天，修伯特注意到好幾位軍眷將桌巾舉在身前，走到自家草坪上，輕而易舉地趕走了一群正在閒晃的信天翁。「我們做了實驗，拿各式各樣的平面物體舉在面前走向信天翁，」他寫道，「……大面積的平面物體……相當有驅避效果。」這項發現讓修伯特十分興奮，他馬上要求與中途島司令部開會。他認為只要派很多人拿著大面彩色方旗，加上適當的「統籌規劃」，「很有可能將島上營巢的信天翁都趕走」。他估計在信天翁回到島上繁殖的期間，每天大約需要二十到三十個人做這件事情。

軍方沒有採納這個提案。先前還有一個建議是在營巢地附近的低矮處綁上電線，絆倒經過的信天翁，構成牠們的困擾。修伯特最後的建議來自觀察信天翁所得到的靈感，他發覺從來沒看過信天翁從掛在機棚屋頂的金屬拉簾下飛過。他思量著，懸掛長形布條說不定能嚇阻想在不該築巢的地方營巢的信天翁。他打算在跑道沿線的海灘上，將三公尺長、一公尺寬的彩色布片掛在一根根六公尺高的桿子之間。如果你是婚禮規劃師或地景藝術家，應該會覺得這點子超棒，但海軍的飛行員可就不這麼覺得了。某天晚上，修伯特在軍官俱樂部提出這個想法。他在回憶錄中寫道：「對於這件事，大家的看法很不一致。」

大約在那個時期，軍方對於佛林斯夫婦的態度開始變差。修伯特憶述當時的情形：「我們的工作被認為是……沒用又麻煩的。」因此，修伯特．佛林斯回到他的教學崗位，梅布爾繼續研究她的蚱蜢和蟋蟀，並開始進行新的專題計畫「蜘蛛生活型態之研究」。我想引用修伯特日記中的一句話做結：「在我們養過的所有動物當中，這兩隻信天翁跟我的關係最好。我真的很愛牠們，我欣賞牠們的獨立，還有牠們快活自在的模樣。牠們是生物中真正的貴族，而我與牠們相知的日子就到此結束了。」我對修伯特和梅布爾也有一點這樣的感覺。

美國海軍在一九九三年關閉了中途島海軍航空站。海軍駐紮期間沒有飛機墜毀，沒有飛行員因為大笨鷗喪命。而無論軍方做了什麼樣的努力，鳥擊仍持續發生。根據一份報告指出，在某項為期四年的信天翁控管計畫結束時，鳥擊次數還比開始前多了一倍。

一九五八年九月，《飛行》（*Flying*）雜誌刊出一則有關中途島信天翁難題的報導，文中引述一位飛行員的話：「我敢打賭，無論我們朝牠們扔什麼東西，當這一切結束的時候，中途島仍然是大笨鷗的地盤，我們只是對這種不屈之鳥無可奈何的過客。」

我希望那位飛行員當時真的有下賭注，因為在一切行動都結束後的今天，中途島確確實實仍是大笨鷗的地盤。中途島海軍航空站如今已成為中途島野生動物保護區，只有孵蛋育雛的快樂海鳥，以及為了彌補人類造成的損害，默默復育信天翁棲地的魚類與野生動物部人員。

在世界各地，仍不斷發生茫然無知的野生動物與大型運輸工具相撞的憾事。科學界也還在努力尋找解決方案，有時會衍生出一些趣事，不過，化解人獸衝突的初衷始終未變。

10

狹路又相逢
無視交通規則的動物

二〇〇五年七月二十六日，發現號（Discovery）太空梭撞上了一隻紅頭美洲鷲（*Cathartes aura*）。這場意外發生在太空梭升空時，因此有錄到當時的情形。從影片畫面上，可以看到這隻大鳥凌空翱翔，或許正享受著發射火箭產生的上昇熱氣流，下一秒突然撞上外燃料箱而彈開，像伊卡洛斯[譯註8]般垂直下墜，落入尾焰之中。由於太空梭才剛開始加速，損傷不大，主要的傷害都在那隻紅頭美洲鷲身上。話雖如此，任職於美國國家

＊譯註8　伊卡洛斯（Icarus）：希臘神話中的人物，是建築師代達羅斯（Daedalus）之子。代達羅斯受克里特島國王米諾斯（Minos）之託建造出一座巧妙的迷宮，用來囚禁牛頭人身的怪物米諾陶洛斯（Minotaurus）。迷宮完成後，國王為了封口，下令將代達羅斯父子一同關進迷宮裡的高塔。代達羅斯用蠟和鳥羽製成飛行翼，帶著伊卡洛斯逃出高塔。然而興奮的伊卡洛斯忘了父親的叮囑，越飛越高，最終蠟翼不耐太陽的熱度融化，伊卡洛斯墜海身亡。

野生動物研究中心俄亥俄州桑達斯基（Sandusky）分部的野生生物學家特拉維斯・迪沃特（Travis DeVault）回憶當時情況說：「這起事件讓很多人緊張到胃痛。」

美國國家野生動物研究中心分部的辦公室，位在美國太空總署（NASA）的梅溪測試站（Plum Brook Station）*園區內。梅溪測試站是NASA測試火箭引擎和火星探測器等等的地方，確保這些器材設備在太空旅行中遇到各種壓力和異常情況時仍可正常運作。梅溪的工程師可以製造出比音速快六倍的風，還有像火箭發射時那樣劇烈的震動。相較之下，一隻不受控的禿鷹似乎很好笑，但沒有人笑得出來。迪沃特提醒我，當初哥倫比亞號太空梭就是在升空過程中受到碎片撞擊外部導致損傷，才會在返回地球時發生爆炸慘劇。

美國國家野生動物撞擊資料庫的總部也在梅溪測試站，由美國聯邦航空總署和美國農業部共同管理。梅溪可說是聯邦機關大雜燴之地，連聯邦調查局也在這裡設點，就在迪沃特辦公室對面一扇扇關得緊緊、標示牌沒寫名字的門後面。迪沃特不清楚他們都在這裡做什麼，倒是對他們的碎紙能力印象深刻。「拿出來的東西都碎得跟**灰塵**沒兩樣。」

在二〇一五年，美國國家野生動物撞擊資料庫統整了過去二十五年間民航機與野生動物撞擊事件的資料。報告內容依照不同物種*列出各項數據：撞擊次數、飛機損傷總成本，以及傷亡人數。身為一隻鳥，有兩種情況可以搏得美國聯邦航空總署的注意（說不定聯邦調查局也會有興趣，誰知道呢）：體重很重，或者總是成群結隊飛行。

由於體型的關係，紅頭美洲鷲＊在危險名單上名列前茅：共計造成十八人受傷，一人死亡，並且有百分之五十一的機率造成代價高昂的飛機損傷。相較之下，在記錄到的二十七起山雀撞機事件中，沒有任何一次造成嚴重損失。

噴射機的發動機必須通過「吸入鳥類」測試，不過測試中使用的鳥重量不到一公斤，而紅頭美洲鷲平均體重約為一點五公斤。迪沃特傳送測試影片連結給我，影片調慢了速度，呈現出風扇發動機的扇葉將鳥像肉餅似地切成碎片的過程。若是遇上禿鷹或鵜鶘這麼大的鳥，扇葉本身也可能會斷成碎片。扇葉碎片如果掉進經過精密校準的發動機零件裡，可能會演變成災難性的後果。

＊二〇二一年更名為尼爾．A．阿姆斯壯測試中心（Neil A. Armstrong Test Facility）。

＊對於撞上飛行器鼻錐或穿過噴射發動機旋轉扇葉的鳥兒，怎麼樣才能分辨出是什麼鳥種？就靠鑑識鳥類學！調查人員會收集現場的羽毛、羽絨、鳥喙、鳥爪和／或「鳥體殘留物」（snarge，從飛機遭撞擊處刮下來的鳥體組織），送到史密森尼學會（Smithsonian Institution）的羽毛鑑定實驗室（Feather Identification Lab）。美國郵局可以寄運鳥體殘留物。我從美國郵局的網站上得知，他們也可以運送沒受傷的活體動物，包括水蛭、金魚、蠍子（須以雙層容器裝運）、體重十二公斤以內的鳥類，以及「無害的小型冷血動物」；對於最後這一種，我想他們除了寄運之外也曾經請來站櫃檯，至少我家附近的郵局就有過一次。

＊這邊要釐清一下，別名火雞禿鷹（turkey vulture）的紅頭美洲鷲是禿鷹的一種，並不是火雞。火雞也有撞飛機的紀錄，不過只有野生火雞會如此。超市裡的火雞沒撞過飛機，但超市裡的雞撞過，專家會朝飛機組件發射市售雞肉，測試對於鳥擊的耐受度。而用來發射雞肉的裝置，沒錯，就叫做「雞關槍」（chicken gun）。

迪沃特還寄了一架波音七五七遭遇撞擊時的塔台影片給我，那是他訓練航站生物學家用的教材。影片中，先是看到飛機起飛時有一隻黑色的不明鳥類（在螢幕上只有小小一點）衝入發動機進氣口，發動機後方隨即爆出一陣火光。最讓人印象深刻的是影片中的聲音，你會聽到機師大喊「Mayday、Mayday、Mayday」（緊急求救），背景則傳來一反平時快活歡欣、變得極度恐怖不祥的鳥鳴。

影片中的鳥很可能是椋鳥，是美國最容易發生鳥擊意外的六種鳥類之一。為了誤導想捕食牠們的猛禽，椋鳥有時會成群飛翔，集結為變幻莫測的龐大形體，忽而迂迴、忽而翻騰，猛然散開、復又聚攏，既沒有半點徵兆，行動也看似毫無邏輯，這種行為稱為群飛（murmuration）。若群飛的椋鳥與飛機相遇，噴射發動機那敞開的大口免不了會吞進幾隻小鳥，就像遇上大鯨魚的磷蝦。

最糟糕的莫過於成群結隊的大型鳥類。知名的「薩利機長」切斯利・B・薩倫伯格（Chesley B. Sullenberger）當年就是遇上加拿大雁（*Branta canadensis*），不得不迫降在哈德遜河上，因為飛機的兩具發動機各飛進了一或兩隻雁。

迪沃特的野生動物撞擊研究，在不同的時期分別著重於紅頭美洲鷲、黑鸝和加拿大雁。不過，他今晚要收集資料的對象更加危險，被美國聯邦航空總署視為「對美國民航機危害最大的野生動物」，那就是白尾鹿（*Odocoileus virginianus*）。

從一九九〇年到二〇〇九年，美國國家野生動物撞擊資料庫總共記錄到八百七十九起白尾鹿與飛機碰撞的事件。這些撞擊事故一共導致二十六人受傷，對於飛機帶來的平均損害是其他野生動物撞擊事件的六倍之多，造成的航空罹難人數僅在加拿大雁、紅尾鵟和鵜鶘之下。在飛機降落、起飛和滑行時，都曾發生過鹿擊。沒有鹿會在巡航高度撞上飛機，這點是顯而易見的；比較難以理解的是，有兩頭鹿撞上停放的飛機。

白尾鹿的體重是紅頭美洲鷲的三十倍，而且經常成群結隊移動，對飛機和車輛都是災難。迪沃特近來的研究重點是：馬路和停機坪上的動物即使有足夠的時間逃走，也往往沒有及時閃避。為什麼你們被車頭燈照到就呆站不動？該怎麼幫你們？你們怎麼會**沒注意到**有一架太空梭呢？動物不會回答這些問題，迪沃特只能自己找答案。

迪沃特開車帶我繞行梅溪廣達兩千四百多公頃的林地。野生生物學家對於太空中心的導覽是像這樣：**那邊有個白頭海鵰的巢，看到了嗎？這裡是採蘑菇的好地方。那棟建築物有一些會冒熱煙的大管子。那邊還有一個巢！**要分辨哪些建築物少有人用很容易，看鹿就知道了。極音速風洞中心（Hypersonic Tunnel Facility）前的草坪上大概有五、六隻鹿在遊蕩，像婚宴賓客那樣邊走邊吃。沿路也經常看到牠們，就跟里程標示牌一樣常見。剛出發時，我好幾次猛然前傾大喊：「那裡有一隻！」後來迪沃特轉頭看著我說：「瑪莉，你住的地方不常看到鹿，對吧？」

迪沃特看過很多鹿，偏偏沒看到他撞上的那一隻。這很常見。「我們撞到的鹿通常是跟在其他鹿後頭的，」他說。你踩下煞車，眼睛就盯著剛剛差點撞上的那隻鹿。「然後你踩油門，這時後面那隻就來了。」

天黑之後，我們將跟迪沃特的研究夥伴湯姆・希曼斯（Tom Seamans）會合，為被我稱作「驚燈之鹿」（deer in the headlights）的計畫收集一些資料。

現在已近黃昏，根據迪沃特與四位研究同仁共同撰寫的一篇論文，這是一天當中最容易發生車輛撞鹿意外的時段，機率是入夜之後的三倍。鹿是晨昏性（crepuscular）動物，這個詞是為皮膚醫學而產生，意思是「在黎明或黃昏時活動」。十一月也是駕駛風險特別高的時期，因為正值發情期——也就是交配季節。鹿滿腦子都想著綿延子嗣，卻沒有注意到傳宗接代之路最顯而易見的阻礙：交通。

我們沿途一直看到鹿，一方面因為現在是傍晚，另一方面是因為梅溪有很多鹿：鹿與在這裡工作的人類比例大概是十比一。此外，穿越樹林的路對於鹿很有吸引力。道路附近長著牠們的食物，而且相對空曠，掠食動物不容易埋伏在這裡偷襲。開闊的道路也很容易吸引鳥類，因為在這樣的環境比較能看清飛蟲的動向，容易捕食。遭撞的屍骸，則會引來食腐動物。一次路殺，會引發下一次路殺。（為了避免再次發生紅頭美洲鷲撞擊事故，甘迺迪太空中心的地面人員組成了「路殺處理隊」，從預定發射的幾天前就開始積極清理遭遇路殺的動物屍骸。）基本上，動物走上馬路的動機就跟人類一樣：比較方便。

梅溪的道路速限較低，有助當地的野生動物順利繁衍。只要車輛速度沒有自然界的掠食動物來得快，就算駕駛沒有煞車，動物通常都能即時逃跑閃避。作為被獵方的動物，會保持所謂的空間安全邊際。牠們能憑視覺迅速判斷自己與掠食者之間的距離，而且很神奇地知道在掠食者接近到什麼程度時一定要逃走。逃跑前掠食者最靠近的距離，也就是逃跑起始距離（Flight initiation distance），長短會因環境狀況而異。如果動物正在吃營養豐富的美味食物，可能會等到最後關頭（最短的逃跑起始距離）才甘願放棄美食。如果掠食者正在奔馳接近，牠們會將對方的速度考慮進去，在掠食者還有好一大段距離時就動身逃逸。動物們幾乎每次都能判斷出來得及脫身的安全距離，除非朝牠們衝過來的東西有引擎。

哺乳動物和鳥類會將奔馳的車輛視為掠食者，這點不難理解。牠們的逃生演算法在車水馬龍的城市街頭運作得很好，就算你刻意要撞鴿子，也幾乎不會成功；但在高速公路或鄉間大道，牠們的判斷力卻不怎麼靈光。畢竟，哪有掠食動物會用時速一百公里的速度朝你衝過來？從演化的角度來說，這是前所未有的事情。「高速車輛是最近一百年才出現的，」迪沃特一邊說，一邊翻下遮陽板來擋住西斜的陽光，「以演化來講，不過是一瞬之間。」

迪沃特推測，這或許能解釋野生動物為何往往無法閃避看起來明明很容易避開的東西：「巨大吵嚷、沿著可預測路徑移動的車輛。」演化機制還來不及更新動物們的資訊處理器。要判斷速度，首先要能感知及解讀「快速擴大」（looming），也就是物體接近時在視覺上變得越來越大的速度。當物體快速移動時，比較不容易察覺快速擴大現象及處理視覺資訊。鴿子研究專家所謂的「快速擴大感知神經元」，在這種情況下會陷入無法處理資訊的狀態。

迪沃特和希曼斯投入大量時間在這方面的研究。他們剛開始的研究計畫非常直截了當：「我們就開車朝紅頭美洲鷲直直衝過去……」用於吸引紅頭美洲鷲的浣熊屍體已事先鍊在一塊很重的金屬板上，以免被牠們從馬路上拖到其他能放心進食的地方。實驗中使用的車輛是Ford F-250貨卡車，行駛中不踩煞車，以時速三十、六十和九十公里這三種定速進行測試。逃跑起始距離的測量方法，是在紅頭美洲鷲準備逃離時將沙包從車窗丟到柏油路面上，再測量沙包到浣熊屍體之間的距離。時速六十公里時的逃跑起始距離和時速九十公里時並沒有明顯差異，顯示或許正如迪沃特和希曼斯預測的，速度快到不符自然的「掠食者」已超出牠們感官和認知本能可以處理的範疇。

沒有任何紅頭美洲鷲被撞上，雖然有幾次千鈞一髮的驚險鏡頭，但牠們最終都能以最快的速度逃脫。為了了解車速更快的情況下會發生什麼事，迪沃特和希曼斯設計了一輛影像卡車，然後抓了一些附近常見且身強體壯的牛鸝，放進空間寬敞的圍籠裡（別擔心，牠們事後都被放回去了）。圍籠的其中一面牆是螢幕，研究人員會播放卡車朝放在路面中間的攝影機疾駛而來的影片，結果發現無論卡車的車速是多少，牛鸝都是在車子距離大約三十公尺時飛起來。只要車輛時速在一百二十公里以下，牠們都有足夠的時間飛走。

希曼斯和迪沃特透過調整影片播放速度，像變魔法一樣將影像卡車的速度加快到時速三百六十公里，大約等同於飛機起飛時的速度，因為這項研究真正的目標，在於提升飛航安全及預防飛機損傷。能找出如何預防美國公路每年發生的數千萬件*小型動物路殺事件，當然是好事一樁，但並非研究的最終目的。

假如遇上速度和飛機一樣快的卡車，每隻牛鸝都會為美國國家野生動物撞擊資料庫增加一筆數據。

專家對擅自穿越馬路的行人所做的研究，也呈現出類似結果。大腦基本上是根據車輛和自己的距離來做出決策，我們並不擅長考慮速度。實驗證據顯示，對於快速擴大的感測能力要到成年之後才會發展完成。路邊的小孩遇上車速超過三十二公里的車輛，依照歐洲

---

* 實際數字或許更多。路殺事件的數據往往會低估，原因在於食腐動物很快就會來吃掉路殺事件的證據。根據一項在莫哈韋沙漠（Mojave Desert）做的調查，一隻陸龜在道路中線遭到輾壓之後，經過二十一個小時，散落在路面上的殘骸就只剩下「撞擊點八公尺外的兩段乾癟斷肢」；事故發生九十二小時之後，那隻陸龜遺留在地面上的就只有一塊「褪色的汙痕」。

某個心理研究團隊的說法，往往容易出現所謂「亂過馬路」的情況，這也正是為什麼某些路段需要放置「小心兒童，減速慢行」的標誌。兒童過馬路容易發生事故，不只是因為小孩過馬路時沒有仔細看車，也因為他們根本看不出車子接近的速度有多快。

對於面臨掠食者攻勢的動物來說，逃跑只是選項之一。哺乳動物在數千年的演化之中發展出各式各樣的特徵和行為，能讓牠們更有機會存活，例如臭鼬會噴出臭氣，豪豬有尖刺可以保護自己。然而，當所謂的「掠食者」是快速行駛的汽車時，這些策略往往毫無效果，甚至適得其反。烏龜會在自己（跟你）的路線上停下來，把頭縮進龜殼裡。鹿會定住不動，這樣在樹林中比較不容易被掠食者看見。松鼠和兔子則會在路中央之字形亂竄。如果獵殺者是一隻已經算出自己和你的路徑會在哪裡交會的鷹隼，突然改變方向或許能救你一命，但若獵殺者是陸上運輸工具，這樣反倒會讓對方的閃避行動變成白費工夫。

等到街頭滿是無人駕駛汽車的時候，松鼠和臭鼬（還有貓和小型犬）或許就不再有機會因好心駕駛及時轉向和煞車撿回一條小命。根據電腦為了（人類）存活率所做的冰冷計算，什麼都不做才是對駕駛來說最安全的應變。美國疾病管制與預防中心（Centers for Disease Control and Prevention）估計，美國每年約有一萬人因試圖避免撞上動物而受傷，比起撞上動物所導致的受傷人數，只少了兩千人。二〇〇五年，高速公路安全保險協會（Insurance Institute for Highway Safety）分析了一百四十七件導致（人類）死亡的車輛與動物撞擊事故，其中有百分之七十七與鹿有關。最初的撞擊很少導致人類受傷或是死亡；人類死亡的情況，幾乎全是發生在駕駛試圖閃避動物時。由於駕駛或騎士煞車，導致車輛打滑，最後衝出路面或是撞上比鹿肉堅硬的東西。

只有八件例外，是因為大型的鹿（其中一例是馬）撞破擋風玻璃。高個子比較容易致人於死，因為車輛前端撞上的不是動物的軀幹，而是腿部。下方的腿部被撞斷時，上方的軀幹和頭部就像風車一樣翻過引擎蓋，撞上擋風玻璃，如果動物夠高的話還會撞壞車頂。這就是為什麼 Volvo 的車輛會配備 LADS（大型動物偵測系統），而不是 SADS（小型動物偵測系統）。「系統中的攝影機會偵測某些特徵，」Volvo 公關經理在電子郵件中這麼說，「也就是大大的身體配上四條細長的腿。」他給的例子是駝鹿。

在一九八六年的某篇碩士論文中，由瑞典生物工程學學生組成的研究團隊安排了一場駝鹿撞擊實驗並進行高速攝影，以便拆解成慢動作，分析研究這次撞擊的當下和後果。這次研究的目標，是要從生物力學的角度進一步解析這種往往會造成傷亡的撞擊事件，並運用這些資訊研發駝鹿撞擊測試專用的假人。一隻「病重虛弱」的公駝鹿，「在被殺死之後隨即遭到一輛 Volvo 240 以時速八十公里的速度撞上」。這段敘述讓我思前想後許久。其中提到的 Volvo 240，顯然是一輛可以轉眼將時速從零加速到八十公里的汽車，才能在駝鹿斷氣到腳軟這段極短的時間內撞上去。畢竟，研究人員不能將駝鹿的遺體吊起來，否則就沒辦法收集這項研究的作者最主要需要的資料了。

無論如何，影片提供了一些資訊。如果車頂在乘客被往前甩的時候塌下來，借用瑞典駝鹿撞擊測試假人設計師馬格努斯．甘斯（Magnus Gens）含蓄又有畫面的措辭，就是：「破碎的鋼鐵會干擾頭部移動的路線」。〈駝鹿和其他大型野生動物與車輛撞擊研究〉（Moose and Other Large Animal Wildlife Vehicle Collisions）這篇論文的說法就沒那麼含蓄了：「軸向壓縮……會導致骨頭碎片被推入脊椎椎管」。駝鹿若倒向駕駛頭部，會壓碎頸椎，而銳利的頸椎碎片往往會切斷脊神經，導致全身或身體部分癱瘓。還有其他同樣常見的可怕後果，像是顏面骨折，以及動物撞擊擋風玻璃產生大量碎片所造成的撕裂傷，這些傷口容易受到「殘骸、毛髮、內臟和糞便」汙染。最後，即使雙方在撞上之後幸運地還活著，其中一方的腿上就會有一頭正在亂踢的駝鹿。

更不利的一點是，駝鹿的腿比較長，因此牠們的眼睛往往高於車頭燈的照射範圍，駕駛在黑暗中很難有機會看到牠們的眼睛反射燈光。（讓動物眼睛反光的脈絡膜毯〔tapetum lucidum〕，其實是用來增強動物視力的構造，而不是讓人類看清楚的。這層構造可以像鏡子一樣將視網膜裡的光線反射回去，讓哺乳動物在弱光環境下看得更清楚。）

如果你有計畫去常有高大有蹄類動物衝上馬路的極北地帶自駕，不妨考慮開 Saab 或 Volvo，因為這兩個廠牌的車頂支柱及擋風玻璃都有參考甘斯的駝鹿撞擊測試假人在實驗中得到的數據進行設計和強化。甘斯獲得了瑞典道路運輸研究所（Swedish National Road and Transport Research Institute）的研究贊助，該研究所沒多久就收到協助設計駱駝撞擊測試假人的請求。

駱駝比駝鹿更高，也更重，所以撞到駱駝時，會有更大範圍的車頂塌下來砸到駕駛的頭上。如果駕駛往旁邊傾身或閃避猛衝進來的有蹄類動物，骨折的地方可能就不是脖頸，而是背。某項研究顯示，在十六個開車撞到駱駝的沙烏地阿拉伯人當中，有九人最後四肢癱瘓。在高速公路的某些路段，駱駝密度可高達每英里十九頭。這些駱駝並不是野生的，然而飼主往往放任牠們到處遊蕩。更早之前，飼主甚至會故意讓駱駝跑到公路上，因為在近年修法之前，沙烏地阿拉伯的法律規定駕駛若撞到駱駝，必須賠償飼主的損失。利雅德軍醫院（Riyadh Armed Forces Hospital）的神經科學研究團隊在報告中指出：「因此，有些飼主會故意在日落之後將駱駝趕到高速公路上，發生事故後就向車主索賠。」實在可惡至極，希望他們一個個臉上長膿皰，殘骸、毛髮、內臟和糞便都掉到他們頭上。

總而言之：不要為了小動物急踩煞車或猛然轉向，無論小動物有多可愛都一樣。如果是在空曠的沙漠公路上遇到駱駝，要轉向、急煞、衝出路面都可以，因為除了沙子之外不會撞上別的東西。在有駝鹿的國家千萬別開快車。至於鹿，我不知道該給什麼建議才好。根據高速公路安全保險協會的研究，只有在空間足夠的情況下才建議煞車或轉向避開鹿，但要避免讓車輛打滑或失控，因為撞上鹿，未必會傷到鹿以外的其他人。但除了煞車和轉向之外還有什麼選擇，直接撞上去嗎？誰會這麼做？人都會踩下煞車。如果煞得太急，車頭會往下降，撞擊點變低，可能會撞在鹿腿上，導致更大範圍的軀幹翻過引擎蓋撞向擋風玻璃。然後，後方的車輛還會追撞。什麼才是理性的應變方式？

讓我們來問問最理性的司機：自動駕駛汽車。如果它選擇急煞，是只有在後方無車的時候才這樣做嗎？如果它選擇轉向避開，是只有在路旁沒有障礙物時才這樣做嗎？如果這兩種條件都不符合，它會逕自往前開，直接輾過面前的小獵犬或臭鼬嗎？我找上專門開發自動駕駛汽車的 Google 關係企業 Waymo，向媒體公關聯絡人提出這些問題，但她不願深談。我得不到任何答案，也沒有人可以訪問，沒過多久她就完全不再回應我的聯絡了。在這段尷尬的僵持期間，有一輛自動駕駛的 Uber 汽車在亞利桑那州以時速六十九公里撞上一名行人，完全沒有煞車或轉向，彷彿當她是一隻松鼠。看來，他們對這些問題恐怕也還沒有答案。

二〇一二年，北達科他州有位名叫唐娜的女性打電話到晨間廣播節目中，希望大家能關注某個長期困擾她的問題。她已經遇到三次跟鹿有關的撞車意外，而且每次都發生在設置「鹿隻穿越馬路」（deer xing，意指有鹿出沒）標誌牌的交通繁忙路段。這段錄音後來被傳上網路，點擊次數高達一百萬次，因為她抱怨：「到底為什麼要在車流量這麼大的地方鼓勵鹿穿越馬路？」經過一陣短暫的沉默，其中一位主持人試探性地問：「所以您是認為，那些標誌牌是要告訴鹿哪裡可以過馬路？」他盡其所能地耐心解釋，那些標誌是要給我們人類看的，是要提醒駕駛減速慢行。

或許，這些話講給鹿聽還比較有效。駕駛即使看到「有鹿出沒」標誌也不會減速，無論是道路交通統一管理標誌中編號 W11-3 的黃底黑圖標準菱形標誌，還是花俏閃動的鹿形霓虹燈警告標誌（包括那種有三隻鹿「接連亮起、表現出連續動作」的公鹿跳躍款式），對於降低車速都效果不彰。我以前在舊金山常光顧的披薩店對面有間脫衣舞俱樂部，門口有霓虹燈招牌，所以我很熟悉這種霓虹燈，看起來就像一位身材豐滿的裸女反覆跳著三個連續動作，我敢打賭，駕駛們一定會為了她減速。

如果駕駛看到確實有危險存在的證據，警告標誌的效果會稍微好一點。有位研究人員為了證明這一點，連續好幾週在星期二的黃昏，將一頭死鹿拖到離「有鹿出沒」反光警示牌幾公尺的地方。結果，車輛平均時速降低了十一公里。還有人在寫著「閃燈時表示路上有鹿」的霓虹燈標示後方樹叢裡，放置了一具「逼真的剝製鹿標本」，也讓平均時速降低了十九公里。

駕駛放慢車速，是誤以為真的有鹿而減速確保安全，還是想多看幾眼鹿屍、甚至是博物館才有的剝製標本被放在草叢裡的怪異景象？我猜是後者。駕駛都是這樣：鬆開油門，伸長脖子好奇張望。誰不會慢下來多看幾眼真鹿標本？說不定還想搬上貨車呢。**阿傑，靠邊停一下，有人把鹿的全身標本丟在路邊耶**。這下子，你就需要「阿傑穿越馬路」的警告標誌了。

話雖如此，有個觀念毋庸置疑：警告標誌要配合實際出現的危險，至少要間斷性的顯示。只有鹿出現在附近的時候，才能喊鹿來了。效果最好的警告方式，是利用太陽能動物感測器觸發警示的系統。只有當道路附近的雷達、雷射或微波感應系統被體型或高度相當於鹿的物體阻擋時，警告標誌才會亮起。

既然如此，為什麼沒有普遍使用這樣的系統呢？答案或許來自蒙大拿州立大學的西部交通研究所（Western Transportation Institute）。二〇〇五年時，西部交通研究所嘗試在黃石國家公園使用類似系統，但是承包商並不清楚法律和公園管理規定對於路邊設立的物件有哪些限制。那套系統每英里需要架設十八根柱子（每公里約二十九根），數量實在太多，而且這些柱子必須是木製的，不能是金屬材質，顏色也不能那麼鮮豔。架設後，發生了種種軟體錯誤、硬體故障、預算限制、表土問題、信號錯誤，還有偵測失敗及假警報。很多很多的假警報。駕駛們看到系統警示道路附近有鹿出沒，實際上卻是天上飄下的雪片，或是停在路肩的車輛，甚至只是風吹草動。**請注意！有乳草在風中搖曳！**

若只有動物面臨危險，不會危及駕駛或車輛，就沒人在意了。二〇〇九年，美國國家公園管理局決定在莫哈韋國家保護區（Mojave National Preserve）的兩條公路上安裝閃光警示燈和「注意陸龜」標誌牌，測試能否保護當地瀕危的陸龜。研究人員在距離警示牌不遠處的路邊，放了一個沙漠陸龜（*Gopherus agassizii*）的模型，然後躲在附近觀察駕駛是否有減速、煞車，或是出現看起來像是在留意有沒有陸龜的張望動作。完全沒有。

要是有可能的話，真希望能像唐娜以為的那樣跟動物溝通，效果說不定好過勸導人類。專家確實嘗試過跟鹿溝通，結果令人十分失望：安裝在保險桿上的驅鹿笛沒什麼作用，路旁的驅鹿劑也成效不彰。偶爾發揮作用的是沿著公路裝設的斜角反光片，因為會反射接近中的車燈，能引起有蹄類動物的警覺。懷俄明州近年的某項相關研究已有一些不錯的結果，不過產生效果的並不是他們原本要測試的反光片，而是研究中的對照組：用白色帆布包住以避免反射的反光片。研究人員推測，鹿可能是把這些白色袋子當成其他同類的白色屁股和尾巴下方區域，做出了相應的反應，因為白尾鹿在受到驚動要警告同伴時，就會做出豎起尾巴露出臀部白毛的擺尾動作。

我對此抱持懷疑態度，因為我讀過一九七八年賓州州立大學（Pennsylvania State University）學者的論文，研究內容是嘗試在路旁豎立切割成鹿形的膠合板，尾端加上豎起的尾巴，希望能藉此警告白尾鹿遠離路面。有些木板鹿的尾巴是用顏料漆白，有些則是將真正的鹿尾釘在上面。不過，誰會想看到公路沿途都是木板鹿的屁股跟腐爛中的尾巴呢，所以這個試驗宣告失敗了。

懷俄明州研究團隊也提出一個理論（而且我贊同），他們認為使用白帆布袋之所以能降低死亡率的原因，是出在駕駛因為想看看那些帆布袋而減速了。**開慢一點，阿傑，那桿子上有個白色的東西。**

讓我們回頭談談唐娜的想法。確實有辦法引導鹿從你希望牠們過馬路的地方穿越路面，但不是靠「鹿隻穿越馬路」標誌牌，而是野生動物專用的天橋。只要設置天橋，搭配道路兩側的圍籬，就可以確實將動物引導到安全的穿越點。困難在於，通道設施和圍籬造價高昂，而且恐怕很難設置在需要用到的地方。以美國某些地區的白尾鹿來說，在某些時期，根本等同於所有地方都需要裝設。（野生動物天橋和地下道通常是用於會為了繁殖或覓食而大量遷徙的物種，或是用來保護因建設公路導致棲地破碎化、影響族群基因多樣性的動物族群。）

此外，還有鹿和車頭燈的問題。在黑暗之中，鹿看到兩個小小的光點時，未必會想到小光點後方是一輛大車。就算牠們想得到，當汽車急速接近時，從車燈也很難判斷出什麼有用的資訊。因為很難看出光點在「快速擴大」，所以光點靠近時並不明顯，更何況速度那麼快。迪沃特和希曼斯已在測試有助改善問題的配件，那就是能照亮車輛水箱護罩的後向式燈條。他們希望幫助鹿看出其實有個大型物體正在高速駛來，讓鹿更快、更不遲疑地逃離路面。此刻天色已晚，我們前往梅溪的小路收集測試數據。主要針對有無使用輔助燈具的情況，比較逃跑起始距離和鹿出現定住不動行為（驚燈之鹿）的機率會不會有差異。

梅溪的主要停車場正對著玉米田，田裡滿是玉米殘梗。那片乾燥而死氣沉沉、殘留著積雪的棕色，對我來說就是俄亥俄州冬季的顏色。希曼斯蹲在地上，將輔助燈條裝到迪沃特的貨車車頭。他抬頭往上看：「你有聽到丘鷸的聲音嗎？」那陣我本來以為是昆蟲發出的嗡嗡叫聲，其實是公丘鷸跳求偶舞時發出來的。希曼斯也是一個既喜歡野生動物又喜歡打獵的人，這真的是鄉村地區我永遠搞不懂的弔詭現象。

在等待他們準備器材的時候，我拿起測距儀朝田裡的幾頭鹿走過去。測距儀就像是用雷射光做的捲尺，只要將光束對準某個物體，儀器就會準確顯示出物體的距離。據我估計，這些鹿的逃跑起始距離大約是九十公尺。也難怪牠們如此警覺，在這一帶，使用測距儀的大多是獵人，他們瞄準遠處的獵物時會用測距儀計算所需的彈道補償。

迪沃特喊著我們要出發了，我停止騷擾鹿群，走回停車的地方。

小路上幾乎沒有路燈，很難看到遠處的鹿，但我們可以靠一種稱為紅外線熱顯像儀（ＦＬＩＲ）的熱感應系統感測到牠們。紅外線熱顯像儀的操控面板螢幕上，依照相對溫度顯示出周圍環境的熱源。顯現出來的影像是由不同灰階的顆粒組成，就像一幅炭筆畫。在畫面上，雪堆是黑色的，躲在路旁黑莓灌木裡的臭鼬和浣熊則發出奇異的白光，好像是用舊式露營燈燈絲構成的。如果是在炎熱的夏夜，哺乳動物的體溫可能會跟柏油路面差不多，迪沃特和希曼斯就曾漏看前方六公尺處站在路中央的鹿。

「在那裡……」希曼斯指著黑暗中的某處。從紅外線熱顯像儀的螢幕上可以看到，我們的第一個測試對象大約在前方六十公尺處，站在道路右側崎嶇不平的地方。迪沃特加速，以時速六十公里穩定前進。希曼斯將手臂伸到副駕駛座的車窗外，緊盯著紅外線熱顯像儀的螢幕，手上握著裝了礫石的小袋子，袋子外側貼有反光條。那頭鹿一轉身逃向樹林，希曼斯就扔掉袋子。幾秒鐘後，貨車抵達那頭鹿逃跑前所站之處，我們停下來。希曼斯帶著測距儀下車，等迪沃特和我走回剛才他扔掉礫石袋的地方，再用測距儀對準我們，測距儀顯示的數字，就是這頭鹿的逃跑起始距離。

寫到這邊，我要快轉一下，因為我想分享迪沃特和希曼斯的研究成果。他們設計的輔助燈條確實有用，已經在申請專利，美國國家野生動物研究中心正在尋找合作夥伴生產這種裝置並上市販售。雖然鹿的逃跑起始距離並沒有出現明顯差異，但是加裝後向式燈具之後大幅降低了鹿「定格不動」的機率。裝上輔助燈具之後，只有一隻鹿原地不動；相較之下，同一台貨車沒裝輔助燈具時，共遇到十隻鹿是一被車頭燈照到就定住不動的。

回到車內，希曼斯在前座寫著一張資料表，我看向紅外線熱顯像儀的螢幕，有隻幽靈般的郊狼正穿過林間。牠停下腳步，望了望我們，然後自顧自繼續前進。遠處的大門看起來，彷彿是由雪人把守著。透過熱顯像觀看周圍，可以體會到這份工作的核心觀念：對於這個世界，還有其他感知理解的方式。如果想跟動物溝通，或許得要先翻譯自己的訊息。

舉例來說，迪沃特跟希曼斯裝在貨車車頭的燈具散發出強烈的藍光和紫外光，這是光譜上鹿看得最清楚的色光，遠比我們清楚。田納西科技大學（Tennessee Tech University）野生生物學助理教授布萊德利・科恩（Bradley Cohen）向我解說，他對鹿的視覺頗有研究。「傍晚是鹿最活躍的時候，這時候紫外光的比例最高。」科恩說。當我們在暗紫色的薄暮中費力看清細節時，鹿的眼中卻是一片明亮的藍色，看得一清二楚。我們的黃昏，對牠們來說有如正午。

那些號稱能讓你的衣服「比白更白、亮潔無比」的衣物洗潔劑，其實幫了鹿一把。製造商在這類洗衣產品中加入了螢光增白劑，會散發出紫外光波長的光。在我們眼裡，衣服顏色看起來並沒有什麼不同；科恩表示，在鹿的眼裡，衣服上的顏色就好像在「發光」一樣。用歡呼牌（Cheer）洗衣精來洗迷彩褲的獵人，這下子可沒辦法歡呼了。

不過，鹿的視力在光譜的紫外光這一端多有優勢，在另一端就有多弱勢。對於鹿來說，紅色和橘色看起來都是沒有顏色的，橘色是另一種黑色。雖然獵人穿的橘色或紅色狩獵安全夾克對其他獵人來說非常顯眼，但是對鹿來說，看起來可能比現成的迷彩裝還更像迷彩。

鹿的視覺還有一點很特別。鹿不像我們最佳視力集中在視野的中心點，牠們看得最清楚的範圍是視野中的水平中線，稱為「視覺帶」（visual streak），就像我們用眼角餘光看書一樣。當然，鹿不會看書，但是這種特性讓牠們很容易察覺潛伏接近的掠食動物。

某些鳥類也有視覺帶，這對於捕捉獵物和移動遷徙都很有幫助。擁有視覺帶的候鳥不用移動眼睛或轉頭，就能一眼看盡地平線。

湯姆・希曼斯做過很多鳥類研究，與其說他研究鳥類的視覺，不如說他在鳥類的視線範圍加入了許多怪東西。

11

防偷神器
嚇跑鳥類的奇招

湯姆．希曼斯在梅溪測試站工作已有三十一年，他有一頭和白尾鹿尾部相同顏色的頭髮，說話溫和，舉止親切。我在那裡時沒有幫他拍照，在後來的幾個月裡，我想起他時，腦中都會浮現奧維爾．雷登巴赫[譯註9]身穿鋪棉鞣皮獵裝外套的模樣。希曼斯是出身於康乃爾大學的野生生物學家，也是天生巧匠。他和迪沃特共用一個工作室，不難想像，他們在裡頭經常一待就好幾個小時，度過不少愉快的時光。在他們把燈條拆下來及關店的時候，我在裡面到處走走看看。從許多方面來說，這裡是個典型的工作室，但也有獨特之處。

＊譯註9　奧維爾．雷登巴赫（Orville Redenbacher）：美國食品科學家及商人，以自己之名推出爆米花品牌，品牌名標誌上即是他本人的照片。

其中之一，就是浣熊尿。希曼斯和另一位同事正在測試可以驅趕椋鳥的驅避劑，他們將浣熊尿裝進空藥瓶，蓋上打了洞的蓋子，然後固定在椋鳥巢箱的底板，就像個巨大的噩夢版擴香機*。椋鳥屬於洞巢者，而噴射發動機的整流罩可說是舒適的後現代小屋，直到點火啟動、引發悲劇為止。椋鳥可以在兩個小時之內築好巢，幾乎在飛行前檢查到起飛之間就能打理好安身之所；這不僅對房客來說是個壞消息，對房東來說也不太妙。

美國國家野生動物研究中心梅溪分部的驅鳥研究已有悠久歷史，不過直到一九九〇年，驅鳥研究的重點都不是讓野鳥遠離飛機和車輛，而是讓牠們遠離農民的莊稼。希曼斯在一九八七年受聘時，工作重心全放在黑鸝和作物上。*希曼斯深諳驅鳥這門古老技術。人獸衝突這個領域中有幾十種「嚇鳥裝置」，他都試驗過，不過大多數只有短期的震懾效果。要把鳥嚇走很容易，但要把牠們嚇到不敢回來，可就難多了。動物有習慣性適應的能力，原本會驚嚇牠們的聲音或景象，日久習慣，就不當一回事了。

效果最差、效期最短的，就是靜止不動的假掠食動物。網路上，不乏鴿子棲息在大鵰模型旁，或是加拿大雁在玻璃纖維製的郊狼旁一派悠哉的照片。傳統的玉米田稻草人可能反倒會吸引鳥，因為牠們會開始將稻草人與食物連結在一起。對於遷徙的黑鸝群來說，那就像高速公路旁的麥當勞標誌，或是鮑伯大男孩（Bob's Big Boy）大胃王餐廳的招牌，是讓牠們動身前往享用豐盛大餐的理由。

早在一九八一年，人獸衝突專家及作家麥可．科諾弗就已測試過各種超級逼真的假猛禽。他將博物館的條紋鷹和蒼鷹標本放在餵食站，測試對經常被這兩種鷹捕食的十種小型鳥類，能有多久的嚇阻作用。結果，只有五到八個小時。

若要使效果持續更久，得讓鳥兒看到或聽到某些後果。在後續研究中，科諾弗除了使用假貓頭鷹嚇阻，還加入椋鳥實際被捉的景象和／或聲音來加強效果，有的是錄下哀叫聲，有的是現場實際上演。重點之一：「在猛禽標本上綁隻死椋鳥，還不如栓一隻活椋鳥來得有效。」但除非你想被善待動物組織（People for the Ethical Treatment of Animals）盯上，否則這作法並不可行。此外，在某些物種當中，哀叫聲未必能驅離被獵鳥兒的同類，反倒會吸引牠們來——可能是來救援，但有時只是在一邊呆看。

根據要驅趕的鳥種，單單一隻死鳥可能就出奇地有效，不過前提在於用法要對。我

＊為了在實驗中確定可能產生驅趕椋鳥效果的是浣熊尿液中掠食動物的氣味，而不只是陌生的味道，研究團隊在某些藥瓶中改放另一種陌生物質：風倍清織物除菌消臭噴霧（Febreze Extra Strength Fabric Refresher）。而科學實驗結果告訴我們，椋鳥對風倍清織物除菌消臭噴霧的反應跟浣熊尿一樣，不管是哪一種，都對牠們沒影響。

＊美國國家野生動物研究中心的桑達斯基分部是在一群玉米農遊說奔走之下成立的，他們在一九六五年組成了黑鸝再見協會（Bye Bye Blackbird Association）。這個名稱在國會山莊的作用不如在俄亥俄州鄉村來得好，後來黑鸝再見協會在一九六七年放棄了這個俏皮的名稱，改為俄亥俄州掠食性鳥類控管統籌委員會（Ohio Coordinating Committee for the Control of Depredating Birds）。

引用美國國家野生動物研究中心的〈驅趕有害禿鷹模型使用指南〉（Guidelines for Using Effigies to Disperse Nuisance Vulture Roosts）內文：「姿勢要像死鳥那樣綁著腳倒掛，單邊或雙邊翅膀呈現下垂展開的樣子。」我訪問了撰寫這份手冊的兩位研究人員，美國國家野生動物研究中心佛羅里達野外工作站的約翰・漢弗萊（John Humphrey）和已退休的麥可・艾弗里（Michael Avery）。在二〇〇二年的研究中，他們和另一位同事在六座不同的電波塔掛上禿鷹的屍體或標本，並記錄了研究結果。禿鷹喜歡停棲在電波塔和其他開放式結構的塔樓上，但牠們濕滑惡臭的糞便不僅讓需要爬到塔上的維修人員感到噁心，攀爬過程更是險象環生。在掛上死禿鷹之後，停棲塔上的禿鷹減少了百分之九十三到百分之百。死禿鷹被取下（或腐爛）之後，仍有長達五個月不見禿鷹出現。

艾弗里心服口服。「簡直跟魔法一樣神奇。」

但就跟魔法一樣，並沒有什麼合理、非巫術的說法能解釋為何有效。漢弗萊說：「有人問我時，我只能回答『我們不知道原因，但如果我走進一個地方，看到樹上倒吊著一個人，我也會趕快離開。』」

艾弗里的看法正如他和同仁們在二〇〇二年研究報告中寫的：「這很容易讓人認為禿鷹是把剝製標本做的擬真鳥屍當成了死掉的同伴，因為不想落得同樣下場才飛走。」他拒絕往這個方向去想，「這是完全基於想像、把禿鷹擬人化的想法。」

沒錯，漢弗萊坦言：「這不是最好的答案，但是我只有這個答案。」

我們要去看希曼斯放在工作室乾燥儲物間裡的擬真禿鷹鳥屍。美國農業部野生動物管理局在處理各州關於禿鷹的申訴抱怨時，就會用到這款模型，它的身體部分以保麗龍製成，因為保麗龍比鳥屍耐用，不過翅膀和尾巴的羽毛是真的，因為羽毛似乎是關鍵所在。

考慮到驅離禿鷹群的手段包括射殺禿鷹，擬真鳥屍雖然有點可怕，卻是好的發展，而這一切還得感謝湯姆．希曼斯。

就和許多發現一樣，最初是出於偶然。希曼斯一邊整理放鳥飼料的架子一邊說：「這裡原本有個很大的火箭發射塔，禿鷹常在周圍飛來飛去。」回到一九九一年，當時希曼斯需要針對十二種常惹出鳥擊事件的麻煩鳥種計算身體密度平均值（他在幫忙設計測試噴射發動機要用的標準化假鳥），於是他帶著槍去火箭支架旁擊斃一隻禿鷹。但是那隻禿鷹掉下來時，一隻腳被卡在火箭支架上面，離地約有六十公尺。「我可不想爬到六十公尺高的地方去把那隻死鳥拿下來。」他只好把鳥屍留在那裡，此後就沒人看過禿鷹靠近火箭發射塔了。

希曼斯猜想，這種效果說不定可以重現，達到驅鳥的作用。首先，他直接在外面擺一具鳥屍，毫無作用。鳥屍要掛在空中旋轉才有用。

他還是不知道原因。「我只能猜測，是因為那看起來太不自然了，會讓牠們覺得，**這**

裡一定有什麼問題。」

我們無從得知禿鷹會不會這樣想，但是人類一定會這樣想。在大沼澤地國家公園（Everglades National Park）的皇家棕櫚樹遊客中心（Royal Palm Visitor Center），工作人員曾嘗試用擬真鳥屍驅趕黑美洲鷲（*Coragyps atratus*），因為這些鳥經常從附近的停棲地飛過來破壞車輛。遊客釣完魚回到停車場，不是發現擋風玻璃的雨刷膠條被拉下來，就是天窗周圍的密封膠條被扯掉。於是工作人員將擬真鳥屍掛在停車場周圍的樹上，讓黑美洲鷲不敢靠近；但這麼一來，護管員得花上大半天時間，向嚇壞的遊客解釋這些擬真鳥屍的用途。最後，停車場只放了告示：「請使用防水布覆蓋您的愛車，以免遭到禿鷹破壞。」

黑美洲鷲為什麼會這麼做？橡膠、填縫劑和乙烯樹脂所散發出的氣味，是不是含有跟腐肉氣味相同的化學成分？這些東西是否含有同一種能吸引禿鷹的化合物？美國國家野生動物研究中心佛羅里達野外工作站的研究人員想要找出原因，因為只要知道那是什麼化合物，或是哪一類化合物，就可以用來將黑美洲鷲引誘到其他地方，就像設置貓抓柱以避免貓咪去抓家具一樣。

他們就此展開研究計畫，不過從期刊論文上的敘述看起來，美國國家野生動物研究中心這些穩重認真的科學家彷彿是在實驗室裡瘋狂製毒：將二十一種遭到黑美洲鷲破壞的物品「用刮鬍刀片切碎」，加熱到攝氏五十五度，然後將蒸氣收集起來，以氣相層析法進行分析。他們想要藉此找出這些物質共同含有的化合物，用海綿充分吸附之後再放到禿鷹面前，觀察其反應。不幸的是，那些化學物質蒸發得太快，經費也跟著蒸發了。謎團未能解開，黑美洲鷲繼續破壞。

黑美洲鷲的破壞行為也有可能與那些物質的氣味毫無關係。我覺得最有道理的解釋，來自退休的猛禽保育生物學家基斯．比爾斯坦（Keith Bildstein）。比爾斯坦曾在福克蘭群島（Falkland Islands）觀察到條紋卡拉鷹（*Phalcoboenus australis*）有同樣的拉扯行為，此外他還聽說在紐西蘭山區，會啄食死羊和其他腐屍的啄羊鸚鵡（*Nestor notabilis*）也用同樣方式破壞停放的車輛。比爾斯坦指出，從屍體扯下大塊的肉需要用到的動作和脖頸力量，跟鳥扯下膠條和填縫劑需要的動作和出力部位差不多。而腐屍肌肉與肌腱的彈性和密度，也正好和橡膠及密封條類似。他推測，這些禿鷹利用隨手可得（或者說隨口可得）又像肌肉或肌腱那樣有韌性的東西做出拉扯動作，可以增加脖頸的力氣，在鳥群搶食腐肉的大混戰之中會比較有優勢。換句話說，牠們在健身。

希曼斯將擬真鳥屍放回原位，動作十分輕柔。他喜歡紅頭美洲鷲的程度，幾乎跟喜歡丘鷸差不多。先前他告訴我：「有時候，我會把露營椅的椅背放倒，躺在上面，看著牠們在附近盤旋。如果周圍很安靜，還可以聽到牠們在空中滑翔的聲音。」

希曼斯關掉工作室的燈，鎖上門。「擬真鳥屍，我們在九一一災後處理區也用過。」

紐約雙子星大樓（Twin Towers）倒塌後，搜救人員必須在將近十億個瓦礫殘垣之中搜尋人類遺體。這是美國歷史上規模最大的一次鑑識調查工作。來自二十四個不同機構的一千名搜救人員，最終找回兩萬件罹難者的殘骸。「這個過程需要用耙子耙開瓦礫，基本上得手腳並用在地上作業。」希曼斯和同仁在二〇〇四年發表的論文中如此描述。為了清理瓦礫及整理遺骸，需要一個偏僻、方便、夠大的地方。政府選在史泰登島（Staten Island）不久前剛關閉的一座垃圾掩埋場，而這座垃圾掩埋場的名字還偏偏叫做佛瑞許基爾斯（Fresh Kills，字面直譯為「鮮殺」）。

到了整理工作的第三天，鳥來了。「只要看牠們降落的方式，就知道哪一堆瓦礫裡有很多人類遺體，」當時擔任事件指揮官的紐約市警察局警監說。「然後你就得想辦法阻止牠們破壞遺骸。」希曼斯當時是野生動物管理局團隊的成員，被派去現場負責驅趕鳥群。我請他說說當時的情況。我們來到他跟迪沃特用來觀看及分析研究用影片的老FEMA拖車裡，坐在米白色的沙發上。這裡的家具都是平價基本款，堪稱人類版的巢箱。

「我們天亮前就得到，」希曼斯回憶道，「要想辦法在鳥兒降落之前把牠們趕走。我們會沿著外圍走，掃視天空，看看有沒有鳥飛過來，有的話就施放驅鳥彈嚇走牠們，不讓牠們降落。」驅鳥彈聽起來就像散彈槍開火，但使用的炸藥不會造成鳥類受傷。等到鳥兒習慣驅鳥彈的聲音，他們就拿出真槍，使用「致命性的強化手段」＊。只要有一隻鳥被擊中，其他鳥兒就會變得謹慎許多。這方法雖然不是很討喜，但很有效。「要到牠們已經完全忽視驅鳥彈的程度，我們才會開槍。」進行清理工作的十個月當中，他們趕走數千隻鳥，僅有二十三隻遭射擊致死。

那二十三隻鳥被用來裝飾擬真鳥屍。這方法在活動區（鳥兒共同活動、休息及消化的地方）很有效，但是在災後處理區不太有用。「因為……」希曼斯思考了一下如何措辭，「誘因太強了。」

我說禿鷹就像食屍鬼一樣，熱愛腐肉。

「禿鷹？」希曼斯說，「整個過程中我們只看過一隻禿鷹。」我做了物種歧視式的假

＊在有關致命性強化手段的事蹟當中，我最喜歡嚇鳥充氣人（Scarey Man）。嚇鳥充氣人長得很像美國大型戶外購物中心常看到的那種用鼓風機充氣的軟趴趴招手人偶，只不過用途是稻草人。跟招手人偶不同的地方在於，嚇鳥充氣人還會發出尖叫，而且是不定時充氣膨脹，會像嚇人小丑盒一樣突然彈出來。根據美國農業部一九九一年的研究結果，鳥兒大概一週左右就習慣了嚇鳥充氣人。於是，艾倫．史蒂克利（Allen Stickley）和朱尼爾．金（Junior King）兩位研究人員測試了致命性強化手段能否讓嚇鳥充氣人的嚇阻效果延續久一點。他們穿上雨衣，來到飽受鸕鶿侵襲困擾的養殖魚場，一動也不動地坐在岸邊。當嚇鳥充氣人沒作用時，他們就在旁邊跳起來「發出刺耳的尖叫，跳上跳下」，並朝鸕鶿開一槍。「扮演嚇鳥充氣人」的工作時間紀錄，跟史蒂克利的田野筆記一起存放在美國國家野生動物研究中心的資料庫裡。比起受到驚嚇，那些鳥兒似乎更像是覺得他們很有趣。「一九九二年三月一日，累計一千四百五十六小時：有三隻鳥飛來坐著，看我忙著表演。」朱尼爾覺得無聊了，離開位置閒晃，還隨便開槍射鳥。「我提醒他，我們的目標是要讓鳥兒們以為嚇鳥充氣人會開槍。」史蒂克利厭煩地寫道。叫朱尼爾的人到底都怎麼搞的？

設，來吃遺體的是黑脊鷗（*Larus argentatus*）。也是，海鷗和垃圾掩埋場根本是劃上等號的。佛瑞許基爾斯還作為垃圾掩埋場使用時，估計約有十萬隻海鷗在這裡找食物。

剛好，我的調查之旅下一站就在加州聖荷西（San Jose）的某座垃圾掩埋場，機器隼的發明者將在那裡展示他的產品。

隼經常獵捕鴿子和其他體型類似的鳥類，不過海鷗的體型跟遊隼差不多，並非好惹的對手。很難想像隼能與海鷗較量，海鷗是否會畏懼隼或是機器隼也令人懷疑。答案很快就會揭曉了。

尼可．奈恩豪斯（Nico Nijenhuis）是 RoBird 的發明者，他在荷蘭開了淨飛科技公司（Clear Flight Solutions），這趟主要是為了向潛在客戶展示產品，也就是後車廂裡的 RoBird。不過在實際展示之前，他先為大家做一段簡報。我們圍坐在瓜達盧佩垃圾掩埋場（Guadalupe Landfill）行政大樓裡的會議桌，在奈恩豪斯和幾位淨飛公司人員之間，還有一位來自艾利恩公司（Aerium）的男人，這家公司專門提供無人機驅鳥服務，使用的機型也包括 RoBird。我坐在桌子另一端，旁邊有幾個身穿螢光背心的人：垃圾掩埋場的營運主任、工程經理，此外還有一個男人，我沒拿到他的名片，他自我介紹：「我做垃圾已經做十二年了。」

聽著奈恩豪斯的簡報，不用多久就可以明白為什麼任何鳥類，幾乎不分大小，都會想避開隼。遊隼朝獵物俯衝時，時速可達三百二十一公里。地球上速度最快的動物不是獵豹，而是遊隼。隼一捉到獵物，就會迅速有效率地完成目標。「直接踩壓，讓獵物死得乾淨俐落。」我的筆記上這樣寫著。沒錯，牠們也敢挑戰成年海鷗。

儘管隼的追獵速度如此出色，但牠們也有弱點，那就是不擅長從容地滑翔。鷹、鵰和其他奈恩豪斯口中的「長翼展鳥類」，翅膀都有足夠的表面積，能讓牠們在狩獵時輕鬆滑翔及利用熱氣流上升。

奈恩豪斯這句話讓我很意外：「鳥不喜歡飛。」他指的是很耗體力的快速撲翼飛行。隼每次飛到空中捕獵的時間只有五、六分鐘，接著就要休息。這就是 RoBird 電池續航力只有十二分鐘的原因，或者說是藉口。

「十二分鐘？」有人問，說不定是我問的。

「更長的話就不自然了。」奈恩豪斯說。

有位同事插嘴：「讓大家看一下 RoBird 能做什麼吧。」

我們走到停車場，戴上垃圾掩埋場工作人員分發給我們的安全帽，接著走向「廢棄物傾卸面」。一車車垃圾被運來，倒進「貯存坑」後壓實，一日將盡時，再以營建廢棄物覆蓋在上面，以免吸引遊蕩豬隻和其他夜間活動的食腐動物。吸引海鷗注意的，是新倒的垃圾。即使在行政大樓這邊，也有幾隻海鷗盤旋，在人行道上映出飛掠而過的影子。

我向營運主任尼爾（Neil）自我介紹。海鷗在尼爾的麻煩清單中排名很後面，排在前頭的是附近高級住宅區的房地產仲介，他們告訴潛在買家垃圾掩埋場兩年後就會關閉。屋主們沒多久便發現這是謊言，怒不可遏。他們一直在想方設法讓這裡關閉，他們抱怨掩埋場的氣味，抱怨夜裡跑到自家草坪上掘土吃蟲的遊蕩豬隻（這些豬是從垃圾場還在用豬隻處理廚餘的時代留下來的）。

我們談到一半時，尼爾突然什麼也沒說地起身走掉了。

「你剛才說了『垃圾場』。」有人提出。

「這裡是衛生掩埋場，」另一個人補充，「不是垃圾場。」

「**垃圾場**只有三個字。」

我想，我等一下還是跟 RoBird 那邊的人一起坐車過去好了。

幾分鐘之後，我們站在人造垃圾坑的邊緣，坑裡有位工人在有如風雪般的成群西方鷗（*Larus occidentalis*）中開著壓實機，這就跟在暴風雪中駕駛任何車輛一樣，會讓風險提高。海鷗群讓駕駛很難看清楚操作中的物體，也容易弄掉東西，有時候還是體積驚人的物體。戴安全帽不只是為了防鳥屎。

有人將 RoBird 從箱子裡拿了出來。它的表面是用噴槍上色，漆出十分擬真的色彩和紋理，模擬鳥羽豐盈的外觀。奈恩豪斯打開它的頭蓋骨，給我們看裡面小小的羅盤。蓋回去之後，他像捧嬰兒般小心翼翼地將 RoBird 交給一位年輕人，那人的衣服上寫著「飛行員」。飛行員像拿紙飛機一樣，拿著 RoBird 往後高舉過肩，再往前投出去；同一時間，另一位飛行員埃克伯特（Ekbert）負責操控翅膀控制器，上面有兩個需要同時操作的搖桿，左邊是油門，右邊是高度。

奈恩豪斯這項發明的獨特之處至此展現出來。這是一種無人駕駛的飛機系統，也就是無人機，但是沒有旋翼，也不會發出聲音。它可以靠著拍翅、升力和重力，像隼一樣陡升及俯衝。飛行員不只是操控它繞圈盤旋，更要讓它的行動看起來像一隻在物色獵物的隼。每位 RoBird 飛行員都要與馴鷹人一起受訓。

如果你的公司買了 RoBird，誰來操控？沒有人，因為 RoBird 是非賣品，你可以購買由埃克伯特提供的服務。飛行員會和 RoBird 一起出勤，頻率視客戶的需求或預算而定。

或者，你也可以雇用真正的隼和馴鷹人。專門移除鳥害的馴鷹人現在很熱門。他們受過三到五年的訓練，擁有各州政府發的執照，如果是機場馴鷹人則是由美國聯邦航空總署發給執照。舊金山巨人（San Francisco Giants）棒球隊曾經考慮請馴鷹人到球場移除鳥害，因為第九局時有熱愛熱狗的海鷗在球場上空盤旋，不僅在球迷頭上拉屎，還會時不時飛下來打斷比賽。奈恩豪斯建議，即使是 RoBird 客戶，也可以每隔一段時間請馴鷹人來使用一點致命性的強化手段。

廢棄物傾卸面那邊的海鷗紛紛飛走，這些平時招搖吵鬧的傢伙突然沒聲音了。我看過驅鳥彈發射時鳥兒飛走的樣子，尼爾幾分鐘前才剛發射過，跟現在完全不一樣。驅鳥彈會瞬間驚動鳥群，讓牠們全都飛走，但先別太高興，因為鳥兒不久後就會回來。這比較像是驚嚇反應，而不是掠食者（或超逼真機器鳥）出現引起發自骨子裡覺得此地不宜久留的緊張感。發射驅鳥彈，就像某些人說的，只不過是「逼鳥運動一下」。

除此之外，還有擾鄰問題。沒人喜歡整天聽到沖天炮的聲音，也沒人希望附近垃圾掩埋場的海鷗群每天飛到自家街區二十次，弄得汽車上都是鳥屎。居民們怨聲載道，尼爾只好挨家挨戶發送洗車券。

垃圾掩埋場近來對於海鷗的處理對策，就是視若無睹。「讓牠們留在這裡，麻煩還比較少。」尼爾已經放棄思考該拿海鷗怎麼辦了，但我沒有，我還在想。

12

聖彼得廣場的海鷗
梵蒂岡的雷射驅鳥裝置

如果你讓海鷗太緊張，牠會嘔吐＊。雖然這個習性對需要處理嘔吐物的生物學家來說不太愉快，卻能讓人類輕鬆掌握這些鳥兒都吃些什麼。以下列舉幾樣黑脊鷗眼中稱得上食物的東西，也就是牠們當著賓州大學資深研究調查員茱莉．C．埃里斯（Julie C. Ellis）的面吐出來的東西：波隆那香腸、螞蟻、草莓奶油蛋糕、一大條鯖魚、一整根熱狗、整隻完好無缺的小鼠、烏賊、一片用過的衛生棉、被丟棄的龍蝦餌、幾根維也納香腸、一隻小歐絨鴨、幾隻甲蟲、幾根爛掉的雞腿、一隻大鼠、一個杯子蛋糕的紙杯、一片吸得滿滿的尿

＊第一次聽到「防禦性嘔吐」（defensive vomiting）這個詞時，我還以為是為了減輕自身的重量，方便振翅逃走，其實不是這樣，也不是為了讓掠食者感到噁心。正好相反，海鷗專家茱莉．埃里斯說，牠們這樣做比較有可能是為了「用其他食物引開潛在掠食者的注意力」。動物真的跟我們很不一樣。

布，還有大約一盤份量的紅醬貽貝義大利麵。

沒有海鷗在埃里斯面前吐過花朵。看起來，海鷗可以吃掉天下萬物，但植物應該不在牠們的菜單上。因此，當荷蘭花藝大師保羅・德克斯（Paul Deckers）在二〇一七年復活節前夕，為了教宗主持的復活節彌撒在聖彼得大教堂（St. Peter's Basilica）露天祭壇周圍布置了三卡車的鮮花時，他並不擔心海鷗作亂。

沒想到出事了。「眼前景象讓人無法置信。」他前一晚離開聖彼得廣場時，有六千朵水仙花排列在露天祭壇大樓梯的淺台階上。清晨六點他回到同樣地點，距離開放民眾入場只剩下幾個小時，現場卻是一片狼藉。中央走道和台階上，一盆盆水仙東倒西歪，凌亂不堪，高壇上散落著盆土。本來插在花瓶中的長莖玫瑰四散一地，彷彿前一晚有要登台演出引退之作的芭蕾名伶經過這裡。

然而，花朵並沒有被吃掉。這似乎是一種毫無意義的破壞行為，就像在大沼澤地扯掉乙烯樹脂的黑美洲鷲或是在納哈家摔電磁爐的獼猴一樣，教人摸不著頭緒。海鷗為什麼要這樣做？有生物學上的動機嗎？難道某些物種就真的只是雞歪嗎？

為了尋找答案，我透過線上會議軟體請教在自家洗衣間書桌前的茱莉・埃里斯。「我只想得到一個可能的答案，」她說，「牠們可能是在找盆土裡的蟲。」或許是如此，但從德克斯傳給我的照片看起來，被翻倒的水仙花大多仍在盆子裡，而玫瑰是切花。

同時在線上的還有海鷗研究員莎拉・庫欽尼（Sarah Courchesne），她從停在緬因州某座停車場的車子裡跟我們通話。庫欽尼在緬因州阿普爾多島（Appledore Island）的淺灘海洋實驗室（Shoals Marine Laboratory）研究黑脊鷗和大黑背鷗（*Larus marinus*）。「莎拉，你覺得呢？」埃里斯問，「莎拉？她那邊聲音好像怪怪的。」

庫欽尼的嘴唇無聲地動了動，接著她的臉在畫面上定格，最後終於傳出她的聲音。「嗯，那時真的讓人很緊張。茱莉，那會不會是類似拔草的行為？」

「我有想過，」埃里斯說，「也許是。」在營巢棲地，海鷗會用鳥喙拔起一叢叢的草，這是一種宣示地盤的行為。庫欽尼用「替代性攻擊」來形容。就像把拳頭打在牆上，而不是落在某人的臉上嗎？沒錯，埃里斯說，不過海鷗兩種都會做就是了。在營巢棲地，黑脊鷗若是遇到其他同類的雛鳥闖進自己的地盤，有時會將對方啄死。之後，啄死雛鳥的黑脊鷗或是其他成鳥就會將牠吃掉。我是在賈斯柏・帕森斯（Jasper Parsons）寫的〈黑脊鷗的同類相食行為〉（Cannibalism in Herring Gulls）一文中讀到這件事情，他在蘇格蘭的五月島（Isle of May）看過不少類似情況。我還賣弄了一下我學到的新詞：「食子行為」（kronism），也就是吃掉自己的後代。黑脊鷗也有這種行為。

根據庫欽尼的觀察，關於黑脊鷗同類相食的報導應該是有些誇大。「我看過很多次牠們殺死鄰近的雛鳥，卻沒有把對方吃掉，或是根本沒有殺雛鳥，只是啄幾下。」

「對啊，」埃里斯附和，「可能只是把隔壁小鳥弄瞎，讓牠躺在地上慢慢死掉，超溫柔，真的。」

不過，無論是埃里斯還是庫欽尼，都不會用雞歪來形容黑脊鷗*。儘管離巢亂晃的黑脊鷗幼鳥有二到三成會遭到攻擊，但根據研究顯示，也有同等比例的雛鳥被鄰居收養，給牠們食物和庇護。就跟人類和熊一樣，整個物種的不當行為（不當是對我們而言）往往僅是少數個體所為。在一九六八年的繁殖季節，五月島上有三百二十九隻黑脊鷗雛鳥被同類吃掉，然而其中有一百六十七隻是被四隻成鳥吃掉的。根據帕森斯所寫，每兩百五十對黑脊鷗當中，就有一對會吃同類。他發現這跟食物是否短缺沒有關係，似乎只是飲食偏好。

海鷗演化出用途廣泛的喙和厚實的砂囊，能夠處理及反芻貝殼碎片（還有幼鷗喙部和尿布內層），幾乎想吃什麼都能吃。海鷗就像人類一樣，個體差異性很大。有些喜歡在岸邊捕魚維生，有些去垃圾掩埋場挖寶，也有些去了大城市，在那裡撿食掉落在人行道上的殘餘薯條和熱狗（根據某項研究顯示，牠們也會得心血管疾病）。有些海鷗會吃鄰居的孩子，有些是從空中捕食其他飛鳥和鳴禽的獵手。庫欽尼最近就在某隻海鷗的嘔吐物中看到一隻大冠蠅霸鶲（*Myiarchus crinitus*）。「只不過，」她補上一句，「在海鷗食道裡進進出出幾次下來，牠好像已經撐不起這麼霸氣的名字。」

先前提到發生毀花災難的聖彼得廣場，周圍就有一隻會狩獵的海鷗，或者該說曾經有過。我們之所以會知道，是因為二〇一四年有人拍到這隻鳥。在慢速拆解動作的畫面中，可以看到牠趁虛而入，迅速咬住教宗方濟各（Pope Francis）才剛釋放的和平鴿。每年一月，教宗都會帶著來自天主教青年團體的孩子，從窗台向群眾宣讀和平文告，並釋放象徵和平的鴿子。那隻遭到攻擊的鴿子倖存下來，但這項傳統就未能留存了。後續幾年，梵蒂岡改為施放鴿子形狀的氦氣球。

埃里斯和庫欽尼希望讓大家認識海鷗「比較可愛的一面」，如果能在牠們的營巢棲地觀察，就可以看到這些不為人知的面向。海鷗親鳥相當認真盡責，連雄鳥都會待在巢邊幫忙養育雛鳥。這在鳥類當中並不常見。大多數的鳥類都是像椋鳥那樣，早在一個世紀前，博物學者F．H．赫里克（F. H. Herrick）就觀察到牠們的營巢行為，並記錄在著作《野鳥居家生活》（*Home Life of Wild Birds*）中：「在四小時內……雌鳥花了一個多小時孵育幼雛，餵食二十九次，清理窩巢十三次。雄鳥來了十一次」——不清楚牠是來餵小孩，還是坐在那邊擋路——「只處理了兩次衛生問題。」

海鷗十分忠於社群，不過只對牠們自己的群體如此。一隻海鷗如果看到牠認為是掠食

＊ 何況牠們沒有雞雞，不會歪。海鷗就跟大多數的鳥一樣，是藉由對準雙方的泄殖腔開口達到交配的作用。在鳥類學上稱之為「泄殖腔之吻」，聽起來會讓人覺得鳥類交配似乎是甜蜜而端莊的事，直到你想起牠們排泄也是用泄殖腔。

者的東西，就會警告聚落中的其他同類。牠可以藉由警告叫聲的頻率宣告入侵者的大概位置，其他海鷗就會爭先恐後地飛去滋擾對方＊。這當然也是牠們惹人嫌的原因之一，因為在海岸觀光小鎮，所謂的入侵者往往是在不知不覺中太靠近海鷗巢的觀光客。英國獨立電視公司（ITV）網站有則相關新聞，標題下得十分聳動「慘遭海鷗攻擊頭部，退休婦人滿臉是血」（文章搭配的照片只拍到婦人頭頂上一小塊乾涸的血跡）。

印度猴子惹出來的麻煩，這裡的海鷗也沒少做：弄傷老太太、搶走觀光客手上的零食、提高報紙銷量、讓政府官員震怒。（英國康瓦爾發生海鷗襲擊寵物龜的事件之後，《衛報》登出標題為「海鷗攻擊：卡麥隆首相呼籲各方正視問題」的報導。）身為海鷗研究者的大西洋學院（College of the Atlantic）教授約翰·安德森（John Anderson）住在濱海城鎮，長期以來不斷看到媒體炒作海鷗「攻擊事件」。「這很荒謬，」他在給我的電子郵件中寫著，「常有狗對人吠叫、撲咬，新聞隻字不提，但是海鷗朝人飛過來就會登上新聞版面。」安德森認為這現象有部分要歸咎於《鳥》（*The Birds*）這部電影。「希區考克要負上不少責任。」

所以，來看看海鷗可愛的一面吧。我前不久讀到由《奧杜邦》（*Audubon*）前任編輯所寫的一本書，提到海鷗有一種表示分享食物的叫聲，我跟埃里斯還有庫欽尼說起這件事情，感覺挺可愛的？

「嗯，」庫欽尼說，「我在牠們找到食物時聽到的是比較長的叫聲，那是宣示領域的叫聲。我覺得牠們是在宣示找到的食物是自己的，而不是想邀請朋友一起吃晚餐。就這點來說，我應該要投海鷗很雞歪這說法一票。」

不過，這是一種生存策略，一切都是出於生存策略，為了填飽肚子，為了保護後代，為了將基因延續到下一代。只是很不巧，海鷗的生存方式有時會與人類的生活方式牴觸。

然而，破壞教宗的玫瑰……那是怎麼回事？我最好去看看。復活節週末即將到來，這回梵蒂岡有所準備了。除了保羅・德克斯團隊之外，他們還找來「雷射驅鳥器」製造者安德烈・弗萊特（André Frijters）。我已經好幾次聽說雷射是效果好且看似無害的驅鳥方法，湯姆・希曼斯在佛瑞許基爾斯有裝設夜間使用的雷射裝置，皇家棕櫚樹遊客中心的工作人員也嘗試過用雷射來防止禿鷹破壞車輛。防止鳥類靠近的方法，真的能像用在沒人看得懂的簡報投影片上指點圖表的雷射筆那樣便宜又簡單嗎？

梵蒂岡的復活節週末對天主教專業人士來說是一段歡樂的特別時光。來自四面八方的

---

* 如果那觀光客是你的話，只能祝你好運了。海鷗不但會啄你的頭，照埃里斯的話來說，牠們還「非常擅長以糞便瞄準目標」。她分享了阿普爾多島某位學生的經歷，那位學生要穿越一座滿是鳥巢的峽谷，為了保護自己，她穿上雨衣、拉緊帽子，「結果一隻海鷗想方設法，成功把糞便拉進她的嘴裡。」

修女和神父讓聖彼得廣場看起來有如大學畢業典禮，處處可見飄逸長袍、專用帽飾，以及伸長的自拍棒。廣場上還有十幾隻海鷗，在噴泉周圍乘涼消暑，看著人潮來往——不過，此時還沒有必要驅趕牠們。有六位花藝助理走來走去，忙著布置鮮花。

安德烈．弗萊特一小時後會在保全入口那邊和我碰面，大約是下午五點。他必須等到所有花藝裝飾都放好之後才能開始做事，因為他得讓雷射光照射到每一盆花。我從紀念品商店逛到高級的主教裁縫店，還試圖遊說梵蒂岡瑞士近衛隊（Vatican Swiss Guards）讓我通行，部分原因是我有點無聊，另外則是身穿條紋燈籠褲的衛兵看起來沒那麼兇悍可怕，只不過我沒成功。

我從路障外看到保羅．德克斯正在指揮最後的調整工作。我在這裡的期間，幾乎都只有遠遠地看到他，他總是穿著皮革登山靴、背著腰包（同樣是皮製的），匆忙地大步穿過我的視線範圍。抵達那晚，我和弗萊特在他們飯店的咖啡廳聊天時，他有過來短暫聊一下。他分享了二〇一七年的海鷗之亂，為了應對梵蒂岡日後的類似場合，回到荷蘭後還上電視廣徵解決方法。

回應他的大約有兩百五十人，但其中大多數人都沒有仔細考慮到這個情境的特殊需求。從我現在站的地方，就可以清楚看到教宗的房間。梵蒂岡城的居民不願意整晚被「喊叫趕鳥的警報聲」（某人的提議）或是「炸彈聲」驚擾，也不希望隔天在濃厚的「異味」

中參加彌撒。擬真鳥屍或許能更加強化聖彼得大教堂原有的耶穌受難意象，但是將死海鷗的腳綁住吊起來這辦法終究還是不會被考慮。弗萊特甚至不確定擬真鳥屍能不能在晚上發揮作用。海鷗已演化成晝行性鳥類，雖然有些海鷗為了翻找羅馬人的垃圾桶開始上夜班，但是海鷗的夜視能力應該沒有好到能在夜裡察覺擬真鳥屍這種異常的存在。我想起RoBird，不過尼可．奈恩豪斯在節目播出那天顯然沒有看電視。

在德克斯徵求協助的節目播出隔天，弗萊特打電話跟他說：「我趕鳥已經趕了二十五年。」弗萊特經營一家公司，名叫Vogelverschrikker（荷蘭文的「稻草人」），他建議使用LaserOp Automatic 200，這台機器的功用有點像是單色的雷射燈光秀。雷射光很安靜，看起來沒什麼違反人道的問題，而且一般來說可以讓海鷗保持戒心至少一週。雷射光通常都是用在黑暗或是低光源環境中，這樣光束最明顯。美國野生動物管理局已經開始使用雷射光驅趕鸕鷀、海鷗和禿鷹，避免這些鳥類停棲在別人不希望牠們（還有牠們的糞便）聚集的建築物上。

這台機器採用綠色的雷射光束，據說某些鳥類對於這個顏色看得比我們更清楚。某些製造商的網站上有刊登一種理論，認為雷射光能發揮作用，是因為光束在這些鳥類眼中看起來就像一根劃過空中往牠們揮來的綠色棍子。（我很好奇這是誰提出的理論，還有這個人是否看過《星際大戰》電影。我有確認一下，在產品介紹中沒有提到任何跟「光劍」有關的敘述，而是以「棍棒效應」（the stick effect）形容。）也有一些鳥類可能看起來不是這麼回事，或者並不會因此而慌張，例如鴿子和椋鳥。

五點整，弗萊特出現了，他帶著我走到祭壇。明天就會有八萬名天主教徒和觀光客來到這裡聆聽教宗的彌撒講道，並從一隊隊到處巡梭的神父手中領受聖餐；此時我們看到的只是一大片灰色的塑膠椅。弗萊特帶來兩台 LaserOp Automatic 200，其實一台就夠用了，不過畢竟這裡是梵蒂岡，他要確保萬無一失。雷射發射器裝在一個白色方形外箱裡，若是在農田，可能會錯看成疊放的蜂箱。但在這裡，在聖彼得廣場的祭壇底下，我不知道看起來像什麼，ＩＫＥＡ版的洗禮池嗎？

弗萊特和我試圖在清潔人員使用吹葉機的噪音中交談。「你是怎麼踏入驅鳥這一行的啊！」我扯著喉嚨喊。

他歪頭朝我這邊說：「其實呢，我當過農夫！」

我先前完全沒想到這個可能性。弗萊特外表像農夫的程度，就跟德克斯像花藝師的程度差不多。他也穿著皮製品，是件舊了的黑色皮外套。他的頭髮和鬍鬚修得很短，牛仔褲有點低腰，雖然不算貼身，但怎麼看都不是農夫慣穿的牛仔褲。

弗萊特以前是種萵苣。「我種結球萵苣和小寶石萵苣！」吹葉機在他講到一半時突然停了，後半句的「小寶石萵苣！」像比賽加油聲似地喊出來。

他種的萵苣不斷引來各種熱愛生菜的動物，像是野兔、烏鴉、斑尾林鴿等等。「斑尾林鴿還會吃掉菜心。我用了空氣炮，還是沒辦法趕走牠們。」（空氣炮又稱丙烷炮，是一種放置在田裡定時發射的驅鳥彈裝置。）他繼續說，「雖然可以在作物上面搭防鳥網，但是成本太高，又不容易維護。烏鴉會把植物整株拉起來，因為牠們認為下面有蟲子可吃。」我問弗萊特，這會不會就是海鷗破壞水仙花的原因，但他認為牠們那次搞破壞是出於好奇：「海鷗會覺得，**那邊有些新東西，說不定有得吃，我來翻翻看。**」

弗萊特很喜歡鳥，他提起鳥類對於消滅害蟲很有幫助。「農夫出現之前，鳥就已經在這裡了，」他補充道，「農夫等於是在這裡開了餐廳，鳥類就來吃東西，本質上就是這樣而已。」

就像第八章提到的參議員汪澤克一樣，弗萊特選擇了最有效的方法，那就是改行。在弗萊特務農時期的某天，他跟嚇鳥充氣人（就是那個會突然彈出來發出聲響的充氣式驅鳥裝置）的製作者通了電話。「他對我說：『是這樣的，我在荷蘭沒有進口商，你有沒有興趣？』我回答：『好啊，我有興趣。』」弗萊特就成了在荷蘭賣嚇鳥充氣人的男人。常有顧客問他有沒有更便宜的產品，沒多久他就開始賣起驅鳥彈、老鷹風箏、擬真鳥屍等等。「世界上任何跟嚇鳥相關的產品，我們倉庫裡都找得到。」有一段時間，他還是繼續經營農場。「但要兼顧驅鳥生意跟種萵苣，工作量實在太大了。」他選擇了驅鳥，因為工作時間比較理想，收入也比較高。農業經營就和淘金熱一樣：賺錢賺得最穩定的人，就是販賣相關用品給其他人的人。

弗萊特起身繞著花藝布置走了一圈，每隔幾公尺就蹲下來調整雷射光，並記下可能照不到的位置。我拿著筆記本緊跟在旁，不時打斷他的注意力、擋到他的瞄準線。

「我只是要跟著你。」

「我知道。」

從廣場外的某處傳來吶喊和歡呼，越來越大聲。那是紅毯大道上會有的聲音——當豪華禮車停下，超級巨星跨出車門時會聽到的騷動。「是他，」弗萊特說，「方濟各，他可是搖滾巨星呢。」

這星期，城裡有數百位修女，我看到穿綠色會衣的的修女、粉紅色會衣的修女，還有抽電子菸的修女、插隊的修女。此刻，修女們跑著、笑著、互碰手肘問候，頭巾隨風飛揚。教宗方濟各即將在教堂內舉行某個儀式，聖彼得廣場北側的保全入口剛剛開放通行，站在最前面的群眾為了搶到第一排座位，爭先恐後地衝進入口。她們在露天祭壇後奔跑時，一隻原本停在高架喇叭上的海鷗振翅起飛，鵝卵石地面上的另外兩隻海鷗也跟著飛走。

這些修女剛剛示範了世界上最古老的將鳥趕離作物的方法：找人一邊發出聲音一邊

追著鳥跑。英國詩人格瓦斯・馬卡姆（Gervase Markham）在一六三一年寫過，想趕走烏鴉和其他「作物的天敵」，最好的辦法就是「找幾個小男孩……跟在播種的農人身後……大喊大叫、歡呼喝采。」前陣子在英格蘭的納尼（Nunney），有間博物館舉辦關於童工歷史的展覽，展品中有英國議會在一八六九年所做的童工調查文件，詳細記錄了他們的驅鳥方法。這些小孩的年齡通常介於六歲到九歲，都是力氣還不夠大、無法從事粗重農活的男孩。農人支付微薄的報酬，讓孩子們在田裡到處亂晃，一邊「呦厚」亂喊，一邊拿著木製驅鳥響棍發出喧鬧聲。他們在春季播種時工作一個月，秋天作物成熟時再回來工作一個月，這讓他們難以長期穩定接受教育。而在農民看來，這種作法的缺點是小男孩很懶惰，「每個男孩還需要一個人盯著」。

呦厚，讓盯小孩的那個人去嚇鳥不就得了？成年驅鳥人雖然少見，但確實有，即使到今天也還存在，雇用他們其實是符合成本效益的。這點我還算有信心，因為已經有相關的科學研究了。英國農漁業暨食品部（Ministry of Agriculture, Fisheries and Food）在英格蘭諾福克郡（Norfolk）北部有一座實驗農場，用來進行各種測試，包括「驅鳥對策」。那座農場有一片靠海的小麥田和油菜田，之所以選在此地試驗，是因為這裡的田地每年都遭到三千隻黑雁（*Branta bernicla*）肆虐。研究人員茱莉葉・維克里（Juliet Vickery）和羅納德・薩默斯（Ronald Summers）比較了各種常見方法（像是丙烷炮等等），與一週六天坐在越野全地形車上繞來繞去的「全職驅鳥工」的效益。（「第七天，農民自己趕黑雁。」研究人員用有如聖經般的口吻寫道。）結果，驅鳥工明顯讓鳥類啄食作物的時間和強度下降比較多（以「糞便密度」量化計算）。

就算將購置越野全地形車的初始投入成本算進去，驅鳥工的效益也比較高。似乎已經有些農民注意到這點，荷蘭的莓果農在夏季準備收成時，有時候會請大學生來當驅鳥工。

以面積相對小的土地來說，人類驅鳥工很有用。擺放在聖彼得大教堂外面的花，面積不到六百一十二坪，而且只需要維護兩晚。若說有什麼地方適合使用簡單方便、成本效益又高的人工驅鳥，想必就是這裡了。如果我當時有看到德克斯募集建議的節目，我會寫電子郵件跟他說：「您有沒有想過請人當驅鳥工？只要找幾個人坐在祭壇那裡盯著花，趕跑靠近的海鷗就好。」我從羅馬回來後就寫了這樣的郵件給他。「沒有，我們沒想過這麼做，」德克斯回覆，「對弗萊特來說，我們不要這樣做比較好。」就是這樣。梵蒂岡準備成為有一間食品雜貨店、一間藥局、沒有電影院，但有兩台 LaserOp Automatic 200 雷射驅鳥機的國家。

弗萊特打開雷射驅鳥機上蓋，裡面有一個數位顯示器，就像丹尼爾．克雷格（Daniel Craig）試圖拆除即將炸毀軍情五處和整個倫敦水岸的炸彈或調整灑水系統設定時，俯身檢查的螢幕一樣。「上面只有五個按鈕。」弗萊特說，分別是設定開始時間、啟動時間間隔，還有雷射照射範圍的按鈕。「農夫也可以輕鬆操作。」

對大型農場來說，請人當驅鳥工，不是得要動用太多人力，就是變成沒完沒了的打地鼠遊戲。而像弗萊特這樣的自動化系統，因為可以靠一系列太陽能發電的機台和自訂程式設定保護整座田地，顯得十分有吸引力。這會是驅鳥產業的光輝未來嗎？

弗萊特將一個盆栽拖到雷射光束的路徑之外。「在五、六年之內，」他開口，但沒有說出我預期的話。「就沒人會用雷射了，危險性太高。」就連教室裡用來輔助講課的雷射筆，都有可能傷害視網膜。當雷射光被眼睛的色素吸收時，會累積能量，加熱周邊組織。由於雷射光是密集的光束，而且水晶體還會使光束更聚焦，因此能量密度非常高。以造成的傷害程度而言，就像是被細高跟鞋踩到腳和被樂福鞋踩到腳那樣的差別。

弗萊特並沒有戴雷射護目鏡。我問他為什麼不戴，他表示機器的光束是朝向下方，但是要直視光束來源才會造成眼部傷害。

誰會直視雷射光束？有八成的案例是青春期少年。這是眼科專家們審查過七十七個案例，並透過電子郵件向數百位同行進行問卷調查後得出的結果。專家還發現，有些小孩參加了雷射注視比賽，他們不情願地向急診室醫療人員坦承自己盯著雷射光看了十秒、二十秒，甚至有個孩子看了六十秒（這些少年往往有與自殘相關的行為障礙或遺傳疾病）。

離開前，我跟普渡大學生物學教授兼美國國家野生動物研究中心前任研究員埃斯特萬·費爾南德斯－尤里西奇（Esteban Fernandez-Juricic）通了電話。他參與了一項短暫接觸驅鳥用雷射的安全檢驗研究——研究對象是鳥。這是首度有類似的研究，因為先前的安全性聲明都是根據人類的焦距、光譜靈敏度和眼部結構而來，「這跟鳥的眼睛沒有半點關係。」埃斯特萬表示，有些鳥種沒有反應，就連雷射光掃過牠們視野範圍時也一樣。「或許有些鳥種看不到雷射光，我們對此了解太少。所以對於這些沒有反應的鳥種，我們應該多加留意。」不過更有可能發生相反的情況，埃斯特萬模仿洩氣的農人面對一群無反應的鳥時，會有什麼反應：「**來吧，臭鳥，儘管過來！我就給你們更多雷射光！**」他用一種羅貝托·貝尼尼（Roberto Benigni）喜獲奧斯卡獎的興奮語氣說道。

雷射設備業者知道埃斯特萬的計畫，這讓他們很不安。業者一直在爭先恐後地生產大型農用機型，投注了不少資金。「我有一些沒辦法講出來的經歷，」埃斯特萬說，「嗯……該怎麼形容才對……」

「有人想要左右你的研究結果嗎？」我試著猜測，「想賄賂你？」

「相去不遠。」埃斯特萬不得不打給普渡大學的顧問律師。「我說：『我的天，你得來處理，因為情況實在是……**不得了**。』」

安德烈·弗萊特沒有聽說過埃斯特萬，這不意外，因為他還沒有發表研究結果。我回家的三個月後，埃斯特萬和我分享了初步發現——沒有相關細節，也沒有提供雷射機的名稱。他說，結果相當令人不安，足以讓一個驅鳥機構特地來普渡大學找他會談。

埃斯特萬試著讓訪客們冷靜。「這項研究並不是要表達出『想做這種事的都是壞公司！』，而是讓相關企業有機會跟科學界合作，修改雷射的操作方式、波長或是強度。」

一年之後，這項研究仍未發表，埃斯特萬也沒再回覆我的郵件。希望他安好。

凌晨五點左右，大約正是二〇一七年復活節盆花擺設被攻擊的時間，我走到聖彼得廣場去看看狀況。雷射光束來回照射，照到植物上時，呈現出有如螢火蟲的光點，看來機台有好好在執行任務。以我從安全圍欄外看得到的地方來講，德克斯的花應該是毫髮無傷。有三十隻海鷗受到石板地面的熱度吸引，窩在廣場中央的噴泉旁睡覺。

廣場的列柱廊下，十多名羅馬街友剛醒來，正安靜地收拾睡袋。警車就停在距離他們不到十公尺的地方，但是警察容許這些無家可歸的男女在這裡安然睡上一晚，是出於教宗方濟各的慈悲和仁愛嗎？教宗的名字取自聖方濟（St. Francis），這位聖人對於窮人和動物都十分友善。我很好奇，方濟各受到這位聖人多少影響呢？現任教宗是否會支持用更進步的方式來處置造成困擾的野生動物？我知道這問題很荒唐，不過既然我人都在這裡了，不妨問一問。

13

耶穌會與老鼠

宗座生命學院提供的野生動物管理要點

梵蒂岡是一個規模相當於迪士尼神奇王國樂園（Disney's Magic Kingdom）的國家。跟迪士尼樂園一樣，這裡有開放遊客進入的地方，也有僅限工作人員出入的地方。由於我既不是遊客，也不是工作人員，而且不符合梵蒂岡對於媒體工作者的定義，他們要我自己寫信向梵蒂岡城國祕書長申請，好比寫封私人信件給川普，請他讓你入境美國一樣。幸好一切進行得還算順利，我的郵件獲得轉發，沒多久就得到親切的回信，Google 翻譯出來的信件內文如下：「親愛的女士，很高興能藉此機會向您表達無比的敬意。」不過署名有點不協調：「梵蒂岡園藝與清潔主任」。

這位主任開著藍色的福特 Focus＊來到衛兵看守的梵蒂岡入口前，停在路邊。拉斐爾・托尼尼（Rafael Tornini）下車與我握手招呼。他本人感覺相當有禮，並不浮誇，身上的深藍色西裝有點舊，但很乾淨。我們走往他的辦公室，街道有點狹窄，路上幾乎沒人。這座城市看起來既沒有交通工具，也沒有孩童＊。

「那裡就是我們跟義大利的國界。」我順著托尼尼的視線望去，看到圍繞著教廷的巨大城牆，一隻海鷗滑翔過城牆上方。這才是和平的象徵，我心想。一隻鳥，隨便一隻鳥，都能夠飛越城牆，無視國界！和平、自由、團結！我可能喝太多濃縮咖啡了。

托尼尼的辦公室相當樸素，窗景是茂密的藤蔓葉片。有位口譯員加入我們，托尼尼說海鷗並沒有在梵蒂岡的庭園造成什麼麻煩。「添麻煩的是綠色玫瑰鸚鵡。」牠們會吃園丁種下的種子。

教廷並沒有採取任何方式來驅趕這些鳥。「牠們是生態系統的一部分。」根據報導過和平鴿慘劇的天主教新聞社（Catholic News Service）記者卡蘿．格拉茨（Carol Glatz）表

＊教宗方濟各也是開 Focus，梵蒂岡和福特 Focus 有什麼淵源嗎？福特公司行銷部門的艾里克．默克爾（Erich Merkle）表示，沒有什麼特殊關係，純屬巧合。默克爾開的是車款是 Mustang，不過他為評價沒那麼高的 Focus 說話。「從外觀來說，這款車的線條其實很俐落。」他還提到福特在歐洲推出可輸出 252 匹馬力的 Focus 渦輪增壓版 ST。「那可真是一匹野馬，想想看升級配備之後會怎麼樣？裝個擾流板，再把前座換成 Recaro 跑車座椅？簡直酷斃了。」那教宗開的是 Focus ST 嗎？不是。教宗選擇「比較基本」的型號。

＊有些瑞士近衛隊高階成員和家人住在梵蒂岡，不過這個國家從未有過新生兒。記者卡蘿．格拉茨懷孕九個月時曾在梵蒂岡媒體廳工作，當時有位共事的修女希望她在那裡生下寶寶，這樣就會成為第一個在教廷登記出生的孩子。作為梵蒂岡指標性的新生兒，會有什麼不得了的好處嗎？什麼也沒有。梵蒂岡的公民身分是根據行政決定而授予，不是透過出生登記取得。

示，教宗本身就是愛鳥之人，以前養過鸚鵡（還教牠說髒話）。

教宗方濟各領導這個國家的方式，確實是遵照動物福利主義者始祖亞西西的聖方濟（St. Francis of Assisi）的世界觀。在托尼尼到職前不久，教宗方濟各就下令以生物防治取代化學殺蟲劑。因此，教廷引進會捕食害蟲的昆蟲，並在樹幹上裝設巢箱，吸引會吃蚊子的蝙蝠。

我們又坐上托尼尼的車，去看梵蒂岡的蝙蝠巢箱，那些巢箱很漂亮，是木製的，很有品味。不久，我們來到一座低矮的草屑堆，這就是梵蒂岡的堆肥區！稍遠處是已經放了一週，特別好辨識的教宗有機廢棄物：聖枝主日（Palm Sunday）時用過的編織棕枝。托尼尼抽出一枝給我。

開放式堆肥區會吸引某些動物，衍生出梵蒂岡鮮少觸及的害蟲防治議題。我請口譯員幫我詢問齧齒動物的問題。*Ratti*（義大利文的「老鼠」），他對托尼尼這麼說。托尼尼轉頭對我說：「Si, Si.」（義大利文的「是的」）梵蒂岡有大鼠*。我詢問他們有沒有用陷阱捕鼠，托尼尼回答：「Si.」他接著對口譯員說了幾句話，口譯員向我補充道：「他們得想辦法處理大鼠，因為數量太多，而且確實造成危害，像是破壞機器、咬壞電線。他們盡可能讓所有地方都保持乾乾淨淨，但是——」

「那教宗方濟各同意滅鼠嗎？」

托尼尼根本沒見過教宗方濟各，現在卻有人要求他代替教宗發言。口譯員聽完，轉過來面對我。「他說你應該問教宗本人。」

當然，我沒辦法去問教宗本人。身為一個已背棄天主教信仰又沒有任何高層關係的前教徒，我會去做能力範圍內最接近的事情。我打算採訪宗座生命學院（Pontifical Academy for Life）的生命倫理學家卡洛・卡薩隆涅（Carlo Casalone）神父。宗座生命學院可說是天主教的智庫，成員由教宗任命，但不一定是神職人員，甚至未必是天主教徒。宗座生命學院會在各種議題上導引教會教義，從爭議不休的墮胎、安樂死等問題，到新興的基因治療和人工智慧等。先前性虐醜聞甚囂塵上時，宗座生命學院就對教會的回應內容發揮了一些影響。我向宗座生命學院的媒體主任表示，我想了解學院對於某些野生動物被指定為有害生物有何看法。在什麼情況下可以將某個物種排除在道德原則的適用範圍之外，容許撲殺或殘忍對待？我引用了亞西西的聖方濟所言，不過隻字未提大鼠。對方很快就回信了，或

＊回家之後，我上網試著查詢梵蒂岡是雇用哪一家害蟲防治公司。在一番搜尋之後，我連到一個電腦產生的網頁，內容是一間應該不存在的公司「Derattizzazione Roma」（滅鼠羅馬）的介紹。在「我們為梵蒂岡提供的優質滅鼠服務」標題下方，是一份長達兩頁的清單；如果清單內容屬實，代表梵蒂岡鼠輩橫行，日夜都在進行滅鼠工作，連星期天也不例外，而且每棟建築物的每一個房間都有，就連小鼠都有大鼠之患。**梵蒂岡緊急滅鼠**、**梵蒂岡夜間滅鼠**、**梵蒂岡食堂滅鼠**、**梵蒂岡週日滅鼠**、**梵蒂岡購物中心滅鼠**、**梵蒂岡機房滅鼠**、**梵蒂岡電梯滅鼠**、**梵蒂岡小鼠滅鼠**。強大的翻譯軟體還為筋疲力盡的滅鼠人員創造了收工後可以去喝一杯的場所：**梵蒂岡齧齒動物酒吧**。

許比起其他塞滿收件匣的棘手詢問，這算是還不錯的消遣。

從聖彼得廣場沿著協和大道（Via della Conciliazione）直走，經過三個街區，在販賣教宗方濟各搖頭公仔的紀念品店對面，可以看到一棟方方正正、外牆以焦糖色灰泥粉飾的三層樓建築，門口飾板宣告你已經來到「Pontificia Academia pro Vita」（義大利文的「宗座生命學院」）。雖然位在梵蒂岡的實體國界之外，宗座生命學院仍是正式隸屬梵蒂岡的機構，也就是說你在踏入這裡時，就經歷了某種地緣政治性的化質[譯註10]：身在義大利，又位於梵蒂岡。

卡洛神父的辦公室牆面是白色的，沒有任何裝飾，除非十字架也算是裝飾。這點和托尼尼的辦公室一樣。梵蒂岡的奢華似乎像雷射光束一樣毫不發散，只集中在博物館和教堂裡。卡洛神父本人也相當樸素，穿著黑褲、黑鞋，以及有白色繫帶領的黑色鈕釦襯衫。他說話輕聲細語，不會伴隨很多誇張的手勢，至少不會像大家對義大利男性的刻板印象那樣。雖然地板是大理石材質，我猜想他走路時應該也不會發出什麼腳步聲。

這種低調不張揚的態度，某種程度上可能是受到教宗方濟各的影響，方濟各則是受到那位謙遜且熱愛自然的修道士——亞西西的聖方濟影響。方濟各成為教宗後，就住在一間提供普通神職人員居住的公寓。他和托尼尼一樣，以福特 Focus 代步。這星期，我順道去參加了聖週四的彌撒，其中包括為幾位信眾洗腳的儀式。這並不是真正的清洗，只是一種象徵性的動作——在腳背上灑幾滴水而已。「方濟各真的會拿刷子。」我認識的天主教新聞社記者卡蘿．格拉茨笑著這麼說。（還有，他捨棄教宗專用的紅色樂福鞋*不穿。）

所以，我不免好奇：就教宗看來，對於尊重及保護自然世界和其中的野生居民，我們應該做到什麼程度？在我來此之前，宗座生命學院媒體主任寄了一份方濟各的通諭內文給我。這道教宗通諭文詞優美，題為〈論愛惜我們共同的家園〉（On Care for Our Common Home）。「所有受造物皆自有其目的，」他寫道，「無一是多餘的。」他描述聖方濟注視

---

* 譯註10 化質（transubstantiation）：天主教會認為聖餐禮中的無酵餅和葡萄酒，在神父祝聖時化成基督的聖體與寶血。神學上將此詮釋稱為化質論、變質論或聖餐變體論，為天主教的核心教義之一，也是天主教與許多新教派系的分歧之處。

* 我本來要寫「Prada 鞋」，後來我讀到戴特．菲利比（Dieter Philippi）為 *campagi*（教宗鞋）所寫的詳盡專題，看了文中超過一百張紅色教宗訂製鞋的照片，大有收穫。前任教宗本篤十六世的專用製鞋師是阿德里安諾．史蒂芬涅里（Adriano Stefanelli）。讓本篤十六世獲《君子》（*Esquire*）雜誌評選為「年度最佳衣飾獎」得主的紅色樂福鞋，還有「教宗在寓所裡穿的特殊便鞋」，皆是出自史蒂芬涅里之手。梵蒂岡附近有間專門服務教宗和神職人員的裁縫店，叫做加馬雷利（Gammarelli），依照傳統，新任教宗首度在聖彼得大教堂的陽台公開露面時，都是穿著加馬雷利製鞋師專為儀式所製作的紅色樂福鞋。在那份長達一百一十九頁的專題中，菲利比不屑地表示除此之外的製鞋商都在說謊。西爾瓦諾．拉坦齊（Silvano Lattanzi）聲稱本篤十六世穿過他做的天鵝絨便鞋？「我很確定這個說法是錯的。」雷蒙．馬薩羅（Raymond Massaro）為他做的拖鞋呢？「我不認為教宗穿過這樣的鞋子。」Ferragamo 的「教宗風」酒紅色樂福鞋呢？「教宗從來沒穿過這種鞋。」繡有梵蒂岡國徽的無釦便鞋呢？「教宗絕對不會穿這種設計的鞋子。」那麼，Prada 那款有裝飾性縫線的紅色樂福鞋呢？「完全是謬誤，教宗在穿著上不會使用裝飾性的縫線。」根據菲利比的資料，只有一家商業製鞋公司能自稱曾為教宗本篤十六世做鞋，他在二〇〇九年夏天度假時，曾經穿著 Camper Pelotas 真皮運動鞋爬山健行。

太陽、月亮或是最微不足道的動物時，是如何引吭歌詠。我將這些段落讀給卡洛神父聽。

他一邊聽，一邊點頭。「聖方濟開啟了自然與人類之間的嶄新關係。如果你去讀他的詩，還會看到『水姊妹』、『太陽兄弟』、『月亮姊妹』這樣的表達方式。」

「聖方濟也會稱大鼠為兄弟嗎？」會有棉蛉象鼻蟲姊妹，或是吃掉北達科他州百分之二葵花籽的黑鸝叔叔嗎？

卡洛神父說會的，他會的。「就連死亡*，他都是如此表達。」

「聖方濟有特別提過齧齒動物嗎？」我聽見自己說。

「不，他沒有特別提過。重點在於手足關係並非那麼簡單。兄弟姊妹之間難免會吵吵鬧鬧，人只要與別人有所牽繫，雙方的關係就不可能完全是祥和美好的。人與地球之間的所有關係，不只包含正向的層面，也會有負向的層面，重點在於如何應對這些面向。」這個人，很會講。

「是的，那我們**應該**如何應對呢？」這些話說得很好，很漂亮，但是怎麼樣才是對人類和動物都公平的作法？就拿高爾夫球場上的加拿大雁來說好了，牠們犯了什麼錯？弄髒草坪*，隨地排泄。但光憑這點，我們就可以叫人把牠們抓起來，用毒氣毒死嗎？就因為幾個有錢人想把球打進洞裡，需要面積堪比教廷又極度整齊的球場地面，牠們就活該去死嗎？想想那些為了灌溉果嶺而浪費掉的水姊妹吧，或許該消滅的不是加拿大雁，而是高爾夫球！

卡洛神父整理著思緒，他肯定在想：**是誰讓她進來的？**「我們必須根據所處的狀況去衡量行為。對於在球場工作的人來說，高爾夫球場代表什麼？如果當地只有這裡能找到工作，當你要採取行動時，也必須將這個層面納入考量。」他說，「還有，或許不一定要殺

＊死亡姊妹（Sister Death）——死亡是女性。《死亡姊妹》也是亞歷克．K．瑞弗和眼中釘樂團（Alec K. Redfearn and the Eyesores）第七張專輯的名稱。《訊噪》（*Signal to Noise*）雜誌形容《死亡姊妹》是「二十世紀美國歌舞表演、卡巴萊……東歐民謠、噪音搖滾和極簡主義的華麗結合。」你永遠想不到註腳會讓你看到什麼。

＊牠們弄髒的程度其實不像你在網路上看到的那麼誇張。根據雁之剋星公司（Goose Busters）估計，牠們每天排放的糞便量大概是三到四磅（約一千四百到一千八百公克），在華盛頓特區國家廣場（National Mall）趕雁的雁警公司（Geese Police）負責人則認為，一天大約是兩到三磅（約九百到一千四百公克）。某位波士頓市議員說：「一天差不多三磅吧。」加拿大雁的糞便量造謠運動，似乎在紐澤西州的《蒙特克萊爾地方報》（*Montclair Local*）推波助瀾下達到最高峰：「一隻成年的加拿大雁體重可達二十磅（約九公斤），每天的排便量超過體重的兩倍。」也就是說單單一隻加拿大雁，一天排便量就有四十磅，跟馬一樣多了。記者在報導中提到數據來自美國農業部；我向農業部下轄的美國國家野生動物研究中心提問，公共事務辦公室的聯絡窗口請我去看美國農業部公布的〈鵝、鴨和骨頂雞〉（Geese, Ducks and Coots）介紹手冊，上面寫著加拿大雁一天的排便量是一點五磅（將近七百公克）。這份手冊的作者是從維吉尼亞理工大學合作推廣計畫的鵝雁介紹資料取得這項資訊，上面雖寫著「研究顯示……」，但並未引用任何研究。我透過Google學術搜尋服務查詢，只查到一位叫做B．A．曼尼（B. A. Manny）的研究者，他確實有去採集排遺並秤重。曼尼的研究結果是：一隻加拿大雁的每日糞便總重量（濕重）平均只有三分之一磅（約一百五十一公克）。維吉尼亞理工大學資料上的每天一點五磅（將近七百公克）是哪裡來的？我多次去信詢問作者，但都石沉大海，所以至今依然是謎。

撇開磅數問題不談，加拿大雁還真是屎尿多。據曼尼觀察發現，牠們一天會排泄二十八次。在其他相關研究中，有個加拿大的研究團隊發現「加拿大雁睡覺時，偶爾也會排出少量的糞便。」

鳥，可以採取其他行動去改變事態走向。你必須以積極干預的方式去執行、去思考。」

比方說換蛋！我差點脫口而出。某些地方政府沒有撲殺加拿大雁群，而是設法找出牠們的巢，然後把蛋拿出來搖晃或是沾滿油後放回巢裡。這樣一來，親鳥就孵不出來。為了找出人道毀滅加拿大雁胚胎的臨界點，密西根州自然資源部（Michigan Department of Natural Resources）的研究團隊檢驗了數萬顆蛋，發展出根據蛋會不會漂浮來評估蛋齡的方法——如果會浮起來，表示蛋裡空氣的比例比雛鳥多。這套方法已經受到美國人道主義協會和善待動物組織推薦，雖然我很好奇天主教會對於幫雁墮胎有何看法，但為了避免讓卡洛神父昏頭，我繼續追問本來要問的問題。

假如有掠食動物，像郊狼之類的，殺死某人的寵物呢？飼主殺死那隻掠食動物合乎道德嗎？畢竟掠食動物只是照著本能行動，只是為了生存啊？

卡洛神父調整著桌上的釘書機。「你必須考慮到這件事對那個人的情緒衝擊。」

「但是這些事情要如何權衡輕重呢，卡洛神父？人類的感受和掠食動物的生命，怎麼比較？」

辦公室響起敲門聲，有個男人端著一盤義大利傳統復活節蛋糕和一瓶水走進來。「啊，桑德羅，*grazie!*（義大利文的「謝謝」）」卡洛神父似乎很高興有點心可吃，或許是因為我們的對話中斷而感到高興。桑德羅放了兩個水杯在桌上，我的杯子邊緣沾了一點棕色黏黏的東西，卡洛神父默默地把他的杯子換給我。

享用蛋糕時，我提起曾經看到教宗方濟各在復活節彌撒結束後騎著電動滑板車流暢移動的影片，他到處和人握手，完全融入群眾之中。

「是啊，這讓隨扈傷透腦筋。」卡洛神父分享，有一次教宗方濟各要重配眼鏡，他沒跟隨扈說一聲，就自己跑去眼鏡行。配鏡師驚喜萬分，最後卻有點失望。「方濟各說：『我只要配鏡片，不要鏡架，我已經有鏡架了。』他真的這樣說喔，『我已經有鏡架了，我只要鏡片就好。』」卡洛神父輕輕搖頭，看起來這段往事讓他覺得很有趣。「你相信嗎？」他微笑，露出兩顆門牙之間的縫隙。因為他衣著樸素，髮型也中規中矩，看不出半點個人風格，這道齒縫反而像咬過的指甲或不小心露出的內衣肩帶那樣，意外生出一股親密感。

不久後，桑德羅再次拿著托盤進來，整理蛋糕盤和水杯。卡洛神父看著桑德羅退出辦公室，然後轉向訪客。「動物都是依照本能行動，就像你剛才提到郊狼時說的。」他講到郊狼（coyote）時，發音是「co-dee-oh-tay」，聽起來富有詩意。「不過呢，人類擁有自由意志，有責任悉心管理受造物。人類的角色是幫助自然，因為我們有能力研究自然系統，而動物不能。」他提到義大利某些地區的鹿和野豬繁殖數量過多，但人們並沒有撲殺，而是在這些地區再引入狼來解決問題。「他們請狼來平衡生態系統。」他露出微笑，齒縫又出現了！我真的有夠喜歡。

我分享了夏威夷有人為了消滅甘蔗田裡的大鼠，從印度引進紅頰獴（*Herpestes javanicus*）的事情。然而他們忽略了一點：大鼠是夜行性，紅頰獴卻是晝行性動物。結果紅頰獴沒吃掉多少大鼠，倒是吃了不少海龜蛋。

「嗯，也是。」卡洛神父伸手去拿公事包，他等一下要去趕火車。「在世界複雜的運作體系之中，我們無法全盤預測所有行動的影響。所以呢？我們必須審慎行事。」

阿門，希望如此。關於義大利的狼，根據我後來讀到的相關資料，牠們確實幫忙減少了鹿和野豬的族群數量。牠們繁衍興旺，轉而對牧場業者的牲畜下手，於是業者開始鼓吹撲殺狼群。這種事情向來如此。引用美國國家野生動物研究中心公共事務專員蓋爾·凱恩（Gail Keirn）的話：「在野生動物問題這方面，我們似乎給自己製造了很多麻煩。」

說到悉心管理動物的種種挑戰，還有那些令人呼喊「呃啊！」的重大挫敗時刻，恐怕沒有任何地方比我的下一站更有體會。那就是美麗的島國，紐西蘭。

14

仁慈的殺戮

誰會替害獸著想？

在企鵝的聚落裡生活毫無端莊可言。你做的每一件事情，不管是交配、理毛，還是把魚吐出來給孩子吃，都是在鄰居們眾目睽睽之下進行。這一切都讓黃眼企鵝（*Megadyptes antipodes*）無法接受。牠們選擇在海邊叢生的野草間築巢，避開其他同類夫妻的視線範圍。就跟住在郊區的人類一樣，想追求清靜和隱私，通勤時間就得拉長。每天傍晚，紐西蘭奧塔哥半島的黃眼企鵝從海上捕魚歸來，得要越過海灘，在灌木叢間穿梭，費力爬上陡峭的懸崖才能回到家。

你可以參加榆木野生動物旅行社（Elm Wildlife Tours）的行程，在私人保護區的隱蔽觀察處觀賞黃眼企鵝的通勤潮。今天帶團的是營運經理，堪稱冷面笑匠的蕭恩·坦伯頓（Shaun Templeton）。坦伯頓年紀頗輕，頭髮修剪得極短，露出曬成棕褐色的頭皮。他有

一雙棕色大眼，讓我想到海豹的眼睛——不過可能只是這天下午的情境使然。這裡海灘上的鰭足類動物就像康尼島[譯註11]往日人潮那麼多。

下午五點剛過，在海潮退去的碎浪中出現了第一隻企鵝。牠採取衝浪的姿勢，盡可能讓海浪將牠往岸上沖，擱淺之後再爬起來，以黃眼企鵝趕路時那種慢吞吞的步伐穿過海灘。牠來到海灣周圍的懸崖底部，開始一連串往上坡跳躍的動作，先是身體前傾，停住一蹲，然後往上一跳，竭盡全力一吋吋地往上坡移動。

這就是黃眼企鵝成為極危物種的原因，或者說是原因之一。偏遠的築巢地點和缺乏掩蔽的跋涉路線，為掠食者提供了絕佳的消費和用餐機會，其中少不了當地原有的海豹和海獅，不過也有新來者——白鼬（*Mustela erminea*，在美國稱為短尾鼬鼠）、大鼠和流浪貓。全球目前大約僅剩四千隻黃眼企鵝，其中百分之四十三生活在這個海灣。就目前所知，白鼬這一季已經殺了三隻黃眼企鵝的幼雛。坦伯頓一直在追蹤情況，除了因為他幾乎每星期都會來這裡，也因為榆木旅行社長期參與黃眼企鵝基金會（Yellow-eyed Penguin Trust）的保育行動。

現在已是薄暮時分，企鵝通勤潮差不多結束了。我們正在觀察海狗。

「你看看，」坦伯頓指著一堆散落的骨頭：兩條金梭魚的頭和脊骨，還有某種像是章魚的殘餘物。「這堆反芻嘔吐物實在不得了。」海獅會將獵物連肉帶骨全都吞進肚裡，之後再把消化不了的東西吐出來，就像貓頭鷹一樣，只不過牠們不像貓頭鷹弄得那麼乾淨。我們很高興地注意到其中沒有屬於企鵝的固態殘餘物。

坦伯頓的主業是觀光旅遊，而副業更像是博物學家。我不太確定這一行的人具體來說有哪些特質，不過我覺得，如果你會用**不得了**這個詞來形容任何動物的嘔吐物，你就有可能是個博物學家。過去這二十年，對於黃眼企鵝來說是災難。坦伯頓說明：除了人為開發破壞棲地、遭到漁具纏繞之外，黃眼企鵝近來飽受禽瘧疾和雞白喉等疾病威脅，甚至還面臨餓死的風險。由於海洋暖化，黃眼企鵝吃的底棲魚類開始往較冷的地方遷移，也就是移往更深的海域。雖然黃眼企鵝可以潛到深海，但是有些獵物現在棲息的區域已經超過牠們能夠抵達的深度。不過最嚴重的威脅，或許還是外來的掠食者：白鼬。

如果黃眼企鵝的數量照目前速度繼續減少，牠們可能會在十到二十年內從地球上消失。看著牠們，你很難不對這個消息感到震驚。怎麼能就這樣失去牠們？你看看，那糖果紅的喙部、粉紅的肥肥大腳，還有從眼睛周圍往後方延伸、宛如面具的一抹黃帶，就像閃電俠（the Flash），就像一九七〇年代的大衛・鮑伊（David Bowie）！我並不是說外表可愛

＊譯註11　康尼島（Coney Island）位於美國紐約市布魯克林區的半島，在南北戰爭之後開發為度假區，設立大型飯店、私人海灘、賽馬場等，十九世紀末期更出現旋轉木馬、小火車、摩天輪等設施，全盛時期曾是美國最大的遊樂園，吸引數百萬名遊客前來，直到二戰結束後逐漸沒落。

搶眼的物種就比其他物種更珍貴或值得更多關注，但是……**氣死我了**。

在懸崖上，有一對黃眼企鵝正在互相打招呼。牠們吵吵嚷嚷，毛利人將黃眼企鵝稱為hoiho，意思就是「吵鬧者」。你會很想對牠們說，**噓——白鼬會聽到你們的聲音！牠們會趁你們不在家時來吃掉你們的小孩啦**。

面臨生存問題的不只是黃眼企鵝，紐西蘭所有不會飛的物種（雖然有些還保有翅膀）統統都有麻煩。幾千萬年來，這座島嶼沒有原生的陸上掠食動物，所以來到這裡的鳥類不再需要快速逃跑的本事。演化逐漸使某些物種的翅膀失去功能，將力氣改用在更有利生存的地方。接著，出現了掠食動物——從其他大陸偷渡或引進來此。入侵物種每年大約造成兩千五百萬隻紐西蘭原生鳥類死亡，包括最有名的奇異鳥（又稱鷸鴕），還有鴞鸚鵡（*Strigops habroptila*）、山藍鴨（*Hymenolaimus malacorhynchos*）和啄羊鸚鵡（我們在第十一章提到的那種吃腐肉的山區鸚鵡）。白鼬是效率極高的殺手，也是靈活敏捷的爬樹高手。牠們除了愛吃蛋，也會吃雛鳥。以北島褐鷸鴕（*Apteryx mantelli*）為例，每年約有四成的雛鳥遭到白鼬毒手。

是誰把白鼬弄到島上來的？

一切始於兔子。一八六三年，思念故鄉的歐洲移民組成了奧塔哥馴化協會（Otago

Acclimitisation Society，當時紐西蘭有好幾個類似組織），並將六隻兔子帶到奧塔哥郊外野放。據他們解釋，本來的用意是「讓戶外運動愛好者和博物學家能享受故鄉那些令人念念不忘的活動」。

接下來的情況，講得誇張一點，就如某位地主歸結出來的「兔子算式」：二乘以三等於九百萬。兩隻兔子經過三年之後，會變成九百萬隻兔子。到了一八七六年，奧塔哥多數地區都淪陷了。兔子在這塊土地上沒有天敵，而當地溫和的氣候讓兔子的繁殖季節變得更長。牧羊的草場被兔子吃得光禿禿，羊隻紛紛餓死，奧塔哥有超過一百萬英畝（約四十公頃）的土地廢棄。

一八八一年，政府官員不得不採取行動，通過了《兔子滋擾法案》（Rabbit Nuisance Act），雇用兔子檢查員和「獵兔人」來射殺及毒死兔子。接著，有人從歐洲運來白鼬和雪貂；將近八千隻所謂的「兔子天敵」被野放到紐西蘭鄉間，並受到法律保護。

不料兔子只是命喪白鼬口中的其中一個物種。這些身體細長的兇猛獵手很快就開始誅殺禽鳥，從鳥蛋、幼雛到小型成鳥，全都不放過，揭開了種族滅絕的序幕。截至二〇一九年，紐西蘭的陸棲脊椎物種不是列為瀕危，就是有瀕危風險，其中包含七十八種鳥類和八十九種爬行動物。

二〇一二年，紐西蘭政府再次介入。曾經是由政府引進並予以保護的白鼬，如今成為政府致力擺脫的對象。為了保護本土生物多樣性，紐西蘭環保局（Department of Conservation）推出了「二〇五〇年掠食者清零計畫」（Predator Free 2050，簡稱PF2050），打算消滅帶來最大威脅的三種掠食性入侵物種：白鼬、老鼠，以及帚尾袋貂（*richosurus vulpecula*）。（二〇五〇年是紐西蘭環保局計畫完成這項目標的時間。）官方積極宣傳，努力讓一般國民都加入這項行動。無論是在哪座國家公園的遊客中心，都可以看到二〇五〇年掠食者清零計畫的展覽，有介紹手冊和令人擔憂的數據資料，還有白鼬的剝製標本，露出尖利的牙齒，一隻腳爪宣示性地放在被粗暴殺死的鳥兒或蹂躪肆虐過的鳥蛋上。

所有城鎮都上鉤了。鄰近地區的居民和農夫設下紐西蘭環保局提供的數百個陷阱，通訊期刊每個月刊出一則則成功案例和捕獵祕訣，文末以「祝您捕捉愉快！」作結。

我們今天行程的參觀內容，不只是奧塔哥的鳥類，還有紐西蘭環保局用於保護這些鳥類的各種陷阱。每種掠食動物在獵捕上都有不同的困難。「貓喜歡新鮮的肉，」坦伯頓說，「你必須常常換餌。」

地球上大多數的地方都有一些流浪貓，只不過紐西蘭這裡的數量遠遠不是「一些」可以形容的。因為除了白鼬和雪貂之外，人們也曾將大量的貓帶到鄉間去獵殺兔子，可以說是為了捕兔而養貓。有一度，因為當地的貓供不應求，丹尼丁（Dunedin）地區還徵召年輕小伙子到城裡去偷別人家養的貓。

所以，如今的遊客中心和博物館裡，除了一臉不懷好意的白鼬，也常會看到製成標本的流浪貓和牠的胃擺在一起，旁邊是從胃裡取出的內容物：保存在壓克力裡的小小腳掌、羽毛和骨頭，看起來很像那種造型奇異、會讓我想放在書桌上的紙鎮。

在爬坡走回廂型車的途中，我們經過了紐西蘭環保局武器庫的新進器材：可自動重置的 Goodnature A24 陷阱。誘餌設置在管路末端，前方是一根具有彈性的細金屬桿。當動物的頭推動金屬桿時，就會觸動機關，從高壓瓶噴出二氧化碳，射出活塞栓。如果你有看過電影《險路勿近》（*No Country for Old Men*）中，哈維爾・巴登（Javier Bardem）飾演的角色用來殺人的那個特殊武器，原理是差不多的。

白鼬是出了名的難捉。「牠們不喜歡把頭探進東西裡。」坦伯頓說。那為什麼要做出誘餌放在管道末端的陷阱？因為牠們的頭部（更具體來說，是腦部）才會處在能一擊致命、瞬間死亡的位置。

紐西蘭致力以人道方式清除入侵掠食動物。在這方面付出最多心力的，莫過於布魯斯・沃伯頓（Bruce Warburton），我明天要開車去基督城（Christchurch）和他見面。沃伯頓協助設計多種人道陷阱、草擬出適用於陷阱的動物福利標準，並進行陷阱測試，評估是否符合標準。他肯定是唯一跟國家有害動物防治局（National Pest Control Agencies）和國家動物福利諮詢委員會（National Animal Welfare Advisory Committee）同時有專業合作關係的紐西蘭人。

到頭來，兔子怎麼樣了？在毅力、抗性和大量繁殖之下，牠們過得很好。牠們從白鼬、貓和獵兔人手中倖存下來，就連從澳洲走私傳入的兔出血症病毒也沒能擊潰牠們。坦伯頓表示今年看到的兔子甚至比往年多。在有這麼多兔子可吃的情況下，白鼬也跟著門戶興旺。「白鼬的數量在飆升。」他從廂型車駕駛座對後方的我說。車子一路往前，載著我們離開這片美麗又令人心碎之地。

珊曼莎．布朗（Samantha Brown）是位年輕的生物學家，鼻子上有雀斑，說著一口好聽的紐西蘭腔英文，而且對如何快速奪命有著豐富的知識。布朗和布魯斯．沃伯頓在紐西蘭皇家研究院（New Zealand's Crown Research Institutes）的土地研究所（Landcare Research）共事，他們所屬的分部位於基督城市郊，研究領域以生物多樣性和永續性為主。也就是說，這個單位提供很多對主修保育的學生來講很有吸引力的工作，但若他們聽到測試陷阱的事情，恐怕就不覺得那麼有吸引力了。

在等待沃伯頓的空檔，布朗放了一段在試驗所拍的影片。試驗所就在這條路再過去幾公里的地方，本週沒有安排任何測試，這對我來說與其說是失望，倒不如說是鬆了一口氣。這個團隊所做的研究很優秀，也令人揪心，我既欣賞又尊敬，但我不確定自己是否想親眼見識。我也有不想探頭進去的地方。

實驗設計很簡單。有一台放在腳架上的攝影機，鏡頭對準觀察圍欄拍攝。一名人員在黑暗處等待，帶著馬表以及我難以想像的心情。布朗指著影片畫面下方的讀數說：「可以從這裡看出過了多少時間。」陷阱一啟動，觀察員就會按下馬表。以死亡陷阱來說，所謂的人道，就是取決於速度：除了致死的速度，更重要的是讓動物失去意識的速度——讓牠們什麼都感覺不到，什麼都不知道。

「這是為北地大區（Northland）區議會做的殺貓陷阱測試。」布朗說。這款 SA2 Kat 陷阱，不僅能用於流浪貓，也能用在帚尾袋貂身上。帚尾袋貂原生於澳洲，在十九世紀時為了發展毛皮貿易而被引進紐西蘭。牠們在新的家園繁衍興旺，開枝散葉，啃食破壞各種對本土鳥類生存至關重要的樹木。這些帚尾袋貂每晚大約可吃掉兩萬一千噸的樹葉和嫩芽，而且很喜歡吃蛋。

螢幕上顯示的時間以十分之一秒為單位，增加速度快到連數字都看不清楚；當然，如果在陷阱裡的是你，就不會覺得時間過得很快了。布朗和我安靜地坐著，經歷了滿腦子想著「別進去」的前半分鐘，接著是進去之後令人難受的後半分鐘。布朗的一位同事跑進畫面裡，我心裡有一部分暗自希望是有人要他把裡面的動物放了。布朗在旁說明：「格蘭特現在要看看頭部側邊，還有觸摸眼睛旁邊。」他是在檢查眼瞼（palpebral）*有沒有眨眼反射。如果沒有出現眨眼反射，表示動物已經失去意識，馬表就會按停。

影片中測試的陷阱裡有一根金屬橫桿，一旦彈起來，就會往下夾住脖子。這樣的器具有可能夾斷小鼠甚至是大鼠的脖子，但是對於體型較大的動物，這種陷阱的致死方式其實是勒斃：橫桿夾緊後阻斷頸動脈，讓血液無法到達腦部，造成缺氧。窒息也有發揮作用，因為橫桿可能會同時阻斷氣管。窒息和勒斃的最終結果一樣，但是窒息要花更久的時間才會致死，因為窒息是阻斷空氣吸入，而不是血流，所以血液會繼續循環，要等到血液中原有的氧氣耗盡，需要一點時間。使用這種精心設計的陷阱，可以讓動物在四十到五十秒內失去知覺。（大多數的電影導演——塔倫提諾除外——都會把勒斃的時間縮短成五到十秒，畢竟說真的，這個過程誰會想多看？）

想要更快、更仁慈的死亡方式，可以用敲擊頭部來達成。要論結束生命的人道方式，沒有什麼比往腦部開一槍更符合人道；因此，美國獸醫協會（American Veterinary Medical Association）發布的準則中，將「朝適當部位開槍」列為可接受的安樂死方式*。其實，世界上第一個人道捕殺陷阱就是採用對頭開槍的機制。一八八二年，住在德州弗里多尼亞（Fredonia）的詹姆斯．亞歷山大．威廉斯（James Alexander Williams）取得美國專利號碼第269766號，這項專利發明的特色是利用框架將左輪手槍豎立起來，專利文件附了說明圖示，圖上的槍口指著從地洞中冒出來某種齧齒動物。只要害獸踩上踏板，就會觸動板機。在閱讀這項專利的細節資料時，你不會覺得威廉斯先生有多重視安全、人道或齧齒動物防治：「這項發明也可以與大門或窗戶結合，殺死任何開啟相連門窗的人或動物。」

那麼，SA2 Kat 陷阱的製造者為什麼不嘗試採用敲擊頭骨的方式？因為要對頭部給予人道的一擊，位置必須非常精準。阻塞頸動脈的方式，在體型大小和位置方面有比較多彈性。此外，布朗還說，要讓橫桿產生足夠作用力、給予致命又人道的一擊，不免會涉及（人類的）安全問題。在裝設陷阱時，需要花點力氣將橫桿拉回固定位置，萬一橫桿脫落猛力夾到使用者的手指，可是會骨折的。

符合人道精神的白鼬陷阱是採用敲擊頭部的設計，因為白鼬的頸部肌肉特別發達，有厚實的肌肉保護著動脈。此外，這些肌肉的力氣之大，也可能讓白鼬掙脫陷阱。

---

* *Palpebra* 就是眼瞼（eyelid）。醫學對於任何東西都有自己的一套名稱。膝蓋後側叫什麼？膕窩（popliteus）。耳垢？耵聹（cerumen）。*Hallux* 是指「腳拇指」，*mental protuberance* 是「頦隆凸」，意思是「背太多拉丁文單字導致的顱骨明顯隆起」，喔不對，是「下巴」才對。

* 斬首也是如此，人道精神其實是發明斷頭台的初衷。科學用品目錄上曾經有過一種叫做「小型動物斷頭台」的商品，現在只買得到二手的（至少在網路上是如此），原因可能是這種東西會引起負面的關注。無論斷頭台的用意有多符合人道精神，使用時都勢必要砍掉一顆頭，實在讓人難以忍受。我還要說一句：如果你想把二手的齧齒動物斷頭台拿到 eBay 上面去賣，拜託拜託，拍照前先把刀片清乾淨。

布朗點了另一個影片的連結，內容是在測試一款叫做「改良版勝者」的白鼬陷阱。這款陷阱其實是將勝者牌（Victor）的傳統木製捕鼠夾，改造成能夠人道處置白鼬的陷阱（出自沃伯頓之手）。他將模製的塑膠蓋（或者說是護罩）鎖在誘餌的位置上方，引導動物將頭從正確的方向伸進來，直到適當的深度。橫桿敲擊位置在耳朵高度附近，布朗說，白鼬幾乎立刻就會失去知覺。

「可以看到牠已經開始發軟無力了。」我的大腦對於接收到的這一切做出了更溫和的解釋：**看，這就是一九四〇年代時髦婦女會戴的那種毛皮圍巾。**

我二十二歲時，曾經住過一間鼠患很嚴重的公寓。我有個從事平面設計的室友，她用華麗的哥德字體寫下「小鼠死亡數」幾個英文字，貼在冰箱上，我們在底下用四豎一斜線的記數符號記錄數量；到我搬出去時，底下的符號已經多達三十二組。房東不同意養貓，所以我們買了捕鼠陷阱，也就是最經典、便宜的勝者牌捕鼠夾，設置陷阱和處理善後就成了我的日常工作。放置捕鼠夾時，我並沒有想太多，以為捕鼠夾夾到小鼠的頭或脖子就會讓牠們立刻斷氣，結果一天到晚被夾到其他部位的小鼠嚇一跳：有小鼠從另一側接近陷阱，結果被壓住肩膀；也有小鼠突然改變心意想退縮，結果在後退時被夾住鼻子。

加拿大貴湖大學（University of Guelph）生物科學家喬芝亞・梅森（Georgia Mason）對於多種齧齒動物防治方式的人道程度做了詳盡徹底的比較，根據她的研究，勝者牌捕鼠夾發生類似情況的機率約為百分之四。其實這已經算是不錯了，根據梅森的資料，另一款同類產品夾到小鼠腿或尾巴的機率是百分之五十七。梅森在貴湖大學的坎貝爾動物福利研究中心（Campbell Centre for the Study of Animal Welfare）研究行為生物學，這份比較研究發表於《動物福利》（*Animal Welfare*）期刊。她可以說是布魯斯・沃伯頓的加拿大翻版，是優秀的學者。

近來，勝者公司也比照沃伯頓的設計，自行推出「改良版勝者」捕鼠夾，商品名叫做「快速滅鼠」（Quick-Kill）*。我很認同該公司此舉，但也對他們二〇一九年的產品型錄上仍有黏鼠板感到失望。*除了被黏住帶來的長時間折磨之外，梅森還寫到，老鼠可能會為了脫身不惜扯下部分毛皮或咬斷肢體。使用這種陷阱，應該要安排專業的害獸防治人員每天檢查，並以人道方式處置任何落入陷阱的老鼠；然而，勝者牌和許多同類品牌都會透過網路銷售黏鼠板給普羅大眾，一般人哪有辦法做到？所以有數百萬隻老鼠在受困黏鼠板之

* 可別跟勝者牌的「乾淨滅鼠」（Clean-Kill）、「迅速滅鼠」（Fast-Kill）、「聰明滅鼠」（Smart-Kill）或「強力滅鼠」（Power-Kill）捕鼠器搞混了，這些商品全都有註冊商標。基本上，勝者公司的法務人員應該已經把小型齧齒動物捕殺界的所有詞彙都註冊了商標。此外還有「滅鼠桿」（Kill Bar）、「滅鼠閘」（Kill Gate）、「滅鼠箱」（Kill Vault）、「滅鼠點」（Kill-Point），如果他們的產品目錄沒錯的話，連「多重滅鼠」（Multi-Kill）都是勝者牌的商標。

* 那份產品型錄內容共四十四頁，附有許多照片，封面上寫著「無鼠生活」。很多有害生物防治公司都使用這個詞，彷彿鼠類只是生活方式的選擇之一，或是某種可以戒除的東西。**我已經無鼠六年了。**

後，只能在那裡慢慢等到脫水致死。梅森說，那些剛開始掙扎時口鼻就黏住黏鼠板而窒息的老鼠，相較之下還算是幸運的。

黏鼠板在紐西蘭和歐洲某些地區是違法的。我寫了電子郵件給勝者公司的產品經理，詢問該公司是否打算停售黏鼠板。但你能相信嗎，對方居然完全沒有回應。

布朗的辦公室門打開了，沃伯頓帶著一箱陷阱走進來，他二十年工作的心血都在裡頭。他放下箱子跟我握手時，裡頭的東西輕碰發出鏗然之聲。沃伯頓態度親切，談吐詼諧。他並沒有刻意去討別人喜歡，但我想每個人都喜歡他。他兼具兩種身分，是很有趣的組合：動物倫理學家兼獵人。我問他，他是怎麼踏入動物人道處理這門事業的。他說，剛開始是紐西蘭防止動物虐待協會（New Zealand's Society for the Prevention of Cruelty to Animals）對新款的袋貂人道陷阱產生興趣，希望能用來取代某種特別不友善的夾腳式陷阱——關鍵字是「鋸齒狀獸鋏」。（現在仍有人為了商業利益捕捉袋貂，牠們的毛可以和羊毛混紡。）*「協會的人帶著那款陷阱去找我們的林業部長，部長問：『喔？這陷阱有多厲害？』然後他就來找我們了。」**我們**指的是土地研究所。

我比較有興趣的部分不是過程，而是動機。我重新說明我的問題。

「我的意思是，牠們確實是有害生物，」沃伯頓說，「但也是有感知能力的動物*，感受得到痛苦。我們應該善盡責任，仔細思考如何減少牠們的痛苦。這就是我的信念。」

沃伯頓那箱子裡的陷阱大多是機械式的，會在機關觸發後給予重擊。那我先前讀到好幾次的新式陷阱呢？來紐西蘭之前，我訪問過一位參與二〇五〇年掠食者清零計畫的研究人員，談到有人正在研發可用於白鼬和大鼠的二氧化碳式人道陷阱。動物進入陷阱的隧道時會經過紅外線光，觸發機關後兩端的門同時關閉，陷阱內部開始放出二氧化碳。

在濃度和流率適當的情況下，二氧化碳應該是合乎人道精神的致死手段。二氧化碳是美國獸醫協會列為可接受的安樂死方式之一。當野生動物管控人員誘捕到加拿大雁，或在民眾家中的閣樓捉到浣熊，下一步可能會是送進二氧化碳箱。管控人員可能不會向屋主提及這件事，屋主往往也不會多問，寧可相信野生動物控管網站上寫的**人道**代表他們會把動物送到某個陽光燦爛的林地野放。（若真的那麼做，可能還比施放二氧化碳更不人道。如

＊袋貂絨美麗諾羊毛是極度柔軟的羊毛混紡質料。我第一次到紐西蘭時，買了一雙極美的綠色袋貂絨美麗諾羊毛手套。我以為那看起來優雅無比的袋貂絨跟羊毛一樣，是從動物身上修剪下來的。後來沃伯頓告訴我，袋貂絨毛太短，沒有辦法修剪，一般來說都是採用脫毛的方式，在動物死後使用某種化學脫毛劑來取得絨毛。那雙手套我還是會戴，只是它帶來的快樂感降低了。

＊根據紐西蘭《動物福利法》（Animal Welfare Act）的定義，「有感知能力」的動物是指神經系統可將刺激從身體各處的感受器傳送到大腦，而且大腦發達到能夠將這些訊號轉變成知覺的動物。所有脊椎動物都符合這項定義，此外還有章魚、烏賊、螃蟹和龍蝦，不過牡蠣不在其中，讓我鬆了口氣。

需相關建議，請參閱本書三三三頁「美國居家野生動物問題參考資源」）

二氧化碳是否符合人道精神這個問題，在二〇一八年美國獸醫協會的人道終結研討會（Humane Endings Symposium）上再次成為辯論主題，那是個關於動物安樂死研究的研討會，定期於十一月在芝加哥附近舉行，相當吸引人。麻煩在於，造成生物呼吸困難的原因，不是血液中的氧氣濃度降低，而是二氧化碳濃度升高。為了避免動物吸不到空氣造成恐慌，你會希望結局早點到來，但是在濃度和流率高到能快速致死的情況下，二氧化碳接觸到黏膜時會開始形成酸，讓動物感到燒灼感和窒息感。這很兩難。

還有一個剛踏入人道終結競技場的新選手，那就是電擊式陷阱。這種陷阱是箱型的，內有兩層通電的地板，當有動物踏入箱內時，上層地板會傾斜而接觸到下層地板，形成完整的電路，使電流流入動物體內。沃伯頓測試過一款專為袋貂設計的電擊式陷阱，以動物福利來說，這是成敗參半的設計。「如果電極板很乾淨，就沒什麼問題，但是電極板上只要有一點點塵土，就會把動物的腳腕烤熟，所以不是很理想。」沃伯頓給我的感覺，好像他非常討厭使用委婉說法和避重就輕。他的話不會令人不舒服，只是很直接，平鋪直敘，簡單扼要，我在接下來幾頁都用不到驚嘆號。

喬芝亞．梅森的比較研究中有一款已經上市的電擊式陷阱，叫做「電鼠器」（Rat Zapper），可連續兩分鐘釋放兩千伏特的電擊。（在過程中，屋主會看到一則短訊：「捉到老鼠了。」浪漫晚餐也毀了。）電擊是透過擾亂心臟和橫膈膜的正常運動，達到致死的結果。造成死亡的原因是心室顫動和呼吸窘迫，兩者都會使腦部缺氧。普遍認為肌肉收縮會造成痛苦，因此符合人道的牲畜屠宰方式是在對身體進行電擊之前（或同時）讓電流通過腦部，使牲畜失去知覺。但這類陷阱有沒有設計類似的機制，就不得而知了。

梅森將一款設計良好的電擊式陷阱和一款不錯的捕鼠夾，列為所有致命捕鼠陷阱中最符合人道精神的選項，主要原因在於這兩種陷阱的致死速度很快。紐西蘭對於人道捕殺陷阱的認定標準，是能在三分鐘內使動物陷入不可逆的昏迷狀態。看過那兩部陷阱測試影片在不到一分鐘內發生的事情之後，我覺得三分鐘簡直就是永恆。我這樣對布朗說，沃伯頓在旁聽到了。

「三分鐘算不錯了，」他一邊說，一邊將陷阱放回箱子裡。「毒藥才是最難熬的。」在避免白鼬、袋貂和大鼠造成物種滅絕的努力背後，是這般醜陋現實。二〇五〇年掠食者清零計畫主要並非仰賴愉快捕捉的熱心公民，而是空投毒餌。由於獵食原生鳥類的動物數量太多，分布地區太偏遠，不可能靠陷阱達到全面撲殺；但若不根絕，牠們很快就會捲土重來——尤其是大鼠。

紐西蘭環保局一直在尋找更適合的毒藥：致死過程符合人道精神、除了目標的入侵物種以外不致誤殺其他動物、不會在土地和生活在地上的動物體內累積。土地研究所盡職地負責這類測試。「對同仁來說很不好受，」沃伯頓說。因為過程對受測者來說很難受，現在討論的時間長度已經不是幾分鐘或幾秒鐘，而是幾小時或幾天。

測試毒藥的地點就在陷阱試驗所附近，從土地研究所的辦公室開車過去不會很久。沃伯頓拿起鑰匙：「你想去看看嗎？」

如果搜尋「L藥丸」（L pill），Google會顯示很多上面刻著「L」的低劑量阿斯匹林藥丸特寫照。我看了忍不住大笑，因為我要找的L藥丸，是二戰時讓特工在面臨酷刑、有洩漏機密之虞時可以自我了斷的那種藥物。「L」是致命（lethal）的縮寫。由此不難想到，L藥丸含有氰化鉀成分。美國中情局的前身戰略情報局（OSS）之所以選擇使用氰化物，是因為氰化物是作用快、易藏匿的致死工具。

在衡量各種齧齒動物毒藥的優劣時，梅森將氰化物列為最符合人道精神的毒藥。氰化物會抑制中樞神經系統的活動，妨礙血液為細胞輸送氧氣，造成某種化學性窒息的情況。梅森引用紐西蘭兩份對於攝入氰化物的研究資料，其中一份顯示袋貂在攝入一分半之後就失去意識，另一份研究中則花了大約五分鐘。在袋貂斷氣之前，會出現疼痛的肌肉痙攣，有時還會抽搐。抽搐是在腦電圖顯示袋貂失去意識之後才發生，因此袋貂本身對此毫無知覺。

然而，旁觀者就不是如此了。事物的外觀有其影響力。當政府使用「雞尾酒」藥物處死犯人時，通常會加入可麻痺肌肉的成分，這究竟是為了麻痺呼吸肌，還是擔心肌肉出現緊攣、扭曲、痙攣或抽搐？我向長期擔任聯邦死刑犯助理公設辯護人的蘿賓・康拉德（Robin Konrad）請教這個問題，她也曾擔任死刑資訊中心（Death Penalty Information Center）的研究與特殊專案主任。她表示，這兩個理由州政府官員都曾說過，不過她個人認為，他們是想避免出現令人不適的畫面，以及可能隨之產生的強烈抗議。

抽搐看起來十分可怕，所以有人用會造成抽搐反應的鳥安定（Avitrol，4- 氨基吡啶的商品名）作為嚇阻劑。農夫會在誘餌中混入少量的鳥安定，撒在田裡，比例大約只有百分之一，吃到鳥安定的倒楣鳥會飛到空中猛拍翅膀、發出刺耳大叫，沒多久就會劇烈抽搐並落地死亡。農夫這樣做，是希望其他的鳥看到如此駭人的異狀，會受到驚嚇飛離農田。

一九七五年，安大略省環境部長宣布，只有經測試證明符合人道標準的農藥才能在該省使用。雖然鳥安定的用途是嚇阻劑，但仍屬毒藥，因此也納入測試之列。渥太華大學的測試團隊在報告中寫道，抽搐現象發生時，腦電圖顯示受測動物已經失去知覺，昏迷程度幾乎與解離麻醉作用所造成的相同。因此，測試團隊判定鳥安定符合人道標準，但也提出警告，表示這些科學證據「無法改變旁觀者的觀感」。

就這點而言，測試團隊說得沒錯。YouTube 上面有（或者說曾經有）一段影片，拍攝了鴿子吃到烏安定之後的反應。觀眾覺得鴿子受到折磨，紛紛在留言中表達同情與憤怒。（至少女性是如此。男性的留言則充斥著「這東西哪裡買得到？」還有「牠們不要到處亂大便就不會這樣了」之類。）烏安定受害者戲劇性的垂死掙扎，在人類心中勾起的不安與恐懼，似乎比對其他鳥兒的影響更顯著。有幾項研究比較了烏安定與其他常見嚇阻裝置的效果，結果烏安定敬陪末座。

美國農業部野生動物管理局為了平息牧場業者對於郊狼的怨言，代為裝設了氰化物毒餌裝置。這種裝置研發於一九三〇年代，被稱為「郊狼人道餵毒器」（Humane Coyote Getter）。那是埋入式的氰化物噴射器，只要地面上的誘餌受到拉扯，就會觸動機關。如果有動物用雙顎拉扯誘餌，毒藥就會直接彈入動物口中，像戰略情報局的氰化物藥丸一樣發揮作用。

可以想見這種裝置多少會產生一些問題。根據美國魚類及野生動物管理局在一九四〇年到一九四一年間所做的研究，餵毒器在人道程度上優於夾腳式陷阱（還有什麼能比那更不人道？），就非目標野生動物的犧牲數量來說也具有優勢。然而，餵毒器整年下來造成七隻牛和二十四隻寵物狗死亡，因此逐步被淘汰。後來改良版的餵毒器「M-44」問世，但在二〇一三年到二〇一六年間毒死二十二隻寵物和家畜，還造成多人受傷，包括一名誤認成大地測量標記而想偷走的男子。我寫作本書時至少有一樁案件還在打官司，全美已有四個州禁用M-44。莎呦哪啦，氰化物。

我和沃伯頓走過一排排籠子，大多數是空的。有幾隻袋貂在吊掛的麻袋裡睡覺，他說這種袋子會讓牠們想起媽媽的育兒袋。我們正在討論一種常見而且平價的毒鼠藥，一種抗凝血劑。

低劑量的抗凝血劑可以預防血栓，常用於術後臥床的病患身上。（我哥哥利普在醫生開立華法林給他後，傳訊息給我：「我在吃毒鼠藥耶。」他還真沒說錯。）循環系統末端的微血管平時多少會有一些磨損破裂，若抗凝血劑劑量過高，會妨礙這些細微裂口的凝血和修補功能。吃到抗凝血劑的動物會因內出血而死亡，沃伯頓指出，那是一種很不痛快的死法。

「某些部位出血可能會讓動物十分痛苦。」他補充道。而且還死得很慢，齧齒動物可能要一到三天，袋貂可能長達一週。在美國，某些類別的抗凝血劑已受到管制，只能供有害生物防治人員使用，或是用於根除某些島嶼上威脅原生動物存亡的齧齒動物。

二〇五〇年掠食者清零計畫並未使用抗凝血劑，紐西蘭用來處理入侵掠食動物的，是含有1080的空投毒餌。考慮到1080在二戰時期的名聲，還有第八章提到的情況，我對此感到很驚訝。沃伯頓表示，這種毒藥的效果（尤其在袋貂身上），以符合人道精神的程度來說算是不高不低。「牠們會在最後幾個小時反胃，不過這還不算太糟糕。」（丹佛野生動物研究實驗室在過去的研究中發現，1080 在不同物種身上的效果差異很大，從「越來越憂鬱」（狗和其他極為敏感的物種）到「最激烈的癲癇性抽搐」不等。）

1080 能夠殺死各種哺乳動物和鳥類，殘酷程度不一。二〇五〇年掠食者清零計畫使用的毒餌經過染色處理，可降低對鳥類的吸引力，而且紐西蘭幾乎沒有原生的哺乳動物——只有兩種蝙蝠，都對餌粒沒有興趣。根據一份發表在《紐西蘭生態學期刊》（*New Zealand Journal of Ecology*）上的死亡數統計報告，死於 1080 空投毒餌的數量「微不足道」，怎麼樣也比不上毒餌為牠們消滅天敵所帶來的好處。

紐西蘭的原生哺乳動物雖然少，但有七種境外引進的鹿——是馴化協會運到紐西蘭的，至今仍是人們狩獵的對象。1080 殺死了不少鹿。「執行 1080 行動的人員，還收到獵人的死亡威脅。」沃伯頓迂迴地說，「他們認為 1080 對鹿來說很殘忍，卻又拿箭去射鹿。」他微微一笑。「我會知道，是因為我也是獵人。」為了平息獵人的不滿，專家研發出驅鹿劑，加在某些地區使用的 1080 毒餌中。

1080 的另一個疑慮是次級毒害，也就是讓吃掉白鼬、袋貂和大鼠屍體的其他動物中毒或生病。比較明顯的例子是寵物犬，不過啄羊鸚鵡（我們在第十一章提到的那種山區鸚鵡）也會吃腐肉，所以同樣會被 1080 毒死。啄羊鸚鵡正是二〇五〇年掠食者清零計畫致力保護的原生物種之一。

這下子，紐西蘭環保局還得用上針對啄羊鸚鵡的驅避劑。「其實我們下週就要讓這裡的袋貂試驗含有啄羊鸚鵡驅避劑的 1080，」正在做實驗的布朗加入話題。「我們得確認袋貂和大鼠還是會吃餌。」任誰都會同意，在毒餌裡面加點啄羊鸚鵡驅避劑是件非常棒的事情，除非他們像我一樣剛認識其中一位受試者。

帚尾袋貂有著蓬鬆的毛，而且不像北美負鼠（*Didelphis virginiana*）有光禿禿的粉紅色尾巴或長長的鼻吻。牠們的眼睛比較集中在臉部正面，就像人類的眼睛，或是小貓的眼睛，或是任何惹人憐愛的生物的眼睛。

「我懂，」布朗明白我為何噘起嘴。「我們只能希望這些努力可以減少啄羊鸚鵡死亡。」

我們走到另一區的籠子旁。「這一隻已經服用了一種維生素 D，叫做膽鈣化醇（cholecalciferol），我們考慮用來取代 1080。」沃伯頓說道。袋貂對膽鈣化醇特別敏感，但是鳥類不會。「不過膽鈣化醇並不是很好的毒藥，你知道的，它會造成鈣化。」包括軟組織，還有心臟。「而這個過程要花上很長的時間，牠們還會喪失食慾。我們昨天在討論，是不是應該直接說『不，我們不要再做任何試驗了。』」

我和沃伯頓向布朗道別，前往停車場，準備開車返回土地研究所的辦公室。就我剛才的所見所聞來說，二〇五〇年掠食者清零計畫獲得的公眾支持程度讓我頗感驚訝。一場大規模的 1080 行動，面積可能廣達八萬公頃（將近二十萬英畝）。有一份政府製作的簡介手冊以圖解說明散布毒餌的方法，上面畫著一座網球場，其中有五個均勻分布的餌，彷彿是幫費德勒（Roger Federer）準備的。假設每公頃大約有五隻袋貂被毒死，那就會有四十萬隻袋貂死亡，至於白鼬和大鼠的死亡數，我們根本無從知曉。此外，還要加上所有被毒死的鹿，跟偶爾被波及的瀕危鳥類。我看過有人使用「死寂森林」這個詞來形容 1080 空投毒餌行動之後的結果——不是異議人士，而是美國農業部的人。

紐西蘭向來以致力保護環境自豪，所以我本來以為這樣的行動會招來更廣大的抵制。「沒有人介意，因為都是晚上在森林裡進行，」沃伯頓說，「如果是白天，在像這樣的大草地上——」他朝車窗外歪了歪頭。「就不可能有人容許我們這樣做了。我認為這一點，加上那些動物確實是入侵物種，讓我們獲得超乎該有程度的社會認可。無所不在的媒體告訴我們這些動物是有害生物，牠們在吞噬我們的森林、殘殺我們的鳥類，這已是大家普遍接受的事情。」

不光是媒體，反對掠食動物的宣傳隨處可見。在國家公園的禮品店架上，可以看到壓扁的路殺袋貂造型巧克力，充滿戲謔意味。還有一本熱門的兒童讀物，將一群瀕危的鳥兒與一隻表情不懷好意的白鼬放在一起對比。（「我們都打不過他！我們死定了！」）

沃伯頓並不認同對白鼬的這種憎惡。「白鼬是一種了不起的小型動物。牠們是爬樹高手，也是高明的掠食者，牠們有本事挑戰體型比自己更大的動物。」沃伯頓最反感的，是很多人對殘殺瀕危鳥類的寵物採取雙重標準，通常是貓。「我討厭貓。*」這位因對動物福利研究卓有貢獻獲得紐西蘭皇家學會（Royal Society of New Zealand）頒發青銅獎章的學者如是說。沃伯頓希望法律能禁止養貓。

「我只能祝你如願了，布魯斯。」

「我的意思是，已經養了的貓可以繼續養，但不能再養其他貓。」否則，二〇五〇年掠食者清零計畫只會成為「二〇五〇年掠食者（除了殘殺瀕危鳥類的家貓與沒受過奇異鳥厭惡訓練而咬死成年奇異鳥的狗）清零計畫」。這樣似乎對袋貂和白鼬不太公平。我一直想到我丈夫愛德模仿袋貂之間對話的樣子：**人類為什麼這麼討厭我們？為什麼？我們明明提供很棒的毛讓他們做手套了……**

紐西蘭有沒有人主張不採取任何行動？

「有，」沃伯頓說，「有人說，放著不管，只要時間夠久，自然就會出現新的平衡。我們會失去一些物種，但其他物種會適應。有人則說我們可以控管某些地區的掠食動

---

* 紐西蘭人講話就是直截了當。在千層岩（Pancake Rocks）某座臨海懸崖的邊緣有個標誌，警告遊客不要翻越圍欄，最後一句寫著「不要當白痴」。

物。」意思是在某座小島或有圍籬的區域，或是像奧塔哥半島那樣的地方，保護眾多瀕危的野生動物（以及野生動物觀光業）。「同時有人認為我們可以根除全國的入侵物種。」

沃伯頓的立場算是居於中間。「從務實的角度來講，我們沒有辦法除掉全國的入侵物種，因為每公頃要花費五百到一千紐西蘭元，不可能在兩千六百萬公頃的國土上這麼做。而且，大鼠可能還是會回來。」一如以往，靠港的船隻多少會帶來老鼠。

我突然意識到，二〇五〇年掠食者清零計畫和從前的馴化協會有幾分相似，同樣是有人渴望讓周圍的環境變得像從前熟悉的樣子，對於理想中恆常的生態系統懷抱著信念。然而，生態系統會不斷演變。「有些植物學家不喜歡鹿，」沃伯頓說，「因為鹿會吃掉下層植被，改變森林地貌。但是這裡以前有恐鳥，牠們也會吃下層植被。」恐鳥外表類似鴯鶓，不過體型較大，在很久以前就因人類獵捕而滅絕。「所以他們想要恢復的森林樣貌，其實是在恐鳥滅絕之後、鹿到來之前的森林。」

在南島的某些地區，常會看到「野生針葉樹」的警告，提醒人們這些植物的危險性。針葉樹！對土地和生活型態構成威脅！耗盡稀缺的水資源！改變具有代表性的地景！據我所知，情況已經難以扭轉。這些針葉樹原本是種來當防風林，現在卻到處生長，而且長得很美。希望紐西蘭國家野生針葉樹控制計畫（National Wilding Conifer Control Programme）原諒我這麼說，只是，實在很難確定分界在哪裡，很難決定什麼是該保護拯救的，又該花費多少成本。昨天在沙灘上時，我還覺得應該要不惜一切代價避免黃眼企鵝絕種，現在我沒那麼肯定了。對於殺死某些物種來保護其他物種，實在很難心平氣和地看待。

某種程度上來說，問題出在作法。毒藥實在太像二戰時期的產物了，時至今日，難道沒有更好的辦法嗎？

15

消失的小鼠

基因技術的驚人魔法

誰都想要吃小鼠，鷹隼想吃，郊狼想吃，臭鼬、狐狸、大鼠都想吃。小鼠是一種份量小但營養價值高的食物，身體結構也不具特別的防禦能力：沒有毒液或含毒性的滲出物，沒有棘刺，也沒有硬殼。對小鼠來說，遇到危險時最好的辦法就是儘速跑到安全的藏身處。在這方面，小鼠表現相當出色。牠們可以擠過比自己的頭還要小的洞口，情急之下還能跳到相當於自己身長四倍的高處。假如我是一隻小鼠，我不用助跑就可以跳上六公尺高牆，還能穿過我家信箱的開口。

我在野生生物學家亞倫・希爾斯（Aaron Shiels）的電腦上看過相關研究＊以及錄影片段；他在美國國家野生動物研究中心位於科羅拉多州科林斯堡的總部工作，負責打造防止小鼠逃脫的棲地。那裡有個房間大小的模擬自然環境（simulated natural environment），簡稱SNE（發音為「snee」），也就是希爾斯今天早上要讓我參觀的地方。每隻小鼠身上都裝有識別晶片，SNE的高架地板底下設有晶片讀取器，以掌握每隻小鼠的動態。牆面採用光滑（爬不上去）的塑膠片，從外側用螺絲鎖緊固定，為的是防止小鼠往上跳後抓住螺絲頭，像攀岩者緊抓岩壁上那一點點凸起般往上爬。SNE的每個接縫，還有所在房間的角落填縫，全都用金屬板蓋住，因為只要是牙齒能咬的地方，不管是木頭、塑膠、空心磚還是鋁，小鼠都可以咬出一個洞。小鼠的門牙有如自行打磨的鑿子，內側比外側軟，所以每次小鼠咬合時，下門牙外側堅硬的琺瑯質就會磨擦上門牙質地較軟的內側，磨掉邊緣。齧齒動物的英文「rodent」源自拉丁文，字源意為「啃咬」。牠們很會啃，而且啃得很快，因此在啃東西時需要透過齒間縫隙吸住臉頰內側，擋住氣管，以免吸入碎屑。

現在住在SNE裡的只是普通小鼠，沒有特別的價值或風險。這些安全功能是為了以後的居民設計的，那就是經過基因改造，只會生育雄性後代的小鼠。不僅如此，經過基因

＊史密森尼生物保護研究所（Smithsonian Conservation Biology Institute）的威爾．彼特（Will Pitt），在與美國國家野生動物研究中心合作時記錄了研究內容。測試中所有的家鼠（*Mus musculus*）都成功穿過十三公釐寬的孔洞取得食物，這個大小正是當地家鼠頭部平均寬度。還有一個沒那麼正式的證據，來自我朋友史黛芬的親身經歷：某個大熱天，她帶狗散步回來之後，拿起貨車車廂內的水瓶喝了一大口，先是聞到一股惡臭，接著發現瓶內有一隻死老鼠。「我想你應該不需要看醫生，」衛教諮詢護理師聽到她把那口水吐出來時這麼說。「但可能會需要找心理醫生。」為了我，史黛芬很夠義氣地回去量了那隻老鼠的頭，剛好跟水瓶的瓶口一樣寬。

驅動（gene drive）技術進一步改造之後，小鼠會將這種性狀更快傳播下去。基因驅動是控制入侵物種的未來解方之一，或許能夠替代在整座島上遍灑毒餌的作法。就像任何基因改造工程一樣，基因驅動讓某些人不安，而且不只是一般大眾，科學界人士也是如此，其中包括知名的珍・古德（Jane Goodall）。因此，在改造小鼠之前，必須先造出豢養基改小鼠的棲地。希爾斯的工作之一就是打造牠們的棲地，並且證明這地方防護嚴密，幾乎不可能逃出去，就算是一隻小老鼠也溜不了。

「否則，我就要上新聞了。」二〇一七年時，有一隻染上高傳染力細菌的馬鹿從美國國家野生動物研究中心隔壁的美國農業部動物醫療設施逃出來，「外界還以為牠是從我們這裡跑出去的。」希爾斯有一雙淡褐色的眼睛，還有長度及肩的紅棕色頭髮，今天用橡皮筋紮成馬尾。我剛剛才意識到，稍早我在大門口有看到希爾斯。警衛檢查我的識別證時，他剛好甩著小馬尾快步跑過，當時還以為他硬闖門禁，不過現在我知道，他只是個早上跑步上班的人。

在所有騷擾及殺害島上瀕危原生動物的入侵物種當中，家鼠並非頭號要犯。對於在缺乏天敵的島嶼上演化至今的海鳥，例如一直遭到為難的中途島信天翁，家鼠是有造成一些問題（野生動物攝影機從二〇一五年開始，陸續拍到小鼠趁著信天翁孵蛋時跑去啃咬成鳥的可怕畫面）。

然而，保育海鳥並不是專家選擇小鼠進行基因驅動實驗的原因。會選上小鼠，是因為科學界對小鼠所知甚詳。想要操控動物的基因組，得先掌握基因的組成。此外，小鼠只要短短幾週就可以生出一窩後代，基因驅動需要經過好幾個世代才能顯現出成效，研究人員若想在達到退休年齡前獲得研究數據，最好使用繁衍快速的動物。

到目前為止，只有一隻小鼠逃出SNE，脫身方式堪比電影中的越獄情節。那隻小鼠鑽進作為墊材使用的鋸木屑深處，工作人員進來更換墊材時，用木屑鏟把牠連同木屑一起鏟起，於是牠便坐著清潔推車逃跑了！（隔天就被籠子外頭的陷阱逮到。）

SNE此刻一片安靜，小鼠們正在睡覺。牠們要參與Goodnature *A24*的一項試驗，以供研究人員了解這種陷阱是否適用小鼠，以及是否符合人道標準。目前看來，問題似乎出在誘餌。在林木蓊鬱的熱帶環境中，誘餌必須非常有吸引力*才能勝過自然食物來源，成功誘引目標。希爾斯遞給我一瓶Goodnature誘餌，黏黏稠稠，有種椰子巧克力的味道，聞起來很香，但吃起來不怎麼樣。我對希爾斯說，這吃起來好像防曬乳。

「你**試吃**了？」他的表情看起來混合了驚恐、困惑和同情，「要來點口香糖嗎？」

我跟許多人一樣，對於基因工程和未來可能的發展有一些疑慮。我也跟許多人一樣，對基因工程所知甚少。而我今天下午的計畫，就是成為對基因工程稍微懂多一點點的人。

我已跟野生動物研究中心的野生動物遺傳專家約好在樓上的饒舌風室（Long Speak Room）見面，以政府機關的會議室來說，這名字取得很幽默。（但其實不是這麼回事——會議室門上的銘牌寫的是：朗斯峰室〔Longs Peak Room〕。）

我在大廳等待幫我帶路的人。這裡不例外地也有剝製標本，有一群和尚鸚鵡被擺在電線杆頂部的鳥巢內外，桌面幾乎全被立體透視模型占據，我只能把咖啡放在那些鳥的正下方，讓我隱約覺得不安。

幫我帶路的人到了，我們一起走往梯間。走廊上掛著研究海報和彩色放大照片，都是些看起來很上鏡的「有害」物種：鸕鶿、地松鼠、河狸。野生動物管理單位和有害生物防治網站常會這樣做，我總是覺得怪怪的，這就好像聯邦調查局用外貌出眾的聯邦罪犯大頭照裝飾走廊一樣。

到了樓上的朗斯峰室，我在保育遺傳學專家東妮・比亞喬（Toni Piaggio）旁邊坐下來。她本人遺傳到的基因很優異，優美顴骨、過人聰慧、帶有光澤的黑色捲髮，還有深厚的耐心。比亞喬為我介紹了一位年輕同事凱文・吳（Kevin Oh），也是遺傳學家。

在我們討論基因驅動**應該做到**和**能夠做到**什麼之前，得先認識一下基因驅動的**機制**。基因驅動是由兩段操作構成，第一段大家比較熟悉（至少就一般意義上來說），那就是基因改造，GMO（基因改造生物）中的GM（基因改造）。基因改造是透過CRISPR-Cas

（常間回文重複序列叢集關聯蛋白）技術進行，簡稱為CRISPR。先選擇一種目標基因（例如讓蚊子能帶有瘧疾病原的性狀基因），然後用吳口中的CRISPR「分子剪刀」將目標基因剪掉，並／或用其他基因取代。以這個例子來說，修改基因的時間必須是在胚胎發育初期（還只有幾十個細胞的時候），如此修改過的基因體才會複製到之後增生的每一個細胞中。

---

* 關島有個入侵物種棕樹蛇（*Boiga irregularis*），對鳥類造成嚴重危害，美國政府曾經使用死亡的初生小鼠（在養蛇界稱為乳鼠〔pinkie〕）作為餌食，在其中加入少量的乙醯胺酚（也就是止痛藥泰諾〔Tylenol〕的成分）。但是乳鼠並不便宜，而且短短三天之後就會變難吃，連蛇都嫌棄（「顏色變綠……接著腫脹、滲出液體、發出惡臭，最後裂開」）。因此，專家花了十五年尋找替代的餌食。由於蛇不像我們會咀嚼和品嘗食物，專家想到可以用便宜的材料當核心（他們試了海綿，還有橡膠），外面包覆令蛇難以抗拒的誘引物質。專家在費城的莫內爾化學感覺中心（Monell Chemical Senses Center）測試過幾十種包覆材料，包括洛克福起司、白蟻誘引餌、雞油、胎豬皮、月見草油和嬰兒奶粉，都未能吸引圈養的蛇。（研究人員布魯斯．金博爾〔Bruce Kimball〕本來以為嬰兒奶粉公司會有異議，結果那些公司都參加了，泰諾公司的人則是始終態度冷淡。）最後，終於有一位選手勝出：外層塗上「老鼠奶油」的罐頭肉品。「我們為Spam午餐肉進行了逆向工程。」金博爾這樣告訴我，不難理解他何以如此自豪。午餐肉很便宜，能保存至少一週，而且不會吸引螞蟻——而蛇就跟關島的人類一樣，不知為何特別喜歡這東西。

另一個挑戰在於要把毒餌放到棕樹蛇所在（但沒有其他動物）的地方，專家曾為乳鼠掛上像玩具兵一樣的塑膠降落傘，從直升機上丟到樹冠，讓降落傘的繩索勾在樹枝上。全都多虧了納稅人的錢。然而，每一個餌都得用手工綁上六根連結降落傘的細繩，這項工作實在「太過乏味」，而且要讓毒藥覆蓋整座關島，需要兩百萬個餌。現在專家改用「空氣散播系統」，透過裝設在直升機上的某種機關槍發射罐頭肉做成的餌，餌食上綁著用可降解玉米澱粉製成的長條帶子，能讓餌卡在樹上。結果呢？棕樹蛇迅速消滅了關島十二種原生鳥類當中的九種，但這些由美國海軍、美國農業部以及魚類與野生動物部共同開發的毒餌至今仍未能還以顏色。

CRISPR-Cas本來就存在於細菌內部，是細菌用於抵抗噬菌體這種病毒的機制。這套防禦機制中有一種酵素，能切下病毒的DNA，而且在剪切的過程中會留下對病毒DNA的記憶，也就是「分子的條碼。」吳這樣形容。所以，如果日後又遇到同樣的病毒入侵，酵素就會認出相同的基因序列，進行剪切。遺傳學家就是利用CRISPR這種掃描及剪切的機制，開發出精準鎖定和編輯DNA的技術。

「可是那些酵素是怎麼**進去**的？」我不解地嘀咕。

「就是直接注射到小鼠胚胎裡。」吳說。

「是用……娃娃屋比例的超迷你皮下注射器嗎？」有的話我很想見識一下。

比亞喬幫忙說明。「還有其他方法，基本上我們是把胚胎泡在培養皿裡面。」酵素會進入胚胎，掃描、找到相符目標，**嗶嗶**，任務完成。

假設你用剪刀、條碼掃描器和娃娃屋尺寸的藥物注射器，成功操縱了一群小鼠的基因體，讓這些小鼠再也無法孕育雌性後代，那麼只要在遭小鼠入侵的島嶼上釋放夠多的基改小鼠，島上的小鼠族群數量就會開始減少。

難處就在於要「夠多」，此時便需要基因驅動上場。依照正常的孟德爾遺傳定律，這種新性狀會出現在百分之五十的後代身上，因為有一半後代的基因是來自雄性。基因驅動要做的，就是促使基因的遺傳率達到百分之百。這樣一來，帶有基因驅動機制的小鼠生下的所有後代，都會遺傳到這種性狀。成功的基因驅動，可以加速性狀在整個族群中擴散的速度。

不過還是有障礙。要讓島上族群中帶有基因驅動機制的個體數量多到足以產生效果，科學家若想清除該物種，必須先野放大量個體。根據島上入侵物種的族群規模，可能需要不少產自實驗室、帶有基因驅動機制的個體，才能發揮作用。所以基因驅動在改善問題之前，短期內反倒會讓情況變得更糟。因此，以齧齒動物來說，第一步應該是先空投毒藥，也就是我們原先想要避免的作法。接著，再放出帶有基因驅動機制的齧齒動物，繼續進行清理及掌控。這樣一來，任何倖存者和日後進入的齧齒動物都會慢慢消失，不會再讓數量增加到必須重新散布毒餌的程度。

到目前為止，研究人員發現基因驅動並不容易成功。基因驅動機制並非每次都能正確複製基因，而且在胚胎發育過程中，只有一段很短暫的時間能進行操作，太早會造成胚胎死亡，太晚又會無法轉變基因。野生小鼠的交配習性也是個問題。小鼠是一妻多夫制，一胎當中可能包含多隻雄鼠的後代，而且研究人員近來發現，這種情況在野生小鼠中比預期的更為普遍。因此，要將修改後的基因擴散到整個族群，可能要花更久的時間，需要用到更多帶有基因驅動機制的雄鼠。

從更根本的層面來說，既有的入侵動物還有可能不跟經過基因改造的新來者交配。

在自然界中，不同島嶼或地區的小鼠會開始各自演化，牠們未必會演化成不同的亞種，但彼此差異仍大到不會與對方交配。「我們不但要在實驗室裡創造出這些小鼠，還得要確保牠們在島上的野生小鼠眼中夠性感。」和我相隔幾個座位的毒物學家凱瑟琳・霍拉克（Katherine Horak）說。誰會想到，產自實驗室的小家鼠跟野生的小家鼠居然那麼不同？「實驗室小鼠只會乖乖窩著，或是在你手上爬來爬去。」霍拉克回想道，「我第一次在實驗中接觸到野生小鼠時，滿心想著『這是什麼東西？』牠居然想跳起來咬我的臉。」（所以才需要建造堅固牢靠的棲地。）研究人員首先要在SNE中進行的事情之一就是交配試驗，讓帶有基因驅動機制的實驗室小鼠與野生小鼠進行回交，創造出對於要防治的入侵物種個體來說有足夠性吸引力的品系。

基因驅動生物最大的隱憂，就是擴散到研究人員意圖控制的區域和族群之外。無論擴散到哪裡，當地原有的個體最後仍會和牠們交配繁衍。假如你創造出帶有基因驅動機制、「膝下無女」的野化家豬，其中有一隻與家養豬隻交配了，豬農恐怕會很不高興。這就是為什麼科學家首先選擇物理上隔絕的族群，像是偏遠無人島上的入侵齧齒動物。（最好是沒有船隻靠岸的島嶼，因為鼠類是惡名昭彰的偷渡客。）

有個辦法能避免這種問題。遺傳漂變（genetic drift）能避免小鼠與來自其他大陸的小鼠交配，因此也能作為安全機制。遺傳學家可以針對特定島嶼或地區的族群，鎖定牠們特有的基因條碼。「這樣就能將 CRISPR 應用在這個族群的小鼠特有的基因體，進行剪切。」比亞喬說道，「即使有人違法將這些小鼠帶到其他地方，」——或是牠們自己偷渡——「我們也不用擔心這些性狀流入當地族群。」另外還有個令人安心的消息，加州大學聖地牙哥分校的研究顯示，有可能停止基因驅動，甚至加以逆轉。根據二〇二〇年發表的論文，已證實有兩種新的基因驅動控制機制對果蠅有效。

霍拉克的研究主題與基因驅動不同，也沒那麼令人焦慮，叫做核醣核酸干擾（interfering RNA），簡稱RNAi。來猜個謎語：有一種餌能致命，但是不含毒，是什麼？那是針對特定物種的基因解決方案，但並不會改變目標物種的基因體，等於集結了各種吸引人的特性：不會影響非目標動物、不會危害環境、不會失控。RNAi的基礎，是所有生物都有的機制：酵素會在體內巡邏並破壞病毒的RNA。所以，只要找出對目標物種的生命過程至關重要的蛋白質，裝扮成病毒的RNA，生物的干擾機制就會發揮作用將其消滅。當然，這樣的蛋白質有好幾百種，霍拉克會找出能迅速帶來死亡、避免生物受苦的蛋白質，可能是與神經系統或心臟有關的。

使用RNAi誘餌的困難之處，在於必須將一串串精密的遺傳密碼送入動物體內，並通過充滿酸和酵素的消化道。霍拉克正在和生化學家合作，設計可作為載體的分子。這項研究必須花費不少時間，要向EPA註冊RNAi也需要一段時間，所以至少要十年之後，我們才有可能在家得寶（Home Depot）商場看到應用這項技術的商品。

然而這種方法的創新性，可能會成為絆腳石。「我們業界有很多人在討論知覺風險和實際風險，」霍拉克說，「大家比較願意接受抗凝血劑型滅鼠藥的實際風險，無論是什麼動物，只要吃到一定的量就會致死。因為這類作法行之有年，風險程度算是可以接受的。」（對某些地方的某些人來說是如此。）「但是RNAi帶來的是新的風險，所以大家會有疑慮。」

任何透過餌食達到全島根除的方法都會遇到一個挑戰，RNAi也不例外，那就是殘餘者，也就是從來沒有吃到餌的齧齒動物。（如果是使用毒餌，也有可能是動物啃咬餌食，吃進的毒量雖足以讓牠感到不適，卻沒有死，於是牠從此避開這種餌。）執行單位花在追蹤入侵物種最後十隻個體（並監控是否有第十一、十二、十三隻）的錢，可能會比初期除掉一萬隻的成本還要高；加州的沙加緬度聖華金河三角洲（Sacramento–San Joaquin River Delta）就是這種情況。當地有不少繁殖快速的美洲巨水鼠（*Myocastor coypus*，又稱海狸鼠），美洲巨水鼠跟河狸有點像，都是會游泳的大型齧齒動物，也都因為有改變地景的習性惹人討厭。不過，美洲巨水鼠繁殖速度更快，而且是入侵物種。為了找出殘餘者，加州魚類與野生動物部一直在野放絕育過的「間諜美洲巨水鼠」，希望這些戴著無線電頸圈的個體能找出不知藏在何處的同類。

基因驅動能讓齧齒動物消滅自己，沒有死亡或痛苦，也不會誤殺任何非目標物種。目前看來是如此。

以下是美國環境保護局、農業部和衛生及公共服務部（Department of Health and Human Services）目前列為「有害生物」的部分物種：花栗鼠、熊、浣熊、狐狸、郊狼、臭鼬、飛鼠、樹松鼠、小棕蝠、響尾蛇、珊瑚蛇、石燕、烏鴉、美洲家朱雀、紅頭美洲鷲、黑美洲鷲和疣鼻天鵝。

這就是讓我擔心的地方。我和希爾斯回到他的研究室，看著一排排小鼠在壓克力板製成的層疊棲地裡活動，有如小鼠版的《好萊塢廣場》，保羅·林德[譯註12]正從一面牆上往後做出後空翻。萬一政府最後決定將基因驅動運用在其他「有害生物」身上呢？萬一有人根據經濟利益，開始尋覓下一個運用基因驅動的目標物種呢？下一個會是誰？要跟囊鼠說再見了嗎？「討厭的河狸」也掰了嗎？目前，相關研究主要是為了島嶼生態保育：在地理位置孤立封閉的地方保護瀕危物種，這是比較吸引人、比較不會引起憂慮的用途。如果在那

＊譯註12 《好萊塢廣場》（Hollywood Squares）：美國遊戲節目，遊戲場景是一個立方體組成的九宮格。保羅·林德（Paul Lynde）：美國喜劇演員，是《好萊塢廣場》的固定班底。

裡試行之後發現效果不錯，原生物種成功復育，各界一片讚譽，接下來呢？要怎麼設定界線？由誰來決定？讓我們複習一下：美國國家野生動物研究中心是美國農業部轄下單位，並不是保育機構。「希爾斯，這些研究的終點，你們的終極目標，是農業上的有害生物吧？沒錯吧？」

「那是討論中的一部分。」他承認。

這就是我所害怕的。我們已經見識過農業利益成為關鍵決策因素時會發生什麼事。基因驅動會不會只是以更乾淨漂亮的方式，重現過去幾個世紀下毒、射殺、陷阱、炸彈等趕盡殺絕的行動？

希爾斯認同這類決策不能只是基於經濟考量。「必須以倫理來約束。我們自認已經採取很多措施，確保這類行動在各方面都是可以接受的，而且我們不會到第三世界國家進行試驗。」不過，研究哺乳動物基因驅動的國家肯定不是只有美國，中國一定也是，而中國在基因工程領域的監管體制並沒有完善到令人放心。

珍・古德呼籲暫停基因驅動研究的那場 GBIRd 會議，希爾斯也有參加。GBIRd 為入侵性齧齒動物基因生物防治聯盟（Genetic Biocontrol of Invasive Rodents）的縮寫，這是由美國與澳洲五個政府機關和大學，以及非營利組織「島嶼保護」（Island Conservation）共同組成的聯盟。我問他，珍古德反對的理由是什麼（我曾設法聯絡她，但沒有成功）。

「我想，主要顧慮在於這項技術和付諸實驗的可行性都進展得太快了，而唯一能夠減速的方法，就是全面中止。」希爾斯說，「我認為是好事。如果有像珍古德這樣具有名望的人士發聲，大家會停下來多想想，**或許我們需要先設立一些準則，讓所有人遵守。**」

是的，沒錯，要有準則。想想看，如果基因驅動不只減少某個物種的族群數量或地理分布，還將一個物種從整片大陸上消除掉呢？或者，如果某個生態系統發生出乎預料的災難性變化呢？讓某些生物學家擔憂的，正是這些未知的未知。我訪問過美國國家野生動物研究中心前專案計畫主持人威爾．彼特，他現在是史密森尼生物保護研究所副主任。他沒有明確提出任何不良後果，但是對整件事情抱持審慎的態度。「大家都會說『我們已經考慮過所有可能有問題的事情了』，但問題很有可能就出在某件你沒想到的事情。」

在上排角落的一個棲地箱裡，查爾斯．納爾遜．賴利[譯註13]正用後腳站起來轉圈。**看我們多聰明，看我們多會跳舞！別消滅我們！**我並不希望小鼠消失，我想那些常把小鼠當成餐點的物種應該也不會希望。誰知道沒了小鼠之後，牠們會改向哪些無力抵抗的小動物下手？但我猜，大眾對於小型齧齒動物的想法應該不是如此。我想有很多人可以接受來一場……全球性的小家鼠大滅絕。

＊譯註13　查爾斯．納爾遜．賴利（Charles Nelson Reilly）：美國演員及導演，是《好萊塢廣場》的固定班底。

「對吧？」

「你是指被鼠患困擾的農夫或牧場業者？」希爾斯嚼著口香糖思索。「你想問對方『如果地球上的小鼠全都被消滅，就連在牠們有重要功能的地方也絕跡了，你覺得如何？』」

「對。」

「嗯，他們的反應大概會類似『無所謂』吧。」

希爾斯認識一位大型農業經營者，他的場區內有很多小鼠。此人叫羅傑，經營圈飼場，牛肉和乳製品業者會將牛隻送到這裡來飼育。圈飼場會根據牛隻是用於產乳、產肉還是配種，給予不同的飼料，但是小鼠每種飼料都喜歡。每當希爾斯的SNE需要野生小鼠，他就會開車去羅傑的圈飼場。對於討人厭的齧齒動物和牠們該有什麼樣的命運，羅傑想必有自己的看法。希爾斯答應午餐後開車帶我去找羅傑。

羅傑開著推土機大小的叉車來迎接我們。他頭戴白色毛氈牛仔帽，身上的衣料大多是丹寧材質。他下車，朝我們伸出手。他握手力道很強，但不像是富有社交歷練、知道握手時堅定有力很重要的那種握法，比較像是慣用工具之人的握法。「很高興見到你們。」羅傑說。

希爾斯有一陣子沒來了，他重新向羅傑自我介紹。「我知道你，」羅傑說，「之前那隻馬鹿就是從你們那邊跑出來的嘛。」希爾斯已經放棄解釋這件事了。

我們跟在那頂牛仔帽後面，走進羅傑的穀倉塔。眼睛逐漸適應昏暗的環境之後，我們就看到了。大概每隔半分鐘，就會有一隻小鼠沿著牆腳跑過去，或是從地板的這頭跑到另一頭，然後消失在成堆的金屬零件下面。有人說，看到二十隻老鼠，就代表你沒看到的地方還有兩百隻。

我們回到外面的陽光下繼續聊，抬頭可以看到塔狀穀倉裡滿是碎玉米粒；我猜，另外兩百隻小鼠大概就在裡頭吧。

「不會啦，這基本上可以防鼠。」羅傑說。他襯衫的第一個鈕釦沒有扣上，露出一縷長長的白色胸毛，風一吹就跟著飄動。「牠們是可以爬到上面去，但何必呢？不用跑那麼遠就能找到東西吃了。」他用腳上的靴子磨了磨地面。車道上有非常多散落的玉米，多到剛才我們停車的時候，輪胎就像輾過碎石般嘎吱作響。

其他飼料原料存放在戶外，車道盡頭是一片啤酒粕和大麥啤酒花堆成的低矮山脈。我請羅傑估算一下小鼠造成的損失。

「這個嘛，那邊有二十五噸，就算老鼠吃了二十五公斤，我們又怎麼會知道呢？」

他一手摘下帽子，用另一手擦去汗水，他的臉從帽子擋住的地方以下曬成古銅色，往上則是原本的膚色。「真要說起來，被風吹走的量說不定還比老鼠吃掉的量來得多，可以理解吧。所以，我不覺得老鼠是很大的問題。」

羅傑對老鼠的抱怨，是牠們喜歡在車子引擎旁築巢，有時還會咬電線。但他還是沒有裝設陷阱或放毒藥。「我試著養貓看守穀倉，只是牠們老是跑到馬路上被車撞到，或是被倉鴞捉走。」

我問他有沒有想過裝設巢箱，鼓勵同樣會吃小鼠的倉鴞來築巢。這是個蠢問題，羅傑有穀倉，根本不需要巢箱，不過他聽過這種作法。「加州有人這樣做，牠們很會吃小鼠。」羅傑這邊沒有什麼大鼠，他推測原因是圈飼場周圍有狐狸出沒，抑制了大鼠的數量。有可能是如此。在一九五〇年代晚期，奧勒岡州因過度獵殺狐狸和郊狼，導致鼠患一發不可收拾。大約在一九一八年，加州因為某項懸賞計畫的影響，必須推出另一個懸賞計畫：每條地松鼠尾巴可以換得三美分獎金，某些郡則是以地松鼠的頭皮作為領賞依據*。

荷蘭牛畜欄上方的天空，有二十幾隻黑鸝盤旋往東飛去。希爾斯問起有沒有人會嚇阻驅離鳥類。「有人會對椋鳥開槍。」羅傑補充說明，他自己不用這些方法，因為沒什麼效果。鳥兒會飛起來，在周圍盤旋，沒多久就飛回來了。「那只是對心理感受比較有幫助，感覺自己有做點什麼。」他看著鳥群消失在樹林之中。「這不算什麼大問題。」

我想要在羅傑這座炎熱又充滿異味的圈飼場裡，為本書畫下句點。這個戴著白色大牛仔帽的男人給了我希望。對我來說，他代表了營生受到野生動物影響但又與牠們共同生活的人們未來的一種可能。在那個可能的未來，人們對於野生動物帶來的破壞，會是類似接納的反應，或者更像是聽天由命，但無論如何，都和人類過去幾百年、幾十年來缺乏良知的殲滅衝動大相逕庭。如果人類能放下怒氣，就會發現有些方法不但比較符合人道精神，也比較有效。

有很多農夫和牧場業者比羅傑觀念更進步，這正是他讓我產生希望的原因。他經營的是大型農業，不是小型有機農業，但他仍然懂得這些觀念。他沒有提過共存或生物防治這些詞，卻已身體力行。他把鼠類和鳥類造成的損失，視為經營成本的一部分。道理或許就像商店行竊，超市和連鎖商店不會對小偷下毒，而是設法以智取勝，防堵小偷。

離開前，羅傑帶我們參觀圈飼場。種公牛每天有固定配糧，羅傑從食槽裡抓了一把，讓我聞聞味道。我們繼續往前走。「這邊是商業肉牛區，」他餵牠們吃玉米，以便把肉養肥。「真正的高熱量、高碳水。」

* 有些不老實的領賞人，會分別拿頭皮和尾巴到不同的郡重複領賞。有些人會在細棍子上包覆毛皮，假造成尾巴。有些人會切下尾巴後將地松鼠放回去，好繁衍出更多尾巴。政府曾經思考是否要針對關島的入侵物種棕樹蛇制定懸賞計畫，但官員擔心可能有人會為了開創新的收入來源，將棕樹蛇野放到本來沒有棕樹蛇小島上。

肥胖的牛隻站在圍欄邊，甩動尾巴目不轉睛地看著。**你們都在聊小鼠，那我們呢？**

「牠們會被送到ＪＤＡ或卡吉爾（Cargill）公司去屠宰，」羅傑隨口補上一句。「大概六十天之後吧。」因為有像我這樣的人想要吃漢堡。**我一年只吃一到兩次**，但我知道這辯解很沒有說服力。重點不在於量，而在於你表態或不表態。當你告訴別人你不吃牛肉，或是絕不使用黏鼠板，就會讓吃牛肉或使用黏鼠板的對方感受到一點點壓力。

幾個世紀以來，人類殺死侵門踏戶的野生動物，或是找來其他動物代勞，毫無內疚愧悔，也不曾想過這樣做是否人道。我們對於實驗用的大鼠和小鼠設有詳盡的實驗倫理以及「安樂死」準則，但是對出現在家裡和後院的齧齒動物或浣熊，卻沒有任何正式標準。我們把那些細節留給有害生物防治人員和「野生動物管控人員」去處理，而後者是在毛皮市場沒落、捕獸人意識到清除住宅閣樓的松鼠可以賺更多錢時出現的職業。

齧齒動物是很好的風向標。如果人類對待大鼠可以少一點殘忍，如果能夠至少閃過不要對大鼠那麼殘忍的念頭，事態就有往好的方向改變。這個好，不光是對大鼠而言，也是對人類而言。十九世紀的歷史學家里昂・梅納布雷亞（Léon Ménabréa）曾寫道：「如果人類能學會尊重蠕蟲的家園，就會更懂得尊重自己同胞的家園。」

從科羅拉多州回到家的幾個月後，某天我在外頭看書，偶然抬頭時，看到一隻黑鼠（*Rattus rattus*）跑過露台的盡頭。我的第一個念頭是開車到五金店買捕鼠夾，但我沒有那麼做。我怎麼能那麼做？共存是我認同的方向，既然認同，就該以行動支持。此外，就我所知，除掉一隻老鼠，就等於向另一隻招手說這裡有空位＊。我的鄰居會用誘捕籠捕捉在桃樹上肆虐的松鼠，帶去附近的公園放生。在我當她鄰居的整整十年中，她一直像希臘神話中的薛西弗斯般永無止盡地重複這樣做。

幾天後，我走下露台時又看到那隻黑鼠。牠正順著樹枝往下跑，叼著一顆枇杷。我們四目相交，牠僵住，我也僵住。牠鬆口扔下枇杷。當我從正面、看不到光禿禿的尾巴時，黑鼠確實長得挺可愛。這種老鼠體型比褐鼠小，毛色是看起來比較溫暖漂亮的棕色，就像隻沒有毛絨絨尾巴的松鼠。基本上，這傢伙就跟我在海濱公園散步時看到的地松鼠一樣惹人憐愛。（而且根據歷史紀錄來看，黑鼠傳播疾病的可能性比較低。）我繼續走下樓梯，把衣服放進洗衣機，將那隻黑鼠拋諸腦後。

一星期後，我聽到牆壁裡有動靜。「你的小小朋友準備要咬斷電線，讓屋子發生火災啦。」艾德說。我告訴他，我想弄清楚牠是從哪裡進去，試試能不能「排除」牠。他給我一個星期的時間找出答案。

＊ 若要更權威性的根據，英國農業和漁業部議會祕書費弗森伯爵（Earl of Feversham）在上議院討論一九三七年的灰松鼠（禁止進口及飼養）法令時曾表示：「我那座位於約克郡的莊園讓我明白……即使有人殺掉三、四百隻灰松鼠，不管是在哪個月份，之後都會有同樣數量的灰松鼠跑來……填補那些空缺。」

我在屋外幾個位置架設野生動物攝影機，找出黑鼠跑進來的地方，艾德把那個洞填起來，事情就此解決。牆壁裡的聲音消失了。我還是會看到那隻黑鼠，大多是在攝影機的畫面上看到，不過也有一、兩次打到照面。我會點頭打招呼，然後照常各過各的日子。

致謝

本書寫作期間，我有時會碰到「有害脊椎動物」這個詞。我不太使用這個詞，因為那樣像是把動物簡化到只有在人類事業中所扮演的角色。不過，這個詞用來形容某隻哺乳動物確實恰當又貼切，那就是我。在此我必須特別感謝一些人，面對我不停的騷擾糾纏，依然體貼寬容，我想向他們深深一鞠躬，他們值得被群眾歡呼高舉起來。我要感謝：史都華．布雷克、賈斯汀．戴林格、特拉維斯．迪沃特、安德烈．弗萊特、喬爾．克萊恩、潘簡．納哈、亞倫．希爾斯、布魯斯．沃伯頓和戴西．威默。這本書能夠問世，你們的功勞絕不亞於我，雖然這句話無法百分之百傳達出我的感受，我還是想說：謝謝你們。還有一些人，雖然在書中沒有那麼常出現，但曾熱情接待過我，與我分享他們寶貴的時間，讓我獲得意想不到的知識。我想用巨大的霓虹燈感謝看板，向以下幾位致謝：珊曼莎．布朗、卡洛・卡薩隆涅神父、亞倫・科斯楊、查理・馬丁、狄恩・麥格夫、尼可・奈恩豪斯、東妮・比亞喬、卡姆・庫雷希、薩羅吉・拉吉、湯姆・希曼斯、蕭恩・坦伯頓、柯蒂斯・泰許、拉斐爾・托尼尼、R・B・S・提亞吉，以及提娜・懷特。

給金・安尼斯（Kim Annis）、強納森・克萊門特（Jonathan Clemente）、布萊德利・科恩、莎拉・庫欽尼、道格・艾克里、茱莉・卡羅爾・埃里斯（Julie Carol Ellis）、埃斯特萬・費爾南德斯-尤里西奇、戴夫・賈瑟利斯、凱瑟琳・霍拉克、約翰・漢弗萊、布魯斯・金博爾、馬利歐・克利普、佩姬・庫魯格、提姆・曼利（Tim Manley）、史黛拉・麥克米林（Stella McMillin）、薇琪・孟若（Vicky Monroe）、茱莉・奧克斯（Julie Oakes）、瑟斯・平卡斯、威廉・彼特、珊曼莎・波拉克（Samantha Pollak）、海瑟・萊克（Heather Reich）、維吉妮亞・洛克薩斯–鄧肯、尚恩・席爾斯（Shane Siers）、史蒂夫・史密斯（Steve Smith）、彼得・提拉（Peter Tira）、凱瑟琳・范德沃特、哈利・韋瑟比（Harry Wetherbee）、凱特・威爾莫特（Kate Wilmot）和邦妮・葉慈（Bonnie Yates）：就算我還沒到被當成害蟲的程度，至少在那一、兩個小時中形同在你們耳邊嗡嗡作響的小蟲，感謝你們沒有揮手趕我走。

給提姆・畢比（Tim Bibby）、保羅・德克斯、卡蘿・格拉茨、薩杜斯・瓊斯（Thaddeus Jones）、蓋爾・凱恩、克絲汀・麥金泰爾（Kirsten Macintyre）、法布里齊奧・馬斯特羅菲尼（Fabrizio Mastrofini）、海瑟・斯提爾（Heather Steere）、凱文・范達姆和布萊恩・維克林

（Brian Wakeling）：本書有好幾章是因為你們的協助，我才能夠寫出來，非常謝謝你們。凱莉・亨德里克斯（Keli Hendricks）、約翰・格里芬（John Griffin）、約翰・哈蒂迪安（John Hadidian）以及凱莉・尼可拉斯（Kellie Nicholas），你們提供了在歷史和政治脈絡之下的分析，我由衷感謝。約翰・安德森、米拉・巴蒂亞、約翰・艾姆伯格（Johan Elmberg）、安・菲爾莫、蘿賓・康拉德、喬芝亞・梅森、克莉斯汀娜・麥斯特（Christina Meister）、薩納斯・穆利亞和喬治・史密斯，謝謝你們允許我透過電子郵件打擾你們。

為了報導寫作，我去了許多語言文化全然陌生的地方，感謝有拉斐拉・布斯基亞佐（Raffaella Buschiazzo）和查爾斯・蘭斯多普（Charles Lansdorp）為我翻譯及口譯。給妮蘭佳娜・布瑪克、阿悉達・納哈和席薇塔・辛格三位：你們靈巧的耳朵和敏捷的思緒，讓我的報導變得更具體細微，你們的陪伴更是讓身在異鄉的我感到像回家一樣自在。

給吉兒・畢亞洛斯基（Jill Bialosky）和傑・曼德爾（Jay Mandel）：二十年來合作了七本書，我要再次謝謝你們陪我走到這裡。不過，好像永遠都不夠，因為**一切總是那麼順利**。在出版業，在任何行業、在人生當中——能如此順利有多難得？我在W・W・諾頓公司（W. W. Norton）一直以來的奇蹟，都要感謝多位優秀的幕後功臣付出無比的心力：史蒂夫・阿塔多（Steve Attardo）、露易絲・布羅克特（Louise Brockett）、史蒂夫・科爾卡（Steve Colca）、布倫丹・柯瑞（Brendan Curry）、瑛素・劉（Ingsu Liu）、艾琳・洛維特

（Erin Lovett）、梅雷迪絲・麥金尼斯（Meredith McGinnis）、史蒂芬妮・羅密歐（Stephanie Romeo），以及茱兒・韋特曼（Drew Weitman）。

我要感謝珍妮特・伯恩（Janet Byrne）優雅而專業的審閱，以及校稿時的耐心、幹練和熱情。很少有人像她一樣優秀（還是要說**很少有人能像她一樣**？珍妮特！救命！）。

我要向卡爾頓・恩格爾哈特（Carlton Engelhardt）的鴯鶓致敬，還要向安迪・卡拉姆（Andy Karam）的細高跟鞋致敬。辛西亞，謝謝你介紹我認識布瑪克。傑夫，謝謝你傾聽並認同我的計畫，還有傑西，謝謝你幫忙聯絡紐西蘭的事情並盛情招待我。史蒂芬，謝謝你為這本旅行記述增加第一手的人猴接觸經驗。還有艾德，始終支持我的艾德，謝謝你做的一切。

附錄

台灣黑熊滋擾事件再思考

與獸同行，走出人與自然心關係

郭彥仁（郭熊）

二〇二三年至今（八月）已經有六筆黑熊通報受困陷阱，其中兩筆黑熊死亡，其餘四隻熊則評估後擇期再野放。如此頻繁的救援事件，不禁讓人開始思考在地狹人稠的島嶼該如何與熊應對？其實，試著搜尋相關熊新聞，會發現早已有熊造成的滋擾事件，約莫二〇一〇年就有熊靠近台中市和平區甜柿園的紀錄，當地農民也表示熊來並非新鮮事，在地居民通常選擇隱忍或私下處理。可以想見，未來恐怕會衍生出許多人熊衝突之議題。

根據國際自然保護聯盟（ＩＵＣＮ）二〇二三年版的人獸衝突與共存指引，社會學科一直是處理科學問題的基礎。人獸衝突的面向從最單純的農作物損失、經濟損失，進入到第二層議題時通常牽扯到過往的案件歷史，例如，農損危害反覆出現卻無法妥善處理，導致通報者認為政府失能或無顯著改善作為。而最嚴重的第三層，則會擴及社會價值觀的衝突與族群身分議題。

根據IUCN熊類專家群組羅列人熊衝突處置的八項總則，第四、六、七項不約而同提到在地性，例如第四項原則「可以使用當地工作團隊來發現衝突的原因，以及採取適當行為來降低人熊衝突」，第六項「重點應該聚焦於傾聽受影響的利害關係人之擔憂，更加理解其文化與社會的價值」，第七項再次提到「可能有更深層的社會衝突、歷史事件或種族、文化上的分歧……導致一些人不願意合作，處理潛在的衝突來源，可能帶來有意義的人熊管理」。讀來不禁讓人聯想到人熊（獸）衝突似乎不是單純想像中的野生動物經營管理議題，而是牽涉到社會學、人類學與跨物種間的學門。

回到台灣的議題上，過去因為歷史糾結、族群關係而導致野生動物衝突議題出現裂隙。我常遇到部落族人打趣的說：「為什麼平地人這麼浪費資源，卻要求原住民都得要保育山林？」我身邊朋友更感慨的說：「多數都市人在生活中會面對多少野生動物？他們能理解一頭熊出現在家旁的恐懼？如果他們生活之中只有麻雀、白頭翁，那他們喊出台灣黑熊應該要保育，似乎邏輯上很簡單，卻從沒思考到整天跟熊相處然後提心吊膽的在地居民感受。」

這問題很直接挑戰現代人的保育觀。我想，問一百個都市人大概會有一百零一個人說黑熊絕對要保育。但是若你問一百個生活在山區的居民？可能答案就不是如此。我指的不是如此，不是二元論的說不用保育，而是你會聽到不同族群、生活模式或土地上的不同聲音。

最近五年，年年都有通報黑熊滋擾事件，對比十年前成長得非常快，且有不同族群和地區的差異。除了熊的分布或許擴張之外，當然也不排除是民眾更加願意協助通報。政府體制或許尚未能有快速轉變，但是身為第一線保育工作者必須在前線尋找可能改善的契機。對我而言，進入人熊衝突的第一現場傾聽，是重要的關鍵。先聽在地居民的想法、態度與困難，了解事件背後隱藏的議題與結構性問題，其次針對短中長之策略逐步尋找可行之解決管道，這樣才有合作的可能性，最終才有機會整合科學與政策，找出可行的人獸共存模式。

傾聽的過程可以理解居民最直接的想法，並從人的角度去思考，而非獸的角度。例如部落的狩獵型態、農損壓力、對熊的認知與態度、熊的文化價值等等，諸多因素都牽扯到通報者的看法與態度。已經有數次碰到通報者最後對我說：「謝謝你有把我們放在心上，而不是只想著熊。」

在聊天的過程，信任是很大的挑戰，包含對政府單位、保七或第一線人員的信任感。另外也可察覺居民對動物的態度，雖然曾有族人表示並不擔心黑熊，但我相信多數人對於黑熊仍會感到恐懼。除此之外，熊在某些都市人眼中可能是可愛的保育類動物，但也有人覺得牠和其他生物一樣，只是一種野生動物。

農業部林業及自然保育署（舊稱林務局）為了避免人熊衝突增加，影響瀕危黑熊保育工作，自二〇二三年開始提供黑熊生態給付，期待透過「誤捕黑熊，通報無罪」減少因擔憂觸法而延誤通報的憾事。這是寫作本文時最新的政策，但仍有族人擔憂法源依據，他說：「政府這樣講，但地方派出所不一定知道，我們通報很高機率仍會被當作嫌疑犯看待，就算最後無罪，但是我問你，誰想三天兩頭跑派出所、跑法院？」除此之外，每當黑熊受困陷阱之新聞出現，外界對於在地居民的狩獵行為或文化經常是謾罵與批判，也讓族人憤慨。

若要改善人獸衝突，勢必得了解社會結構、產業型態與文化，過程非常辛苦且需要社會學專業，不過這並非最急迫的事情，對我來說處理黑熊滋擾議題就和風險管理模式如出一轍，圍繞的邏輯是「損益比」、「一般到特定的狀況」、「理想到現實」及「改善的問題列」。

「改善的問題列」是直覺思考，例如移除吸引源，排除威脅源。通常我們到現場就是請民眾把垃圾、食物「確實」收好，確實的意思是指「黑熊無法取得」。曾經有一位通報者笑著對我說：「沒想到黑熊會來吃我的梅粉，我把罐子放在架子最高的地方，沒想到牠這麼厲害，可以爬上去吃。」此外還有架設監測系統、增加感應燈、防熊噴霧、汽笛喇叭，同時介紹防熊以減少恐慌，排除威脅源也包含移除各種陷阱、注意特定盜獵人士。

「理想到現實」則是挑戰上述大家熟悉的作業流程。台灣山區的農地多數為鑲嵌型，與森林並沒有直接的界線。黑熊這種高移動力、力量大、嗅覺好的物種，一旦習慣人工食物自然會想盡辦法持續尋找，然而並非每塊土地都適合拉電圍籬。另外，有些農地旁邊就有垃圾瀑布，這樣要如何移除吸引源？

更現實的問題是居民怕熊，認為最直接的作法就是把熊移除，他們期望通報管理單位後，就會有人來將熊抓去深山，而不是來現場指導他們該把垃圾收好。因此要思考的是，如何逐步讓居民改變習慣，甚至願意提高營運成本，嘗試友善野生動物入侵的策略。

黑熊的世界不分行政區，不分機關。我有時走在山區聚落，看見路邊收集垃圾的子母車，心中總會感慨民眾的行車記錄器遲早會拍到黑熊在翻垃圾。這其實是跨政府部會的全面性議題，子母垃圾車可能是鄉公所的權責，而馬路是公路局負責的業務，黑熊滋擾的通報則由林業署負責。那麼，熊跑到馬路上翻垃圾該由誰處理？可以把垃圾車都移走嗎？移走之後要怎麼解決偏遠山區居民的垃圾清運問題？

有太多「一般到特定問題」的議題了。例如，熊可能只是路過部落周邊，但不小心踩到陷阱變成誤捕。從台灣這幾年通報滋擾事件的趨勢，很可能再次上演嚴重問題熊事件。屆時，我們能將黑熊捕捉後移地野放嗎？美國和日本針對問題熊的最終處置手段是移除，但是在二十年之內，我不認為台灣社會可以接受問題熊被人道移除。

在人類世的今天，保育一直是一座天平，天平的一端或許是「一隻黑熊都不能少」，另一端則可能是「黑熊滅絕」，而平衡點應該就是共生共榮有熊國。我們踩在翹翹板上的人，核心要很好，常常提醒自己傾聽，但不武斷，畢竟若當把事情作太死，當損益比來到負支出，誰會想協助改善黑熊滋擾事件呢。我相信大家都不願意看到，民眾嫌麻煩而決定私刑處理的結果吧。

（作者為台灣黑熊生態研究者、作家）

附錄

毛茸茸的入侵者

美國居家野生動物問題參考資源

美國人道主義協會（HSUS）的網站上有個「如何處理」（What to Do About）系列相當實用，其中有解決（最好是預防）都市或市郊人獸衝突問題的對策，包括蝙蝠、熊、加拿大雁、花栗鼠、郊狼、烏鴉、鹿、狐狸、小鼠、負鼠、鴿子、兔子、浣熊、大鼠、臭鼬、蛇、松鼠、麻雀、椋鳥、野生火雞和北美土撥鼠。網址：https://www.humanesociety.org/resources/wildlife-management-solutions

善待動物組織（PETA）網站的「與野生動物和諧共存」（Living in Harmony with Wildlife）也提供了不少好建議，其中提到的物種有蝙蝠、鵝、小鼠、花栗鼠、鴿子、浣熊、臭鼬、松鼠、兔子和大鼠。網址：https://www.peta.org/issues/wildlife/living-harmony-wildlife/

如果野生動物已開始在你家閣樓或地板下的狹小空隙築巢育幼，你需要尋求專家協助，才能以符合人道的方式趕走牠們和幼獸。在撥打電話之前，我建議先看看美國人道主義協會網站上的「如何選擇野生動物管控公司」（Choosing a Wildlife Control Company）頁面，要把野生動物趕出來需要特別的專業知識。

捕捉後的野放也需要專業。最好的作法是「原地」野放，當作業人員協助你封死所有進入點，並移除或封鎖其他可能吸引野生動物的營巢地點後，就會將捉到的動物放回牠們的地盤——對，還是在你家的土地。開車把牠們送到附近的樹林或是公園聽起來好像很人道，其實不然。「那些松鼠過得並不好。」馬里蘭大學和美國人道主義協會的人員在研究報告中這樣寫道；他們為三十八隻灰松鼠裝上無線電頸圈，移置到附近的帕圖森特研究保護區（Patuxent Research Refuge），其中十七隻不是成了屍體，就是變成頸圈旁的一顆頭骨或一段絨毛尾巴，甚至只剩下頸圈——有兩個頸圈上有齒痕，還有一個在狐狸的窩裡。剩下的十八隻松鼠在平均十一天內消失，生死不明。某項研究顯示浣熊移置後情況比灰松鼠好一些，不過有些州禁止異地野放浣熊，因為牠們可能會將狂犬病毒帶到其他地方。

有一件事，對屋主和齧齒動物來說都是好消息：越來越多有害生物防治公司提供以「排除動物」來替代放置毒餌箱或陷阱的作法。這得要找出所有能讓小鼠、大鼠或松鼠進入屋內的（超小）縫隙和孔洞，用牠們無法咬穿的防鏽材質填補起來，通常是用鋼絲絨。Xcluder 齧齒動物與有害生物防治公司（Xcluder Rodent and Pest Defense）有生產「裁剪堵塞式」的不鏽鋼鋼絲絨產品，美國國家野生動物研究中心做過一項為期七天的測試，將十個洞用 Xcluder 鋼絲絨堵住，結果沒有任何大鼠或小鼠成功突破阻擋吃到牠們熱愛的「誘餌食物」（大鼠的是花生醬燕麥球，小家鼠則愛吃熱狗和乳酪）。

參考資料

A Quick word of introduction

- Evans, E. P. *The Criminal Prosecution and Capital Punishment of Animals.* New York: E. P. Dutton and Company, 1906.

1

- Conover, Michael R. *Resolving Human Wildlife Conflicts: The Science of Wildlife Dam- age Management.* Boca Raton: Lewis Publishers, 2002. Table 3.1: Studies of Nonfatal and Fatal Injuries to Humans by Wildlife in Different Parts of the U.S. and Canada.
- Floyd, Timothy. "Bear-Inflicted Human Injury and Fatality." *Wilderness and Envi- ronmental Medicine* 10 (1999): 75–87.
- U.S. Consumer Product Safety Commission. "Product Instability or Tip-Over Injuries and Fatalities Associated with Televisions, Furniture, and Appliances: 2012 Report." Graph, p. 17.
- Young, Stanley Paul, and Edward Alphonso Goldman. *The Puma.* Washington, DC: American Wildlife Institute, 1946.

2

- Alldredge, Mat W., et al. "Evaluation of Translocation of Black Bears Involved in Human-Bear Conflicts in South-Central Colorado." *Wildlife Society Bulletin* 39, no. 2 (June 2015): 334–40.
- Beckmann, Jon P., Carl W. Lackey, and Joel Berger. "Evaluation of Deterrent Tech- niques and Dogs to Alter Behavior of 'Nuisance' Black Bears." *Wildlife Society Bulletin* 32, no. 4 (2004): 1141–46.
- Breck, Stewart W. "Selective Foraging for Anthropogenic Resources by Black Bears: Minivans in Yosemite National Park." *Journal of Mammalogy* 90, no. 5 October 2009): 1041–44.
- George, Kelly A., et al. "Changes in Attitude Toward Animals in the United States from 1978 to 2014." *Biological Conservation* 201 (2016): 237–42.
- Johnson, Heather E., et al. "Human Development and Climate Affect Hibernation in a Large Carnivore with Implications for Human-Carnivore Conflicts." *Jour- nal of Applied Ecology* 55, no. 2 (March 2018): 663–72.
- Johnson, Heather E., et al. "Assessing Ecological and Social Outcomes of a Bear-Proofing Experiment." *Journal of Wildlife Management* 82, no. 6 (2018): 1102–14.
- Linnell, John D. C., et al. "Translocation of Carnivores as a Method for Managing Problem Animals: A Review." *Biodiversity and Conservation* 6, no. 9 (September 1997): 1245–57.
- Manning, Elizabeth. "Tasers for Moose and Bears: Alaska Explores Law Enforce- ment Tool for Wildlife." *Alaska Fish & Wildlife News*, March 2010.
- Nelson, Ralph A., et al. "Behavior, Biochemistry, and Hibernation in Black, Griz- zly, and Polar Bears." *Proceedings of the International Conference on Bear Research and Management* 5 (1983): 284–90.

- Roenigk, Adolph. *Pioneer History of Kansas.* Transcribed by his great-grandniece L. Ann Bowler. Denver, CO, 1933. https://www.kancoll.org/books/roenigk/ index.html.
- Rogers, Lynn L. "Homing by Radio-Collared Black Bears, *Ursus americanus,* in Minnesota." *Canadian Field Naturalist* 100, January 1986.
- Spencer, Rocky D., Richard A. Beausoleil, and Donald A. Martorello. "How Agen- cies Respond to Human–Black Bear Conflicts: A Survey of Wildlife Agencies in North America." Ursus 18, no. 2 (2007): 217–29.

3

- *The Asian Elephant (Elephas maximus) of Nagaland: Landscape & Human-Elephant Conflict Management.* Dimapur, Nagaland: Government of Nagaland, Wildlife Wing, Department of Forests, Environment and Wildlife.
- Gopalakrishnan, Shankar, Terpan Singh Chauhan, and M. S. Selvaraj. "It Is Not Just About Fences: Dynamics of Human-Wildlife Conflict in Tamil Nadu and Uttarakhand." *Economic & Political Weekly* 52: 97–104.
- *Hindustan Times.* "Appetite for Money: Elephants Who Entered a Shop Gorge on Rs 2,000, 500 Notes." April 25, 2017.
- ——. "Drunken Man Challenges Elephants' Herd, Trampled to Death in Jharkhand." December 19, 2018.
- Jayewardene, Jayantha. *The Elephant in Sri Lanka.* Colombo, Sri Lanka: Wildlife Heritage Trust of Sri Lanka, 1994.
- Lahiri-Choudhury, Dhriti K. "History of Elephants in Captivity in India and Their Use: An Overview." *Gajah* 14 (June 1995): 28–31.
- McKay, George M. *Behavior and Ecology of the Asiatic Elephant* (Smithsonian Contri- butions to Zoology, Number 125). Washington, DC: Smithsonian Institution Press, 1973.
- Naha, Dipanjan, et al. "Assessment and Prediction of Spatial Patterns of Human-Elephant Conflicts in Changing Land Cover Scenarios of a Human-Dominated Landscape in North Bengal." *PLOS ONE,* February 1, 2019.
- *Outlook India.* "928 Elephants Died Unnaturally Since 2009 Including 565 Due to Electrocution Alone." March 25, 2019.
- ——. "Delhi Planning to Club Old Age Home with Cow Shelter." January 9, 2019.
- Siegel, Ronald K., and Mark Brodie. "Alcohol Self-Administration by Elephants." *Bulletin of the Psychonomic Society* 22, no. 1 (1984): 49–52.
- U.S. House of Representatives, Committee on the Judiciary, Hearing before the Subcommittee on Crime. *Captive Elephant Accident Prevention Act of 1999.* 106th Cong., 2d sess., 2000. H.R. 2273.

4

- Athreya, Vidya. "Is Relocation a Viable Option for Unwanted Animals? The Case of the Leopard in India." *Conservation and Society* 4, no. 3 (2006): 419–23.
- Athreya, Vidya, et al. "Translocation as a Tool for Mitigating Conflict with Leop-ards in Human-Dominated Landscapes of India." *Conservation Biology* 25, no. 1 (November 2010): 133–41.
- Corbett, Jim. *The Man-Eating Leopard of Rudraprayag.* New Delhi: Rupa, 2016.

- Naha, Dipanjan, S. Sathyakumar, and G. S. Rawat. "Understanding Drivers of Human-Leopard Conflicts in the Indian Himalayan Region: Spatio-Temporal Patterns of Conflicts and Perception of Local Communities Towards Conserv- ing Large Carnivores." *PLOS ONE*, October 2018.
- Singh, H. S. *Leopards in the Changing Landscapes.* Dehra Dun: Bishen Singh Mahen- dra Pal Singh, 2014.
- *Times of India.* "Leopard Enters Hema Malini's House." May 28, 2011.

5

- Chauhan, Arvind. "Monkey Snatches Baby from Mom, Kills It." *Times of India*, November 14, 2018.
- ——. "UP: After Infant's Death, 2 More Toddlers Attacked by Monkeys." *Times of India*, November 17, 2018.
- Colagross-Schouten, A., et al. "The Contraceptive Efficacy of Intravas Injection of VasalgelTM for Adult Male Rhesus Monkeys." *Basic Clinical Andrology* 27, no. 1 (2017), article no. 4.
- Gandhiok, Jasjeev, and Paras Singh. "Delhi: Simians Wreak Havoc; Forest Depart- ment, Corporations Pass Buck." *Times of India*, January 19, 2019.
- Harris, Gardiner. "Indians Feed the Monkeys, Which Bite the Hand." *New York Times*, May 22, 2012.
- Killian, G., D. Wagner, and L. Miller. "Observations on the Use of the GnRH Vac- cine Gonacon™ in Male White-Tailed Deer *(Odocoileus virginianus)*." *Proceedings of the 11th Wildlife Damage Management Conference*, 2005.
- Miller, Lowell A., Kathleen A. Fagerstone, and Douglas C. Eckery. "Twenty Years of Immunocontraceptive Research: Lessons Learned." *Journal of Zoo and Wild- life Medicine* 44, Supplement 4 (December 2013): S84–S96.
- Mohan, Vishwa. "Order to Cull HP's 'Vermin' Monkeys Draws Activists' Ire." *Times of India*, July 19, 2019.
- Mohapatra, Bijayeeni, et al. "Snakebite Mortality in India: A Nationally Repre- sentative Mortality Survey." *PLOS Neglected Tropical Diseases* 5, no 4 (April 2011): e1018.
- Singh, Paras. "Delhi: South Corporation Finally Nets Eight Monkey Catchers." *Times of India*, October 8, 2018.
- *Times of India.* "Teen Killed in Monkey Attack in Kasganj; 5th Death in a Month." December 3, 2018.
- ——. "Simians Lay Siege to Agra." November 16, 2018.
- ——. "70-Year-Old Allegedly Stoned to Death by Monkeys; Kin Demands FIR." October 20, 2018.

6

- Beier, Paul, Seth P. D. Riley, and Raymond M. Sauvajot. "Mountain Lions." In *Urban Carnivores: Ecology, Conflict, and Conservation*, edited by Stanley D. Gehrt, Seth P. D. Riley, and Brian L Cypher. Baltimore: Johns Hopkins University Press, 2010.
- Brewster, R. Kyle, et al. "Do You Hear What I Hear? Human Perception of Coyote Group Size." *Human–Wildlife Interaction* 11, no. 2 (Fall 2017): 167–74.
- Clemente, Jonathan D. "CIA's Medical and Psychological Analysis Center (MPAC) and the Health of Foreign Leaders." *International Journal of Intelligence and Coun- terintelligence* 19, no. 3 (2006): 385–423.

- Fisher, A. K. "The Hawks and Owls of the United States in Their Relation to Agriculture." Washington, DC: U.S. Department of Agriculture, Division of Ornithology and Mammalogy, Bulletin No. 3, 1893.
- Hunter, J. S. "The Mountain Lion." Article manuscript, undated. Joseph S. Hunter Papers, F3735:618. California State Archives: Records of the Division of Fish and Game. [Jay Bruce statement]
- "Mountain Lion." Letter from Jay C. Bruce to J. S. Hunter, March 23, 1941. Joseph S. Hunter Papers, F3735:618. California State Archives: Records of the Divi- sion of Fish and Game.
- Peirce, E. R. "A Method of Determining the Prevalence of Rats in Ships." *The Medical Officer* 43 (1930): 222–24.
- Todd, Kim. "Coyote Tracker." *Bay Nature*, January–March 2018.
- Welch, David. "Dung Properties and Defecation Characteristics in Some Scottish Herbivores, with an Evaluation of the Dung-Volume Method of Assessing Occupance." *Acta Theriologica* 27, no. 15 (October 1982): 191–212.
- Yiakoulaki, M. D., and A. S. Nastis. "A Modified Faecal Harness for Grazing Goats on Mediterranean Shrublands." *Journal of Range Management* 51, no. 5 (Septem-ber 1998): 545–46.
- Young, Stanley Paul, and Edward Alphonso Goldman. *The Puma*. Washington, DC: The American Wildlife Institute, 1946.

7

- BC Parks. Wildlife/Danger Tree Assessor's Course Workbook. Revised edition, March 2012. https://www2.gov.bc.ca/assets/gov/environment/plants-animals-and-ecosystems/conservation-habitat-management/wildlife-conservation/wildlife-tree-committee/parks-handbook.pdf.
- Brookes, Andrew. "Preventing Death and Serious Injury from Falling Trees and Branches." *Australian Journal of Outdoor Education* 11, no. 2 (2007): 50–59.
- Mulford, J. S., H. Oberli, and S. Tovosia. "Coconut Palm-Related Injuries in the Pacific Islands." *ANZ Journal of Surgery* 71, no. 1 (2001): 32–34.
- Oregon Fatality Assessment and Control Evaluation. *Fallers Logging Safety* (man- ual). 2007. https://www.ohsu.edu/sites/default/files/2019-02/ORFACE-SafetyBooklet-FallersLoggingSafety-Eng.pdf.
- Schmidlin, Thomas. "Human Fatalities from Wind-Related Tree Failures in the United States, 1995–2007." *Natural Hazards* 50, no. 1 (2009): 13–25
- *Tribun-Bali*. "Falling Durian Possibly Killed Man in West Bali" (via Google Trans-late). January 28, 2015.
- ——. "To the Durian Garden Without Head Shield, Kusman Found Dead" (via Google Translate). March 26, 2015.
- Walsh, Raoul A., and Lara Ryan. "Hospital Admissions in the Hunter Region from Trees and Other Falling Objects, 2008–2012." *Australian and New Zealand Jour- nal of Public Health* 41, no. 2 (2017): 121–24.

8

- Arianti, V. "Biological Terrorism in Indonesia." *The Diplomat*, November 20, 2019. https://thediplomat.com/2019/11/biological-terrorism-in-indonesia/.

- "Compound 1080—Powerful New Rat Killer." Press release, n.d. Fort Collins, CO: National Wildlife Research Center Archive.
- Dymock, William, C. J. H. Warden, and David Hooper. *Pharmacographia Indica: A History of the Principal Drugs of Vegetable Origin, Met with in British India.* London: Kegan Paul, Trench, Trübner & Co., 1891.
- Eisemann, John D., Patricia A. Pipas, and John L. Cummings. "Acute and Chronic Toxicity of Compound DRC-1339 (3-Chloro-4-Methylaniline Hydrochlo- ride) to Birds." *USDA National Wildlife Research Center Staff Publications* 211, November 2003.
- Filmer, Ann. "Safe and Poisonous Garden Plants." University of California, Davis, October 2012. https://ucanr.edu/sites/poisonous_safe_plants/files/154528 .pdf.
- Jacobsen, W. C., and S. V. Christierson, eds., Rodent Control Division. "California Ground Squirrels: A Bulletin Dealing with Life Histories, Habits and Control of the Ground Squirrels in California." *Monthly Bulletin of the California State Commission of Horticulture* VII, nos. 11 and 12, November–December 1918.
- Jain, Ankita, et al. "Foreign Body (Kidney Beans) in Urinary Bladder: An Unusual Case Report." *Annals of Medicine and Surgery* 32 (August 2018): 22–25.
- Karthikeyan, Aishwarya, and S. Deepak Amalnath. "*Abrus precatorius* Poisoning: A Retrospective Study of 112 Patients." *Indian Journal of Critical Care* 21, no. 4 (April 2017): 224–25.
- Linz, George M., and H. Jeffrey Honan. "Tracing the History of Blackbird Research Through an Industry's Looking Glass: *The Sunflower Magazine.*" *Proceedings of the 18th Vertebrate Pest Conference*, 1998.
- Malik, Balwant Singh. "Punishment of Transportation for Life." *Journal of the Indian Law Institute* 36, no. 1 (1994): 111–20.
- Nicholson, Blake. "Debate Rises over Blackbirds." *Bismarck Tribune*, March 18, 2007. Ogawa, Haruko, and Kimie Date. "The 'White Kidney Bean Incident' in Japan." In *Lectins: Methods and Protocols.* Part of Methods in Molecular Biology book series, volume 1200. New York: Humana Press, 2014.
- Ormsbee, R. A. "A Summary of Field Reports on 1080 (Sodium Fluoroacetate)." National Research Council, Insect Control Committee, Technical Report No. 163. December 17, 1945.
- Pincus, Seth H., et al. "Passive and Active Vaccination Strategies to Prevent Ricin Poisoning." *Toxins* 3, no. 9 (September 2011): 1163–84.
- Pitschmann, Vladimír, and Zdeněk Hon. "Military Importance of Natural Toxins and Their Analogs." *Molecules* 21, no. 5 (April 2016): 556–78.
- Renshaw, Birdsey, to Dr. W. R. Kirner. Memorandum regarding "Animal Poisons" sent from the Office for Emergency Management National Defense Research Committee of the Office of Scientific Research and Development. Washing- ton, DC (1530 P Street, NW), December 30, 1943. Fort Collins, CO: National Wildlife Research Center Archive.
- Roxas-Duncan, Virginia I., and Leonard A. Smith. "Of Beans and Beads: Ricin and Abrin in Bioterrorism and Biocrime." *Journal of Bioterrorism & Biodefense* S2:002, January 2012.
- Smith, George, and Dick Destiny. "Great WMD Failures: Casey the Castor Oil Killer." *The Register*, October 18, 2006. http://www.theregister.com/2006/10/18/dd_castor_oil_wmd/.
- *The Sunflower.* "Blackbird Project Focuses on Population Reduction." December 1, 1996.

- Thornton, S. L., et al. "Castor Bean Seed Ingestions: A State-Wide Poison Control System's Experience." *Clinical Toxicology* 52, no. 4 (March 2014): 265–68. Ward, Justus C. "Rodent Control with 1080, ANTU, and Other War-Developed Toxic Agents." *American Journal of Public Health* 36, no. 12 (December 1946): 1427–31.
- Wildlife Research Laboratory, Division of Wildlife Research, U.S. Fish & Wild-life Services. "Compound 1080—A New Agent for the Control of Noxious Mammals." Denver, CO, n.d. Fort Collins, CO: National Wildlife Research Center Archive.

9

- Blackwell, Bradley F., Eric Huszar, George M. Linz, and Richard A. Dolbeer. "Lethal Control of Red-Winged Blackbirds to Manage Damage to Sunflower: An Economic Evaluation." *Journal of Wildlife Management* 67, no. 4 (October 2003): 818–28.
- *Daily News* (Perth). "Emus Outwit Gunners." November 4, 1932, p. 1.
- ——. "Campion Evacuated: Emus Flourish Unharried." November 10, 1932, p. 5.
- *Daily Telegraph* (Sydney). "Not Easy to Kill Emus: A Thousand Rounds Fired, 12 Dead." November 5, 1932, p. 3.
- Fisher, Harvey I. "Airplane-Albatross Collisions on Midway Atoll." *The Condor* 68 (May 1966): 229–42.
- *Flying Magazine*. "MATS Versus the Gooney Bird." September 1958.
- Frings, Hubert. *The Scientific Scobberlotching of Hubert and Mable Frings*. BTcurlew Press, 2015.
- Frings, Hubert, and Mable Frings. "Problems of Albatrosses and Men on Midway Islands." *The Elepaio: Journal of the Hawaii Audubon Society* 20, no. 5 (1959).
- Kenyon, Karl W., Dale W. Rice, Chandler S. Robbins, and John W. Aldrich. "Birds and Aircraft on Midway Islands: 1956–57 Investigations." *Special Scientific Report—Wildlife* No. 38. Washington, DC: United States Department of the Interior, Fish and Wildlife Service, January 1958.
- *Mail* (Adelaide). "Request to Use Bombs to Kill Emus." July 3, 1943, p. 12.
- Rice, Dale W. "Birds and Aircraft on Midway Islands: 1957–58 Investigations." *Special Scientific Report—Wildlife* No. 44. Washington, DC: United States Department of the Interior, Fish and Wildlife Service, 1959.
- Robbins, Chandler S. "Birds and Aircraft on Midway Islands: 1959–63 Investigations. *Special Scientific Report—Wildlife* No. 85. Washington, DC: United StatesDepartment of the Interior, Fish and Wildlife Service, 1966.
- *Sydney Morning Herald*. "War on Emus." October 12, 1932, p. 11.
- USFWS—Pacific Region. "Night Vision Trail Cameras Capture Mouse Attacks on Albatross." Video, October 31, 2017.
- *West Australian* (Perth). "War on Emus: Ambush at a Dam." November 8, 1932, p. 8.
- *Western Mail* (Perth). "A Thousand Birds in Luck: Machine Guns Jam." November 10, 1932, p. 28.

10

- Ansari, S. A., et al. "Dorsal Spine Injuries in Saudi Arabia—An Unusual Cause." *Surgical Neurology* 56, no. 3 (2001): 181–84.

- Biondi, Kristin M. "White-Tailed Deer Incidents with U.S. Civil Aircraft." *Wildlife Society Bulletin* 35, no. 3 (September 2011): 303–9.
- Blackwell, Bradley F., and Thomas W. Seamans. "Enhancing the Perceived Threat of Vehicle Approach to Deer." *Journal of Wildlife Management* 73, no. 1 (2009): 128–35.
- Cohen, Bradley S., et al. "Behavioral Measure of the Light-Adapted Visual Sensi- tivity of the White-Tailed Deer." *Wildlife Society Bulletin* 38, no. 3 (September 2014): 480–85.
- D'Angelo, Gino, et al. "Development and Evaluation of Devices Designed to Min- imize Deer-Vehicle Collisions." Final Project Report, Daniel B. Warnell School of Forestry and Natural Resources. July 2, 2007.
- DeVault, Travis, et al. "Effects of Vehicle Speed on Flight Initiation by Turkey Vul- tures: Implications for Bird-Vehicle Collisions." *PLOS ONE*, February 4, 2014.
- —— . "Speed Kills: Ineffective Avian Escape Responses to Oncoming Vehicles." *Proceedings of the Royal Society B: Biological Sciences*, February 22, 2015.
- DeVault, Travis, Bradley F. Blackwell, and Jerrold L. Belant, eds. *Wildlife in Airport Environments: Preventing Animal-Aircraft Collisions through Science-Based Management*. Baltimore: Johns Hopkins University Press, 2013.
- DeVault, Travis, Thomas W. Seamans, and Brad Blackwell. "Frontal Vehicle Illumination via Rear-Facing Lighting Reduces Potential for Collisions with White- Tailed Deer." *Ecosphere* (manuscript accepted).
- Dolbeer, Richard A., et al. "Wildlife Strikes to Civil Aircraft in the United States, 1990–2015." *National Wildlife Strike Database Serial Report Number 21*, July 2015.
- Gens, Magnus. "Moose Crash Test Dummy." Master's thesis, Royal Institute of Technology, Stockholm, Sweden. *VTI särtryck* 342, 2001.
- Hughson, Debra L., and Neal Darby. "Desert Tortoise Road Mortality in Mojave National Preserve, California." *California Fish and Game* 99, no. 4 (September 2013): 222–32.
- Kennedy Space Center Status Report. "Roadkill Roundup." April 26, 2006.
- Kim, Sharon, and A. Robertson Harrop. "Maxillofacial Injuries in Moose–Motor Vehicle Collisions Versus Other High-Speed Motor Vehicle Collisions." *Canadian Journal of Plastic Surgery* 13, no. 4 (December 2005): 191–94.
- Knapp, Keith K. "Deer-Vehicle Crash Countermeasure Toolbox." Iowa State Uni- versity Institute for Transportation, Deer-Vehicle Crash Information Clearinghouse, 2001.
- Pynn, Tania P., and Bruce R. Pynn. "Moose and Other Large Animal Wildlife Collisions: Implications for Prevention and Emergency Care." *Journal of Emergency Nursing* 30, no. 6 (2004): 542–47.
- Riginos, Corinna, et al. "Wildlife Warning Reflectors and White Canvas Reduce Deer-Vehicle Collisions and Risky Road-Crossing Behavior." *Wildlife Society Bulletin* 42, no. 4 (March 2018): 1–11.
- Al-Sebai, M. W., and S. Al-Zahrani. "Cervical Spinal Injuries Caused by Collision of Cars with Camels." *Injury* 28, no. 3 (April 1997): 191–94.
- Simmons, James Raymond. *Feathers and Fur on the Turnpike*. Boston: The Christopher Publishing House, 1938.

- Williams, Allan F., and Joann K. Wells. "Characteristics of Vehicle-Animal Crashes in Which Vehicle Occupants Are Killed." *Traffic Injury Prevention* 6, no. 1 (2005): 56–59.

11

- Avery, Michael L., et al. "Dispersing Vulture Roosts on Communication Towers." *Journal of Raptor Research* 36, no. 1 (February 2002): 45–50.
- Bildstein, Keith. *Raptors: The Curious Nature of Diurnal Birds of Prey.* Ithaca, NY: Cornell University Press, 2017.
- Blackwell, Bradley, Thomas W. Seamans, Morgan B. Pfeiffer, and Bruce N. Bucking- ham. "European Starling *(Sturnus vulgaris)* Reproduction Undeterred by Predator Scent Inside Nest Boxes." *Canadian Journal of Zoology* 96, no. 9 (2018): 980–86.
- Chipman, Richard B., et al. "Emergency Wildlife Management Response to Protect Evidence Associated with the Terrorist Attack on the World Trade Center, New York City." *Proceedings of the 21st Vertebrate Pest Conference,* 2004.
- Mauldin, Richard E., et al. "Development of a Synthetic Materials Mimic for Vulture Olfaction Research." *Proceedings of the 10th Damage Management Conference,* 2003.
- Seamans, Thomas W. "Response of Roosting Turkey Vultures to a Vulture Effigy." *Ohio Journal of Science* 104, no. 5 (December 2004): 136–38.
- Tillman, Eric A., John S. Humphrey, and Michael L. Avery. "Use of Vulture Car- casses and Effigies to Reduce Vulture Damage to Property and Agriculture." *Proceedings of the 20th Vertebrate Pest Conference,* 2002, pp. 123–28.

12

- Glahn, James F., Greg Ellis, Paul Fioranelli, and Brian Dorr. "Evaluation of Mod- erate and Low-Powered Lasers for Dispersing Double-Crested Cormorants from Their Night Roosts." *Proceedings of the Ninth Wildlife Damage Management Conference,* January 2001.
- Glatz, Carol. "Feathery Fiascos: The Unfortunate Prey for Peace." Catholic News Service Blog, January 27, 2014.
- Graham, Frank, Jr. *Gulls: An Ecological History.* New York: Van Nostrand Reinhold, 1975.
- Linton, E., et al. "Retinal Burns from Laser Pointers: A Risk in Children with Behavioral Problems." *Eye* 33, no. 3 (March 2019): 492–504.
- Markham, Gervase. *Markham's Farewell to Husbandry.* London: Nicholas Oakes for John Harrison, 1631.
- Parsons, Jasper. "Cannibalism in Herring Gulls." British Birds (newsletter), Decem- ber 1, 1971.
- Vickery, Juliet A., and Ronald W. Summers. "Cost-Effectiveness of Scaring Brent Geese *(Branta b. bernicla)* from Fields of Arable Crops by a Human Bird Scarer." *Crop Protection* 11, no. 5 (October 1992): 480–84.

13

- Francis (pope). "'Laudato Si'': On Care for Our Common Home." Encyclical of the Holy Father on Climate Change and Inequality. http://w2.vatican.va/content/ francesco/en/encyclicals/documents/papa-francesco_20150524_enciclica -laudato-si.html.
- Philippi, Dieter. "Campagi—The Footwear of the Pope and the Clergy." http:// www.dieter-philippi.de/en/ecclesiastical-fineries/campagi-the-

footgear-of -the-pope-and-the-clergy.

14

- Adams, Lowell W., J. Hadidian, and V. Flyger. "Movement and Mortality of Trans- located Urban-Suburban Grey Squirrels." *Animal Welfare* 13, no. 1 (February 2004): 45–50.
- American Veterinary Medical Association. AVMA Guidelines for the Euthanasia of Animals. American Veterinary Medical Association: 2013 edition.
- —— . "AVMA May Change Guidance for CO2 Euthanasia in Rodents." *JAVMA News*, January 1, 2019.
- Egerton, Rachael. "'Unconquerable Enemy or Bountiful Resource?' A New Per- spective on the Rabbit in Central Otago." Bachelor's thesis, University of Otago, Dunedin, New Zealand, March 18, 2014. Australian & New Zealand Environmental History Network, https://www.environmentalhistory-au-nz .org/publications/.
- King, Carolyn M. "Liberation and Spread of Stoats *(Mustela erminea)* and Weasels *(M. nivalis)* in New Zealand, 1883–1920." *New Zealand Journal of Ecology* 41, no. 2 (2017): 163–76.
- Littin, Kate E., et al. "Behavior and Time to Unconsciousness of Brushtail Pos- sums *(Trichosurus vulpecula)* After a Lethal or Sublethal Dose of 1080." *Wildlife Research* 36, no. 8 (2009): 709–20.
- Mason, G., and K. E. Littin. "The Humaneness of Rodent Pest Control." *Animal Welfare* 12, no. 1 (February 2003): 1–37.
- Morriss, Grant A., Graham Nugent, and Jackie Whitford. "Dead Birds Found After Aerial Poisoning Operations Targeting Small Mammal Pests in New Zealand 2003–14." *New Zealand Journal of Ecology* 40, no. 3 (January 2016): 361–70.
- Robinson, Weldon B. "The 'Humane Coyote-Getter' vs. the Steel Trap in Control of Predatory Animals." *Journal of Wildlife Management* 7, no. 2 (April 1943): 179–89.
- Stats NZ. "Conservation Status of Indigenous Land Species." April 17, 2019. https:// www.stats.govt.nz/indicators/conservation-status-of-indigenous-land-species.
- Warburton, Bruce, Nick Poutu, and Ian Domigan. "Effectiveness of the Victor Snapback Trap for Killing Stoats." *DOC Science Internal Series* 83. Wellington: New Zealand Department of Conservation. October 2002.
- Warburton, Bruce, Neville G. Gregory, and Grant Morriss. "Effect of Jaw Shape in Kill-Traps on Time to Loss of Palpebral Reflexes in Brushtail Possums." *Journal of Wildlife Diseases* 36, no. 1 (2000): 92–96.

15

- Kimball, Bruce, et al. "Development of Artificial Bait for Brown Treesnake Sup- pression." *Biological Invasions* 18 (2016): 359–69.
- Pitt, William C., et al. "Physical and Behavioral Abilities of Commensal Rodents Related to the Design of Selective Rodenticide Bait Stations." *International Journal of Pest Management* 57, no. 3 (July–September 2011): 189–93.